● “十四五”时期国家重点出版物出版专项规划项目
● 现代土木工程精品系列图书
● 西北工业大学精品学术著作培育项目资助出版

基于气候适应的东北严寒地区乡村民居节能优化设计研究

Energy-Saving Optimal Design for Rural House in Northeast Severe Cold Regions Based on Climate Adaptation

邵 腾 王 晋 郑武幸 金 虹 著

哈爾濱工業大學出版社
HARBIN INSTITUTE OF TECHNOLOGY PRESS

内 容 简 介

本书针对东北严寒地区乡村民居,从建筑学视角开展了基于气候适应的乡村民居节能优化设计研究。在研究内容上,创新性地以应对气候变化和适应严寒气候为目标,提出了东北严寒地区乡村民居室内外计算参数;引入交互作用理念,揭示了多边界条件下建筑形态要素与能耗的量化关系;基于全寿命周期成本理论,提出了能耗和成本共同作用下围护结构要素的最优化参数;考虑建筑设计要素的协同作用,提出了乡村民居节能综合优化方法,并结合工程案例详细解析了优化方法的应用过程及结果,构建了多情景的全寿命周期成本最优的设计模式。

本书适合从事建筑节能设计相关研究的科研人员、高校师生和建筑师使用,既可为新建乡村民居节能优化设计提供指导,又可为既有民居节能改造提供参考。

图书在版编目(CIP)数据

基于气候适应的东北严寒地区乡村民居节能优化设计研究/邵腾等著.—哈尔滨:哈尔滨工业大学出版社,2024.7

(现代土木工程精品系列图书)

ISBN 978-7-5767-1292-6

Ⅰ.①基… Ⅱ.①邵… Ⅲ.①寒带-农村住宅-节能-研究 Ⅳ.①TU111.4

中国国家版本馆 CIP 数据核字(2024)第 062689 号

策划编辑 王桂芝
责任编辑 张羲琰 佟 馨
出版发行 哈尔滨工业大学出版社
社　　址 哈尔滨市南岗区复华四道街 10 号 邮编 150006
传　　真 0451-86414749
网　　址 http://hitpress.hit.edu.cn
印　　刷 辽宁新华印务有限公司
开　　本 720 mm×1 000 mm 1/16 印张 15 字数 267 千字
版　　次 2024 年 7 月第 1 版 2024 年 7 月第 1 次印刷
书　　号 ISBN 978-7-5767-1292-6
定　　价 56.00 元

前　言

我国乡村地域广阔、人口众多，伴随着乡村经济发展和乡村居民自身居住条件改善需求增加，乡村居民对居住环境质量提出了更高要求，随之而来的是建筑能耗增长，乡村建筑节能已成为我国建筑节能系统工程中不容忽视的重要一环。东北严寒地区冬季气候条件恶劣，采暖期长达半年，加之极寒气候频繁发生，建筑高能耗问题更为突出。同时不容忽视的是，乡村经济基础薄弱、乡村居民节能意识有待加强，乡村民居仍沿用自筹自建的方式解决居住问题，这些因素给乡村民居节能技术推广带来了阻力。如何在满足室内舒适的前提下，充分利用建筑自身特点，以经济可行的方式开展乡村民居节能设计是值得探索的问题。

本书以乡村民居为研究对象，对东北严寒地区典型村落进行了全面系统的调研，获得大量第一手资料。在此基础上，围绕东北严寒地区乡村民居采暖能耗的3类主要影响因素：室内外计算参数、建筑形态要素和围护结构要素，从建筑学的视角开展了基于气候适应的东北严寒地区乡村民居节能优化设计研究。全书共分为5章：第1章东北严寒地区乡村民居调查研究，主要对调研方案及结果进行了系统分析和总结；第2章东北严寒地区乡村民居室内外计算参数研究，创新性地以应对气候变化和适应严寒气候为目标，提出了乡村民居室内外计算参数；第3章交互作用下建筑形态要素的节能优化研究，引入交互作用理念，揭示了多边界条件下建筑形态要素（建筑朝向、建筑体型、建筑界面）与能耗的量化关系；第4章成本导控下围护结构要素的节能优化研究，构建了基于“模拟+算法”的优化平台，引入全寿命周期成本理论，提出了能耗和成本共同作用下围护结构要素的最优化参数；第5章东北严寒地区乡村民居节能综合优化研究，提出了乡村民居节能综合优化方法，并结合工程案例详细解析了优化方法的应用过程及结果，构建了多情景的全寿命周期成本最优的设计模式。

本书适合从事建筑节能设计相关研究的科研人员、高校师生和建筑师使用,既可为新建乡村民居节能优化设计提供指导,又可为既有民居节能改造提供参考,对于建造低碳、节能、舒适、经济的乡村民居,提高乡村民居的气候应变能力,推动东北严寒地区乡村可持续发展具有现实意义。

本书在写作中得到了多方支持,感谢哈尔滨工业大学绿色建筑设计与技术研究所师生在问卷调查和实测工作中给予的帮助;感谢西北工业大学建筑系师生在书稿完善及数据补充方面的支持。同时,在调研过程中也得到调研地区政府的帮助和支持,在此表示衷心的感谢。

由于作者水平有限,书中难免存在不足之处,敬请读者批评指正。

作 者

2024 年 4 月

目　　录

第1章　东北严寒地区乡村民居调查研究

调研与实测是开展研究工作的基础，需要选择足够样本量的乡村民居进行基础信息采集与分析。本章首先界定了本书的研究范围及对象，阐明了调研时间与区域、问卷设计和现场实测方案等。其次，根据问卷调查和现场测试数据，从受访家庭特征、建筑形态特征、围护结构特征、采暖系统特征和节能理念导向5个方面对问卷调查结果进行解析；从不同建筑特征的民居热环境分析、围护结构内表面温度与室内温度分析2个角度对冬季室内热环境测试结果进行对比分析，从而找出东北严寒地区乡村民居及节能设计中存在的问题。最后，结合能耗计算理论模型和调查研究结果，提炼出纳入本研究的东北严寒地区乡村民居采暖能耗影响因素，并确定用于节能分析的乡村民居基准模型。

1.1　研究区域范围及对象界定

1.东北严寒地区

我国地域广阔，不同地区存在气候差异性，从建筑热工的角度，《民用建筑热工设计规范》(GB 50176—2016)以累年最冷月一月和最热月七月的平均温度作为判断指标，累年日平均温度小于5 ℃和大于25 ℃的天数作为辅助指标，将全国划分为5个气候分区：严寒地区、寒冷地区、夏热冬冷地区、夏热冬暖地区和温和地区。

《严寒和寒冷地区农村住房节能技术导则(试行)》将严寒地区进一步划分为3个子气候区，见表1.1，主要依据不同的采暖度日数(HDD18)和空调度日数(CDD26)范围。东北严寒地区主要包括黑龙江省和吉林省全境、辽宁省大部及内蒙古自治区东四盟市(呼伦贝尔市、兴安盟、赤峰市、通辽市)。气候特征为夏季凉爽短暂、无酷暑，平均气温 ≤ 25 ℃，相对湿度 ≥ 50%；冬季漫长且气候严寒，采暖期长达145 d以上，日照时间较短。该区域的乡村建筑类型中，民居所占比例最大，而且是乡村居民生产、生活的主要场所。本书以代表城市哈尔滨的气象数据为例开展相关研究，哈尔滨位于严寒 B 区，北纬 44°03′—46°40′。

表 1.1　严寒地区子气候分区

气候分区	分区依据	气候特征	代表地区
严寒A区	5 500 ≤ HDD18 < 8 000	冬季异常寒冷，夏季凉爽	漠河、呼玛、嫩江、黑河、孙吴、伊春、克山、海伦、富锦、通河、图里河、阿尔山、海拉尔、新巴尔虎右旗、博克图、东乌珠穆沁旗、那仁宝拉格、阿巴嘎旗、通河、西乌珠穆沁旗、锡林浩特、二连浩特、长白、乌鞘岭、大柴旦、刚察、玛多、托托河、曲麻莱、达日、杂多、若尔盖、色达、狮泉河、改则、索县、那曲、班戈、申扎、帕里
严寒B区	5 000 ≤ HDD18 < 5 500	冬季非常寒冷，夏季凉爽	安达、虎林、尚志、齐齐哈尔、哈尔滨、泰来、牡丹江、宝清、鸡西、绥芬河、多伦、化德、敦化、桦甸、合作、冷湖、玉树、都兰、同德、阿勒泰、富蕴、和布克赛尔、北塔山、理塘、丁青
严寒C区	3 800 ≤ HDD18 < 5 000	冬季很寒冷，夏季凉爽	前郭尔罗斯、长岭、长春、临江、延吉、四平、集安、呼和浩特、扎鲁特旗、巴林左旗、林西、通辽、满都拉、朱日和、赤峰、额济纳旗、达尔罕联合旗、乌拉特后旗、海力素、集宁、巴音毛道、东胜、鄂托克旗、沈阳、彰武、清原、本溪、宽甸、围场、丰宁、蔚县、大同、河曲、酒泉、张掖、岷县、西宁、德令哈、格尔木、乌鲁木齐、哈巴河、塔城、克拉玛依、精河、奇台、巴伦台、阿合奇、松潘、德格、甘孜、康定、稻城、德钦、日喀则、隆子

2.乡村民居

《辞源》中“乡村”被解释为主要从事农业、人口分布较城镇分散的地方。以美国 R.D.罗德菲尔德为代表的学者指出：乡村是人口稀少、以农业生产为主要经济基础、居民生活习惯基本相似，而与社会其他部分，特别是城市有所不同的地方。“民居”广义上包括各类民用住房，主要是指相对官式做法而言的民间居住建筑，包括乡村传统农宅、相当数量的城镇居住建筑以及富裕阶层的私人宅邸。结合“乡村”和“民居”二者的界定范畴，本研究涉及的乡村民居主要是指乡村地区供农民居住生活的民用住房。受到东北严寒地区气候特征、自然环境、乡村生产生活习俗及人文条件等方面的制约，该地区的乡村民居在空间布局、围护结构、运行使用等方面均具有一定的特点。

1.2　乡村民居调研与实测方案

东北严寒地区乡村地区地域辽阔，由于地理位置、气候条件、经济水平及风俗习惯等不同，乡村民居呈现出差异性。为了深入了解乡村民居现状，需要对东北严寒地区既有乡村民居进行调研，并分析其现存问题。

1.2.1　调研时间与区域

根据东北严寒地区的气候特征、区域环境及调研目标等，确定适宜的调研时间和区域，这是保证调研工作顺利开展的前提。

1.调研时间

东北严寒地区冬季寒冷漫长、夏季凉爽短促，采暖期长达半年，气候条件决定了乡村民居冬季采暖期的运行状况需要重点关注。根据需要了解的问题，普适性调查在一年中各个季节进行，主要了解乡村居民个人及家庭信息、建筑信息、围护结构构造等客观情况，不受限于季节变化的影响，根据课题组统一安排在各个月份进行；冬季室内热环境测试与热舒适调查，需要选择冬季采暖期的较冷月份。以哈尔滨为例，其累年月平均气温、平均最低气温和平均最高气温的变化趋势如图 1.1 所示，可以看出调研时间宜选择在

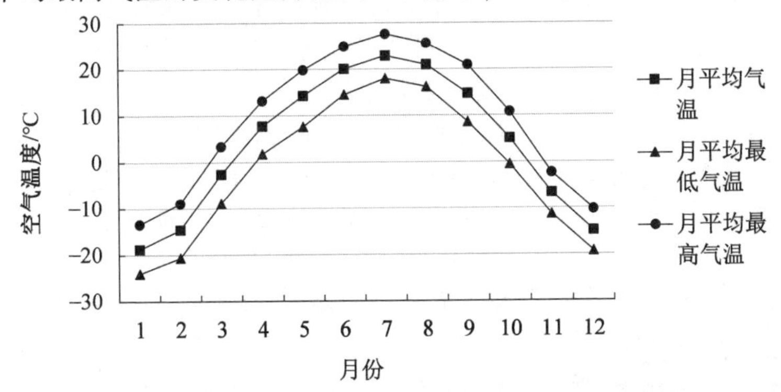

图 1.1　哈尔滨累年月平均气温、平均最低气温和平均最高气温的变化趋势

12月 — 翌年2月,该时段能够反映冬季严寒气候对乡村民居热环境及采暖能耗的影响。

2.调研区域

本书研究区域为我国东北严寒地区,包括黑龙江省和吉林省全境、辽宁省大部及内蒙古自治区东四盟市。为了全面掌握该地区乡村民居建设状况,调查对象的选取遵循以下原则:

(1) 地理分布均衡性。选择的村镇覆盖东北严寒地区3个子气候区。

(2) 关注群体专一性。调研对象的层级为村庄,访谈人群主要是长期生活在乡村的居民。

(3) 经济水平代表性。所选取村镇的经济发展水平在代表区域内具有普遍性,兼顾高、中、低收入3个层次。

(4) 民俗习惯多样性。包括汉族、朝鲜族、混居村镇等不同活动方式和行为习惯等。

(5) 选点数量科学性。选择适当样本量的村落,数量过少易导致调查不全面,数量过多会导致基础资料冗余。

通过对东北严寒地区乡村卫星图进行观测,结合政府推荐与课题组甄选,本书最终选择了4个省份15个乡(镇)的42个村落进行普适性调研,并从中抽样出具有代表性的乡村民居进行室内热环境长期监测。

1.2.2 问卷设计及调查

1.问卷内容设计

根据调研目的和内容设计了东北严寒地区乡村民居实态调查问卷,问卷综合考量了乡村居民文化程度、调研侧重点等多方面因素,问卷内容主要包括2种形式:客观信息采集和主观信息调查。在问题描述中尽量减少专业术语应用,采用易于乡村居民理解的词语,以保证有效问卷数量及数据可用性。

客观信息采集是对受访对象的家庭基本情况、建筑基本信息、围护结构构造和采暖方式等客观情况进行记录,问题设置包括(详见附录1):

(1) 个体样本特征。包括受访者姓名、性别、年龄、民族、文化程度,家庭人口数、常住人口数,家庭年收入及来源等信息,这部分内容主要掌握受访者的家庭整体情况。

(2) 建筑样本特征。包括建造年代、建筑面积、建筑朝向、建筑形式、结构形式、室内净高等,并对乡村民居进行详细拍照和测绘,记录院落平面图、建筑平面图及外观等,此部分内容是调查乡村民居的基本概况。

(3) 围护结构构造。包括乡村民居外墙、屋顶、外窗、外门和地面5个部分的详细调查,如外墙、屋顶及地面的材料、构造、保温做法等,外门窗的材料、开启方式、尺度、冬季保温措施等。

(4) 采暖方式及能耗。包括采暖设备及组合形式、采暖耗能量(燃煤、薪柴、秸秆等),主要调查乡村民居的采暖形式及能耗,用于分析采暖能耗与其影响因素的关系。

主观信息调查(即热舒适部分)主要掌握乡村居民对室内热环境的主观感受及期望温度、行为适应方式等,问题设置包括(详见附录1):

(1) 基本信息采集。包括受访者的性别、年龄,衣着情况:上装、下装、袜类、鞋类等,填表前30 min的活动情况,受访者在房间中的位置,采暖方式等,主要掌握室内热环境及人体热舒适的影响因素特征。

(2) 热舒适性调查。采用客观测试与主观热反应问卷结合的方式进行冬季室内热舒适调查。环境参数测试包括:空气温度、相对湿度、空气流速、黑球温度等。主观调查内容包括:① 受访者的主观热反应,如热湿感觉、热期望等;② 改善人体热舒适的措施,如增减衣物、喝冷热饮、烧炕、活动等。

人主观上对环境的热感觉无法用语言准确地描述,问卷调查时将主观热反应设置为等级标度,结合标度和实际感觉进行投票,即热感觉投票(TSV)。通过30份问卷进行预评价,采用ASHRAE(美国采暖、制冷与空调工程师协会)的7点标度(如热感觉投票:－3—— 冷、－2—— 凉、－1—— 稍凉、0—— 中性、＋1—— 稍暖、＋2—— 暖、＋3—— 热)。结果表明,乡村居民对热环境的敏感性较低,对7点标度并不能够准确理解。因此,将7点标度简化为5点标度,热期望以Preference(偏好)标度表示,见表1.2。

表1.2　热反应投票尺度

指标类型	主观投票标度
热感觉	－2—— 冷、－1—— 有些冷、0—— 适中、＋1—— 有些热、＋2—— 热
湿感觉	－2—— 干燥、－1—— 有些干燥、0—— 适中、1—— 有些潮湿、2—— 潮湿
风感觉	－2—— 干燥、－1—— 有些干燥、0—— 适中、1—— 有吹风感、2—— 吹风感较强
热湿期望	－1—— 降低(干燥一些、凉一些),0—— 不变,＋1—— 升高(热一些、潮湿一些)

此外,气候变化对东北严寒地区乡村民居的影响也是本书关注的重点,问卷调查中增加了气候变化和节能设计的相关问题。

(1) 气候变化相关问题。包括极寒天气下的建筑运行情况、采暖能源消耗状况、室内热舒适性及期望温度等,主要了解气候变化对乡村民居运行的影响及能源消耗问题。

(2) 节能设计相关问题。包括乡村民居保温性能是否满足需求、乡村居民是否愿意自投资进行改造、可接受的改造成本、优先改造的建筑部位等,从乡村居民个体出发,了解其对节能设计或改造的意愿、可接受程度及关注的问题。

2.信度与效度检验

问卷设计的合理性对调查结果的真实性有直接影响,在组织实施大规模的调研之前需要对问卷进行预调查,并对调查结果进行信度和效度分析,来判断问卷设计是否合理。若通过检验则可以开展正式调研,反之需要对问卷的问题重新调整。下面对伊春市朗乡镇和开原市庆云堡镇的 183 份预调查问卷进行信度和效度检验。

(1) 信度(可靠性) 检验。即问卷调查结果的可信程度,表示对同一事物进行重复度量或检测时,获得结果的一致性和稳定性程度。可靠性检验包括 4 种方法:再测信度法、复本信度法、折半信度法和克隆巴赫(Cronbach)α 信度系数法。综合考虑各种检验方法的适用范围、工作量、用时长短和可操作性,选择目前最常用的 Cronbach α 信度系数法进行检验。通过问卷中各题目得分的方差、协方差矩阵、相关系数矩阵等计算各题目之间的一致性,得出信度系数。Cronbach α 信度的计算公式如下:

$$\alpha = \frac{K}{K-1} \times \left[1 - \frac{\sum (s_i^2)}{s_{\text{sum}}^2} \right] \tag{1.1}$$

式中:K—— 问题条目总数;

s_i^2—— 第 k 个测项的方差;

s_{sum}^2—— 各测项方差总和。

根据《SPSS 统计应用实务》提出的检验标准,信度与 Cronbach α 系数的对照见表 1.3。

表 1.3　信度与 Cronbach α 系数的对照表

总量表		分量表	
$\alpha \geqslant 0.8$	信度很好	$\alpha \geqslant 0.7$	信度很好
$0.7 \leqslant \alpha < 0.8$	可以接受	$0.6 \leqslant \alpha < 0.7$	可以接受

续表

总量表		分量表	
$\alpha < 0.7$	重新修订或增删题项	$\alpha < 0.6$	重新修订或增删题项

利用 SPSS 数据分析软件对乡村民居调查问卷进行可靠性检验,得出一致性系数 $\alpha = 0.825 > 0.8$,表明量表的一致性很高,通过信度检验要求,问卷的信度满足统计分析需求。

(2) 效度(有效性) 检验。即问卷调查结果的有效性,表示调查得到的结果能够反映预期设想的程度,二者的吻合程度越高,则效度越高。效度主要分为 3 种类型:内容效度、准则效度和结构效度。通过对 3 种类型效度的比较分析,采用因子分析衡量问卷的结构效度,评判问卷中各因素的相关性。通过计算 KMO(Kaiser-Meyer-Qlkin) 值和 Bartlett(巴特利特)P 值检验问卷的结构效度,KMO 值的计算主要包括因子的相关系数和偏相关系数 2 个参数,取值在 0 ~ 1,计算得出的 KMO 值越接近 1,则越适合做因子分析,计算公式如下:

$$\mathrm{KMO} = \left(\sum\sum r_{ij}^2\right) / \left(\sum\sum \alpha_{ij}^2\right) \tag{1.2}$$

式中:r_{ij}—— 相关系数;

α_{ij}—— 偏相关系数。

Bartlett 球形检验用于判断各变量是否独立,如果 Bartlett 球形检验的统计量数值较大,且对应的概率小于指定的显著水平,表明变量之间存在相关性,适合进行因子分析;反之,数据不适合进行主成分分析。Kaiser 给出 KMO 和 Bartlett 球形检验的度量标准,见表 1.4。

表 1.4　KMO 和 Bartlett 球形检验的度量标准

检测类别	值的范围	因子分析适合情况
KMO 值	$\mathrm{KMO} \geqslant 0.7$	适合
	$0.6 \leqslant \mathrm{KMO} < 0.7$	勉强适合
	$0.5 \leqslant \mathrm{KMO} < 0.6$	不太适合
	$\mathrm{KMO} < 0.5$	不适合
P 值	< 0.05	适合

借助 SPSS 数据分析软件对调研问卷进行 KMO 和 Bartlett 球形检验,得出 $\mathrm{KMO} = 0.882 > 0.7$,Bartlett 球形检验统计量的观测值为 197.645,对应的概率值 $P = 0.000 < 0.05$,通过效度检验,问卷的结构效度满足统计分析需求。

3.组织实施

根据确定的东北严寒地区42个村落进行分批次调研,调查前对调研人员统一培训。对于普适性问卷调查,采用分层随机抽样的调查方法,即了解村庄布局之后,将其分成若干个片区,每个片区中再随机入户调查,辅以实地测绘、拍照记录、访谈等方式获得乡村民居的全面资料。对于室内热环境舒适性调查,由3名人员共同完成测试与问卷记录。为了保证结果可靠性和准确性,首先保证受访者在所处的环境中驻留足够长的时间;其次让受访者完全了解调查目的、内容及注意事项。受访者填写主观调查问卷时,由1人负责指导及讲解如何填写,同时另外2人协同进行热环境测试。实态调研期间,共发放普适性调查问卷1 200份,回收有效问卷1 107份,包括黑龙江省398份、吉林省191份、辽宁省307份、内蒙古自治区211份;发放热舒适调查问卷750份,回收有效问卷716份,包括黑龙江省193份、吉林省157份、辽宁省169份、内蒙古自治区197份。

1.2.3 现场实测的方案

现场实测能够客观反映室内热环境状况,克服问卷调查中单一问答而造成的主观偏差。为了掌握东北严寒地区乡村民居冬季室内热环境特征及围护结构热工性能,选择不同类型的乡村民居进行长期测试。根据前文调研结果,乡村民居包括土房、传统砖房和新建民居等类型,其中土房已逐渐废弃或拆除,不具有代表性。因此,测试对象选取遵循典型性原则,以传统砖房和新建民居为主,并且涵盖不同建筑形式、平面布局、围护结构构造及材料、经济水平等,具体测试地点及乡村民居类型见表1.5。

表1.5　热环境测试地点及乡村民居类型

地点	数量	乡村民居类型
内蒙古自治区扎兰屯市中和镇福泉村	1	新建民居(未采暖)
内蒙古自治区扎兰屯市达斡尔民族乡满都村	2	传统民居
黑龙江省双城市联兴乡兴团村①	3	传统民居
内蒙古自治区扎兰屯市卧牛河镇卧牛河村	2	新建民居

① 该地测试时间为2014年1月。

续表

地点	数量	乡村民居类型
内蒙古自治区兴安盟察尔森镇	2	传统民居
内蒙古自治区扎兰屯市成吉思汗镇岭航村	3	传统民居、新建民居
黑龙江省沾河林业局天龙山经营所	1	传统民居

1.测试仪器

东北严寒地区乡村民居热环境测试内容主要包括:室外空气温度、相对湿度、黑球温度,乡村民居各房间的空气温度、相对湿度、黑球温度和气流速度,围护结构内表面温度、传热系数,建筑红外热成像等。主要测试仪器的名称、仪器照片、测量精度与范围见表 1.6。

表 1.6　热环境测试仪器及性能

仪器名称	仪器照片	测量精度	测量范围
BES - Aa 围护结构传热系数现场检测仪		温度分辨率:0.01 ℃;准确度:≤0.2 ℃;热流密度分辨率:0.001 mV;准确度:≤0.01 mV	温度测量通道:6 路;量程:-40 ~ 100 ℃;热流密度测量通道:3 路;量程:0 ~ ±20 mV
BES - 02 温湿度采集记录器	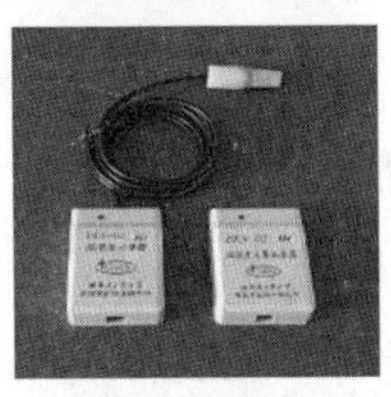	温度测量准确度:≤0.5 ℃;湿度测量准确度:≤3% RH	温度范围:-30 ~ 50 ℃(外接传感器:-50 ~ 120 ℃);湿度范围:0 ~ 99% RH
BES - 01 黑球温度采集记录器		温度测量准确度:≤0.5 ℃	温度范围:-50 ~ 120 ℃

续表

仪器名称	仪器照片	测量精度	测量范围
Fluke 红外热像仪		温度测量精度：± 2 ℃	温度范围：－ 20 ～ 550 ℃；热灵敏度：30 ℃ 目标温度时，≤ 0.08 ℃
KANOMAX 热线风速仪	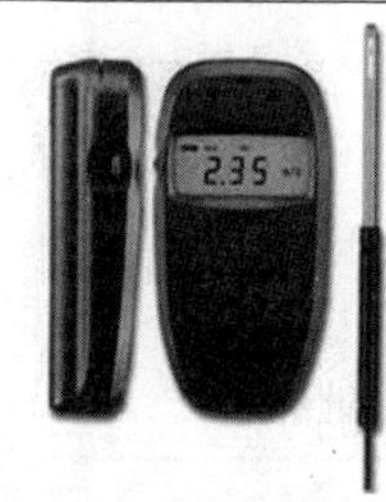	温度精度：± 1 ℃；风速精度：± 0.01 m/s	温度范围：－ 20 ～ 70 ℃；风速范围：0.01 ～ 20.0 m/s
HMP41 温湿度仪		温度精度：± 0.1 ℃；湿度精度：± 0.1% RH	温度范围：－ 20 ～ 60 ℃；湿度范围：0 ～ 100% RH

2.测试参数与方案

（1）室外环境参数。热环境测试时间选择冬季采暖中期（12 月—翌年 2 月），测试内容包括空气温度、相对湿度和黑球温度。为了保证测试结果的准确性，测点位置应避免外界干扰。测试仪器布置在距离地面 1.5 ～ 2 m 的位置，远离室外冷热源，并避免太阳辐射的作用。测试仪器的采样周期保持与室内测点一致，每 15 min 自动记录一组数据，以便于进行测试数据处理与对比。

（2）室内环境参数。测试内容包括空气温度、相对湿度、黑球温度和空气速度。采用 BES － 02 温湿度采集记录器对空气温度、相对湿度连续监测；采用 BES － 01 黑球温度采集记录器对黑球温度连续监测。

各房间均布置采集记录器，覆盖居民生活的主要空间。根据《居住建筑节能检测标准》（JGJ/T 132—2009）的规定：当受检房间使用面积大于或等于30 m^2 时,应设置2个测点。测点应与围护结构保持一定距离,通常距内墙内表面0.3 m、外墙内表面0.6 m、地面0.7 ~ 1.8 m。同时,测点应避免与灯具、散热器等发热设备接触,满足测点与它们之间距离不小于0.6 m的要求。此外,太阳辐射也会对测试数据产生较大影响,应避免太阳光直射仪器或采取防辐射处理。综上,本研究进行室内热环境测试时,室内测点统一布置在各房间平面几何中心处,高度1.6 m,每15 min记录一组数据。

(3) 围护结构热工性能。围护结构热工性能是影响室内热环境的主要因素之一,需要结合理论计算和实测全面了解乡村民居围护结构热工性能。采用BES - Aa围护结构传热系数现场检测仪开展测试工作,采样时间同样为每15 min记录一次。测试期间,将热电偶分别布置在围护结构内、外表面两侧的同一位置,并防止受到其他热源的影响;热流传感器平板与围护结构内表面紧密接触,消除空气热阻产生的影响。选择测点之前,需要采用Fluke红外热像仪对围护结构的热桥位置进行判断,避免对测试结果产生干扰,保证测试数据的有效性。

1.3　乡村民居的问卷调查分析

采用描述性统计分析方法对问卷中的问题进行数据统计分析及变量之间的交叉分析,包括受访家庭特征、建筑形态特征、围护结构特征、采暖系统特征和节能理念导向5个方面。

1.3.1　受访家庭特征

受访家庭特征包括家庭人口、常住人口、家庭收入及来源等,以此了解受访家庭的采暖用能人数、经济水平等影响建筑能耗及节能设计承受能力的因素。如图1.2所示,受访家庭的人口数主要集中在2 ~ 5人,占样本总数的89.1%,平均家庭人口3.6人。由于乡村地区的中青年大多外出打工或经商,留在家中的通常为老年人和儿童,因此家庭常住人口数明显低于总人口数,集中在2 ~ 4人,占样本总数的81.3%。

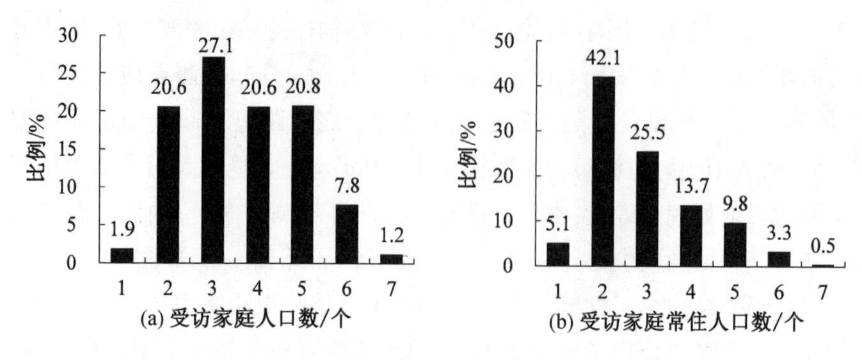

图 1.2　受访家庭人口数及常住人口数

家庭收入来源方面,包括单一收入来源和多种收入来源,其中单一收入来源的家庭约占 68.7%,如图 1.3 所示,以种田为生的家庭占 43.2%,是东北严寒地区乡村主要经济收入来源之一;其次为外出打工(13.2%),做副业(4.5%),如经营诊所、小卖部、维修部等。除此之外,约 31.4% 的家庭为多种收入来源,如图 1.4 所示,以“种田 + 打工”(16.7%)、“种田 + 副业”(5.0%)和“养殖 + 种田”(4.4%)3 种模式为主,同时兼顾其他收入来源形式。通过家庭年收入与家庭人口的相关性分析,得出 Pearson 相关系数 0.275**,在 0.01 水平(双侧)上显著相关,虽然二者呈弱相关,但存在显著的正相关关系。收入情况代表着乡村居民的经济实力,能反映出对节能设计或改造的投资潜力。

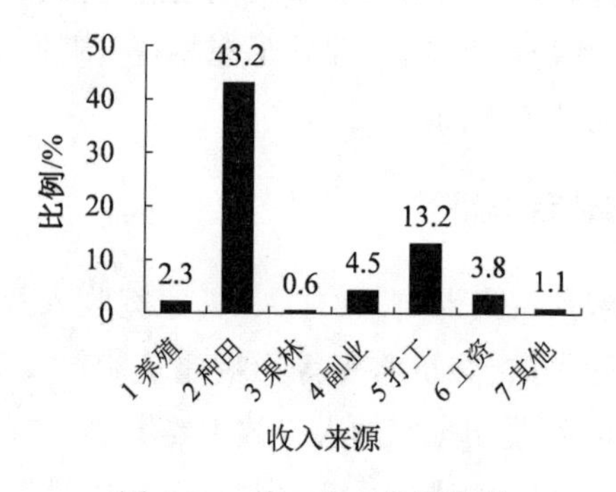

图 1.3　单一收入来源类型

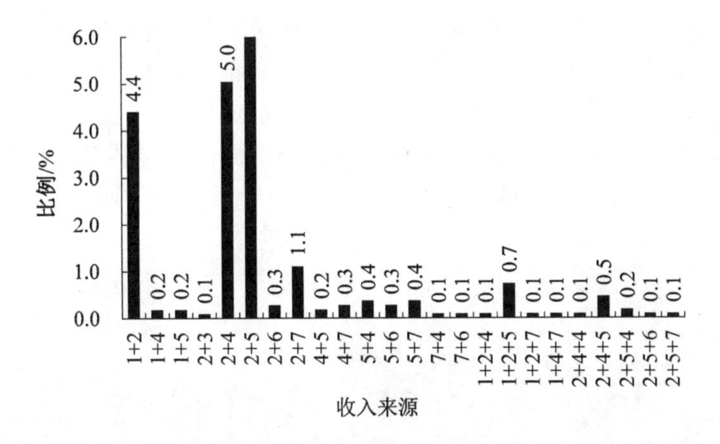

图 1.4　多种收入来源类型

(1—养殖;2—种田;3—果林;4—副业;5—打工;6—工资;7—其他。其中“2+5”占 16.7%,为明确体现比例较小项,将纵坐标最大值减小)

1.3.2　建筑形态特征

抽样调查乡村民居的建造年代分布如图 1.5 所示，其中建造于 1980—2010 年的房屋占样本总数的 81.7%,随着乡村振兴战略的实施与推进,新建民居的数量将会逐年增加。下面主要分析建筑形态特征,包括乡村民居的建筑形式、平面布局、建筑高度(室内净高) 和结构形式等。

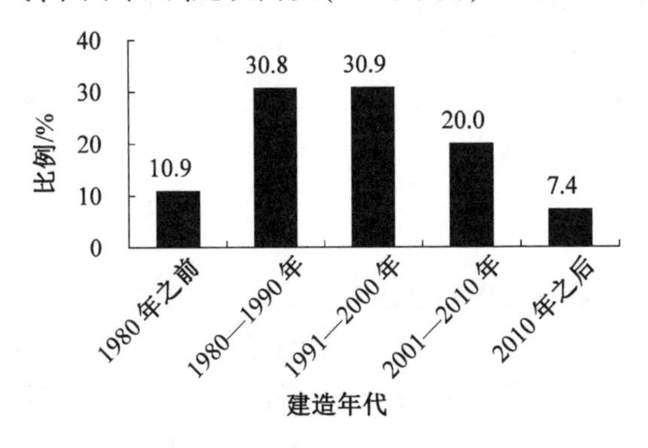

图 1.5　乡村民居的建造年代分布

1.建筑形式

从规划布局的角度看,乡村民居包括独立式和联排式 2 种,如图 1.6 所示。抽样调查民居中，约88.4%为独立式建筑，是普遍采用的一种形式；11.6%为联排式建筑，这与民居所处地区及归属单位有关，通常林场或农场的民居多为这种形式，这些地区的住宅由单位统一建设，一排由3～4户组成。从节能的角度分析，联排式建筑的一面或两面山墙与其他住宅相邻，减少了散热面积，有利于降低采暖能耗。但乡村居民由于长期形成的居住模式和生产生活习惯，更倾向于独立式院落和住宅。

(a) 独立式

(b) 联排式

图 1.6　独立式和联排式乡村民居

按建筑外形划分，乡村民居中坡顶平房占样本总数的95.39%，平顶平房占4.25%，平顶和坡顶二层房屋仅占0.09%和0.27%，这主要与东北严寒地区气候条件有关，坡屋面具有良好的气候适应性，有利于排除冬季屋面积雪，减少雪荷载对屋面的负担。因此，本书重点关注独立式单层坡顶民居。

针对建筑朝向，由于南向可获得充足日照，调研的乡村民居中92.1%坐北朝南；而受地形地貌、交通干道、村庄统一规划等因素影响，约7.9%的房屋朝向西南向、东南向、东向等其他方向。不同朝向对建筑能耗的影响程度和作用规律还需要进一步研究。

2.平面布局

东北严寒地区乡村民居的平面布局演变主要经历3个阶段：①中华人民共和国成立后的"一明两暗"住宅；②改革开放后的改进住宅；③21世纪的新农村住宅，虽然平面布局发生变化，但平面形式仍为紧凑的集中式布局。

"一明两暗"住宅，即建筑中部为厨房、走廊等公共空间，两侧分别布置卧室等主要空间(图1.7)，功能相对简单，其中卧室担负着睡觉、娱乐、会客和就餐等复合功能，导致不同活动流线之间交叉干扰。改进住宅平面布局有了较大改进，表现在厨房、锅炉间、储藏室等移至北侧，与南侧空间(卧室、起居室等)并列布置，热环境分区逐渐合理化(图1.8)。新农村住宅平面形式更加灵活多样,在改进住宅基础上布局更趋向于合理化、功能复杂化、进深加大化,对节能设计有一定的关注(图1.9)。

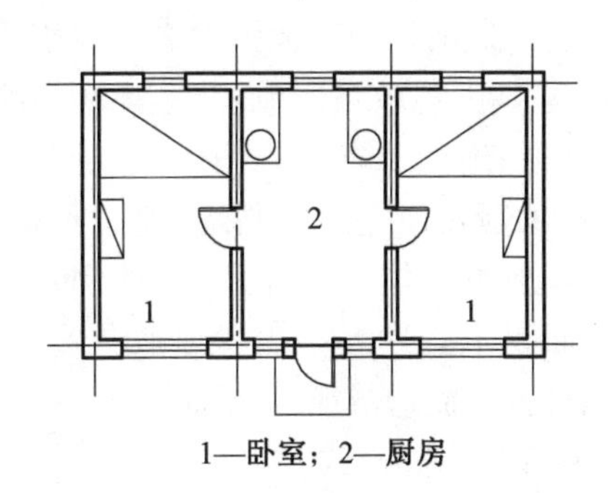

1—卧室；2—厨房

图1.7　“一明两暗”住宅平面布局

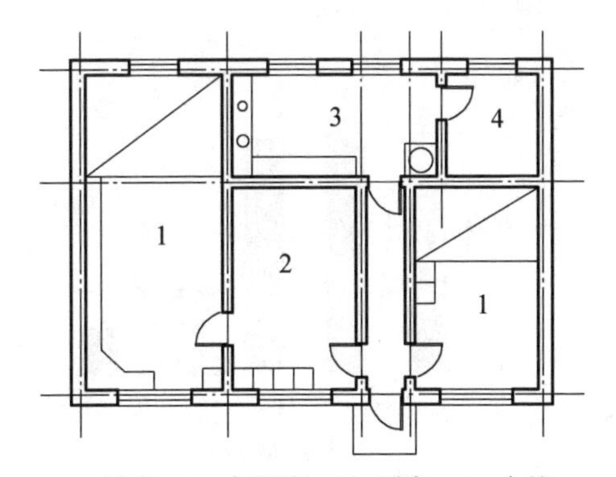

1—卧室；2—起居室；3—厨房；4—仓储

图1.8　改进住宅平面布局

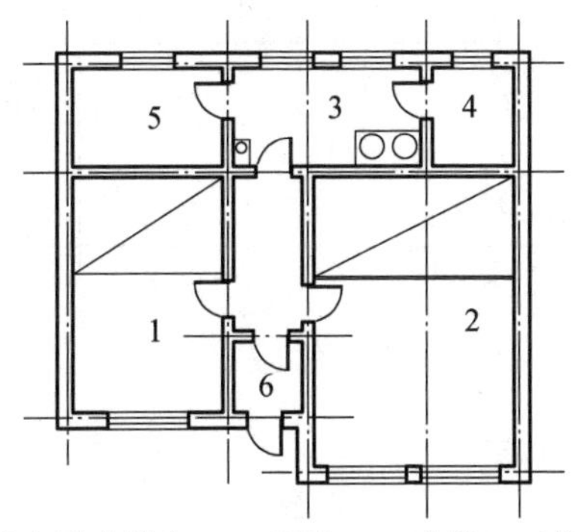

1—卧室；2—起居室与卧室结合；3—厨房；4—仓储；5—预留卫生间；6—门斗

图1.9　新农村住宅平面布局

从建筑面积的角度看,如图1.10所示,乡村民居建筑面积集中在50 ~ 90 m^2,平均建筑面积73.14 m^2。分析建筑面积与家庭收入、建造年代、家庭人口的相关性,见表1.7,建筑面积与其他因素之间弱相关,但呈显著正相关,可能主要由于以下原因:① 土地政策限制,如《黑龙江省土地管理条例》规定:城市近郊和乡政府所在地以及省属农、林、牧、渔场部的宅基地,每户不得超过250 m^2。农村村民新建住宅的宅基地,每户不得超过350 m^2。根据乡村居民生活习惯,宅基地中除住宅以外,其余通常用来储存生产工具、粮食或饲养家畜等,建筑面积不宜过大。② 家庭收入高的住户未必将资金用于扩大建筑面积,面积过大反而造成能耗增加,而用于提高住宅保温性能和室内环境质量。③ 家庭人口主要模式:"老人 + 孩子""老人 + 中年人 + 孩子""中年人 + 孩子"等,两室或三室就能够满足需求,同时受到经济因素限制,建筑面积并未明显增加。

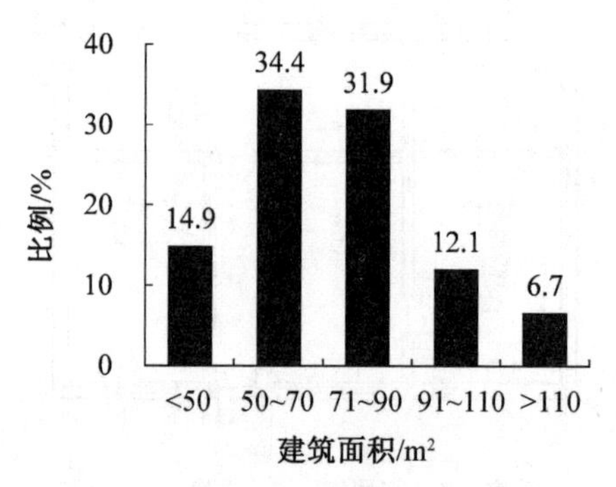

图1.10 乡村民居建筑面积分布

表1.7 建筑面积与其他因素的相关性

		家庭收入	建造年代	家庭人口
建筑面积	Pearson 相关性	0.172**	0.208**	0.233**
	显著性(双侧)	0.000	0.000	0.000

注:** 在0.01水平(双侧)上显著相关。

3.建筑高度(室内净高)

东北严寒地区乡村民居通常设置室内吊顶,地面到吊顶的空间是有效的使用空间,统计时以室内净高计量。如图1.11所示,室内净高主要分布在2.2 ~ 3.6 m,集中在2.4 ~ 3.0 m,占样本总数量的91.3%,平均室内净高

2.64 m。室内净高会对居民使用舒适度和建筑能耗产生影响,其与能耗的量化关系和影响规律还需要进一步研究。

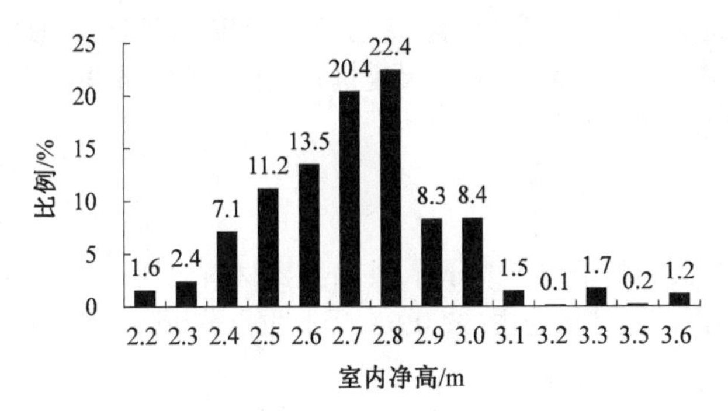

图 1.11　东北严寒地区乡村民居室内净高分布

4.结构形式

东北严寒地区乡村民居的结构形式主要包括砖混结构、木结构、土木结构、石木结构等,其中砖混结构占样本总数的92.0%,是普遍采用的一种结构形式;其他结构形式的民居数量则较少,土木结构占5.0%、木结构占2.1%、石木结构占0.9%。如图1.12所示,按照建造年代划分,木结构、土木结构、石木结构民居多建于1990年之前,结构及材料的耐久性较差,容易出现地面下沉及墙体变形等问题,砖混结构则克服了这一问题。近年来,随着乡村经济发展和技术进步,逐渐应用新的结构形式,如框架结构、钢结构等,但基本处于示范建造阶段,目前该地区乡村自建房还是以混合结构为主。

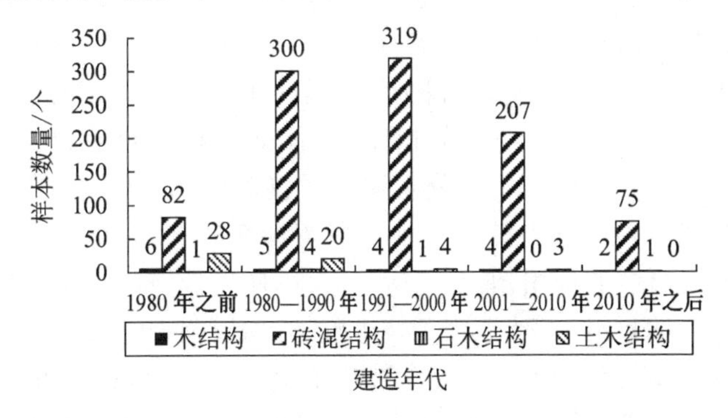

图 1.12　按建造年代划分的结构形式分布

1.3.3 围护结构特征

围护结构热工性能与采暖能耗密切相关,下面对外墙、屋面、外窗、外门和地面等构成元素的构造、材料及尺度进行描述性统计分析,以探寻乡村民居围护结构的问题。

1.外墙

根据乡村民居的结构形式分析,外墙主要材料包括实心砖、石材、生土、木材等,其中以砖混结构为主(92.0%),因此重点分析砖混结构的墙体厚度、保温形式等。

砖混结构的承重材料通常为实心砖,材料厚度分布在370 ~ 620 mm,其中370 mm墙体占样本总数的68.3%,490 mm砖墙占22.4%,620 mm砖墙占1.3%。从各省份分布情况分析,如图1.13所示,490 mm和620 mm砖墙主要集中在黑龙江省,其余各省份以370 mm砖墙为主,这也符合不同地域的气候特点,黑龙江省地处高纬度,冬季更为严寒且持续时间长。测试表明,3种类型墙体的传热系数分别为1.58 W/(m^2 · K)、1.29 W/(m^2 · K)、1.06 W/(m^2 · K),单纯靠砖墙进行保温,其效果远未达到节能设计标准要求。通过对墙体保温情况进行统计分析,仅有28.0%的墙体采取了保温措施。在采取保温措施的墙体中(图1.14),370 mm砖墙仅占21.9%、490 mm砖墙占40.2%、620 mm砖墙占14.0%,保温形式以外保温(40%)和夹芯保温(33.8%)为主。620 mm砖墙已经较厚,故很少采取保温措施,但370 mm和490 mm砖墙采取保温措施的仍较少,不利于民居节能和室内热环境营造,尤其遇到极端气候时更为不利。如图1.15所示,受经济条件制约,虽然部分墙体采取了保温措施,但其效果尚未达到预期目标,保温材料厚度在60 mm以下的占64.7%。上述分析的是4个朝向墙体全部采用保温材料的情况,但调研发现,为了节约投资成本,部分乡村民居仅对山墙、北侧外墙等部位增设保温层或在墙体内设置空气层、塑料薄膜等局部措施。

外墙保温材料的选用,通常包括苯板、珍珠岩板、草板、保温砂浆等。苯板是较为常见的材料,且建造施工技术成熟,抽样调查的民居中约88.8%选用苯板作为保温材料,9.5%采用珍珠岩材料。同时,草板等具有乡村特色的稻草制品保温材料也逐渐出现,但这类植物性保温材料受地域和建筑类型限制,适合在盛产水稻和草场资源丰富地区使用(图1.16)。综上,对于墙体保温材料选择和最佳厚度确定还需要进一步研究。

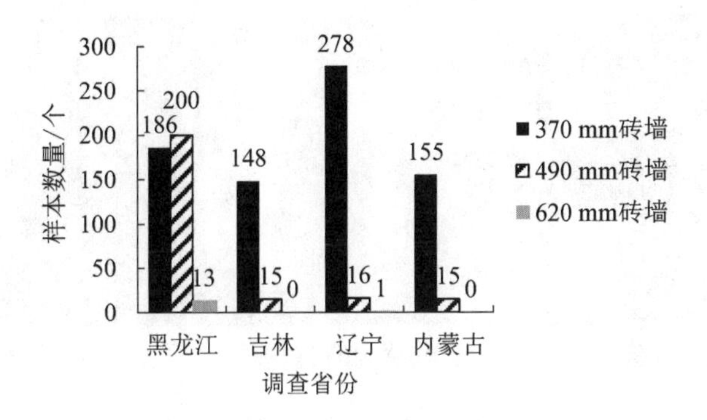

图 1.13　各省份外墙主体材料分布

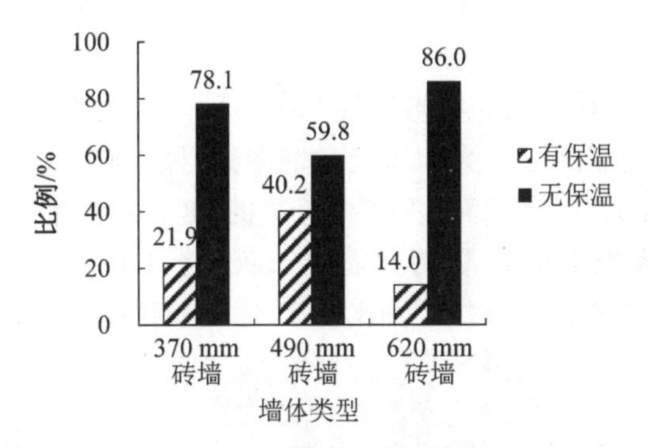

图 1.14　不同墙体类型保温情况

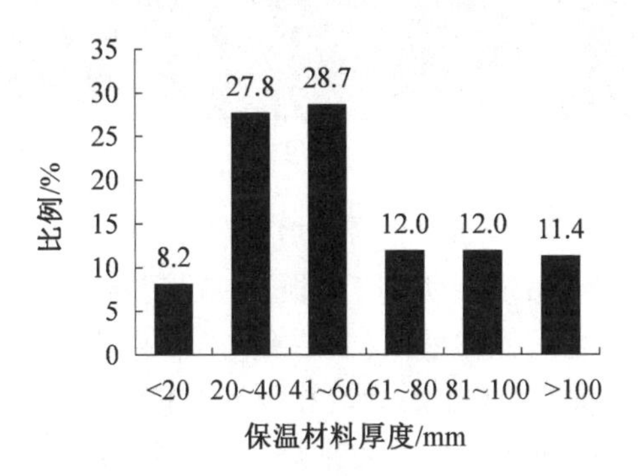

图 1.15　墙体保温材料厚度分布

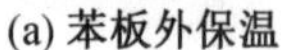
(a) 苯板外保温

(b) 苯板夹心保温

(c) 草板夹心保温

图 1.16　不同保温材料的墙体

2.屋面

乡村民居的屋面形式包括坡屋面和平屋面两种类型。坡屋面承重结构为屋架,根据材料不同可分为木屋架和钢屋架[图 1.17(a)(b)]。抽样调查民居中,木屋架的利用率最高,占样本总数的 88.1%;钢屋架占 7.3%。平屋面的承重结构为现浇或预制钢筋混凝土板[图 1.17(c)],仅占样本数的 4.6%。因此,本书重点关注坡屋面木(钢)屋架乡村民居。

(a) 木屋架

(b) 钢屋架

(c) 平屋面混凝土板

图 1.17　屋面承重结构类型

坡屋面典型构造:吊顶 + 龙骨(棚板) + 保温材料 + 木(钢) 屋架 + 望板 + 防水层 + 瓦或金属铁皮屋面(自内到外)。调查结果显示:69.1% 的乡村民居屋面设有保温层,与外墙恰恰相反,这主要与可采用的保温材料相关,如图 1.18 所示,屋面保温材料包括炉渣、苯板、珍珠岩、草板、作物秸秆、稻壳/锯末、草木灰等,根据不同的保温形式,其应用范围又有所区别(图 1.19)。屋面保温形式主要分为 2 种:屋架保温(28.7%) 和吊顶保温(29.2%),其余(42.1%) 无保温措施。屋架保温是早期乡村民居常见的一种形式,保温材料多采用稻壳/锯末、草木灰、炉渣等日常生活中易于获取且成本低廉的散状材料,直接将其铺设在屋架下弦的棚板上[图 1.20(a)],其中稻壳/锯末的利用率最高(47.9%),铺设厚度多数 ≥ 200 mm(图 1.21),但材料未能有效处理,保温效果不理想;吊顶保温多选用苯板、珍珠岩等轻质板状材料,将其铺设于室内吊顶的龙骨上部[图1.20(b)],其中珍珠岩的利用率为22.0%、苯板为10.7%,这类材料的保温性能相对较好但造价也相应提高,故常采用的厚度较薄,多数仅有20 ~ 60 mm(图1.21),保温效果同样达不到预期目标。综上,屋面保温材料选择和最佳厚度确定同样需要进一步研究。

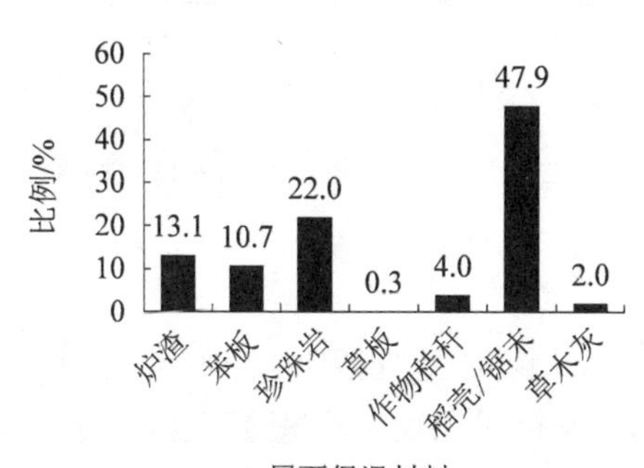

图1.18　屋面保温材料类型

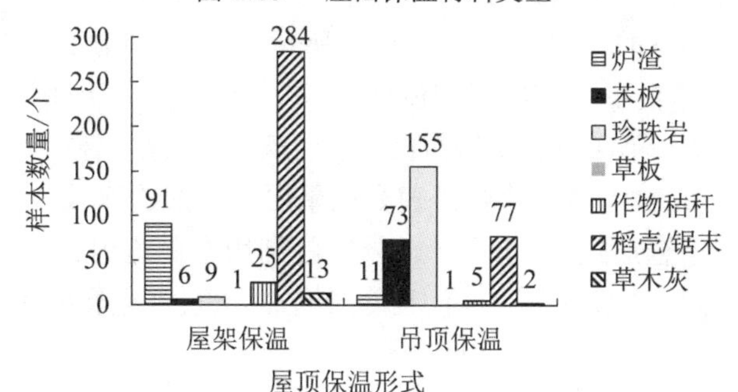

图1.19　不同屋面保温形式的保温材料类型

(a) 屋架保温

(b) 吊顶保温

图1.20　屋顶保温形式

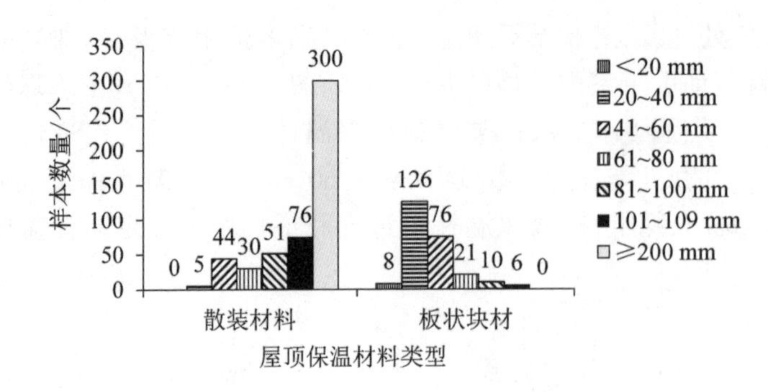

图 1.21　屋顶不同类型保温材料厚度

3.外窗

根据窗框的材质,外窗类型包括木窗、塑钢窗、钢窗、铝合金窗、铁窗等。实际应用过程中,乡村居民通常会根据经济水平选择单一或组合形式的外窗。由于朝向会对外窗得热量产生影响,故不同朝向采用的外窗类型也有所区别,下面对各个朝向的外窗分别进行统计分析。

南向外窗类型的比例分布如图 1.22 所示,利用率较高的外窗类型包括双层木窗(22.4%)、单层双玻塑钢窗(21.7%)、单层木窗(19.0%)、双层单玻铝合金窗(9.3%)、单层单玻塑钢窗(8.0%)、双层双玻塑钢窗(7.5%)和单层单玻铝合金窗(6.8%)等。多数外窗是以单层窗框配置双玻、双层窗框配置单玻或双玻的组合形式,但单层单玻外窗的利用率仍达到 25.8%,这类外窗的传热系数达到 4.7 W/(m^2·K),且冷风渗透严重,严重影响了围护结构整体热工性能。

《农村居住建筑节能设计标准》(GB/T 50824—2013) 中规定了窗墙面积比限值:南向窗墙面积比 ≤ 0.4,北向窗墙面积比 ≤ 0.25,东、西向窗墙面积比 ≤ 0.3。调查民居中南向窗墙面积比大于 60% 的占 8.9%,41% ~ 60% 的占 53.9%,20% ~ 40% 的占 36.0%,小于 20% 的占1.2%。南向外窗尺度普遍较大,虽然可以获取更多太阳辐射,但外窗热工性能较差时,不利于降低能耗,外窗得热与散热之间的定量关系需要进一步研究。为了增强外窗保温性能和减少冷风渗透,68.8% 的乡村民居会对南向外窗采取传统保温措施,如图 1.23 所示,窗外侧附加塑料膜的利用率最高(27.8%),其次是设置附加空间(17.0%)、窗内侧附加塑料膜(11.1%) 等,也有将2 ~ 3 种方式组合在一起的做法,但会严重影响太阳辐射得热。为了提高室内采光效果,可在外窗内侧附加单层玻璃,冬季可起到保温作用,夏季可摘除,但由于成本增加和玻璃摘除后的存放问题，利用率并不高（图1.24）。

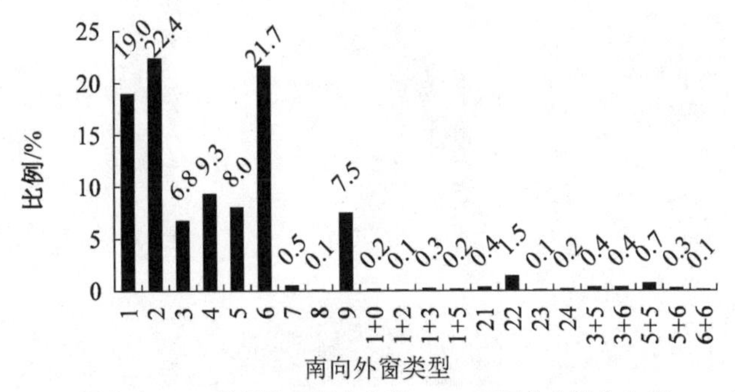

1—单层木窗；2—双层木窗；3—单层单玻铝合金窗；4—双层单玻铝合金窗；5—单层单玻塑钢窗；6—单层双玻塑钢窗；7—单层三玻塑钢窗；8—单玻塑钢窗+单层双玻塑钢窗；9—双层双玻塑钢窗；10—单层木窗+单层双玻塑钢窗；21—单层断热铝合金玻璃窗；22—双层铁窗；23—单层双玻璃铝合金窗+单层双玻璃塑钢窗；24—单层双玻铝合金窗；其他组合数字为1—9号类型外窗的不同组合

图 1.22　南向外窗类型分布

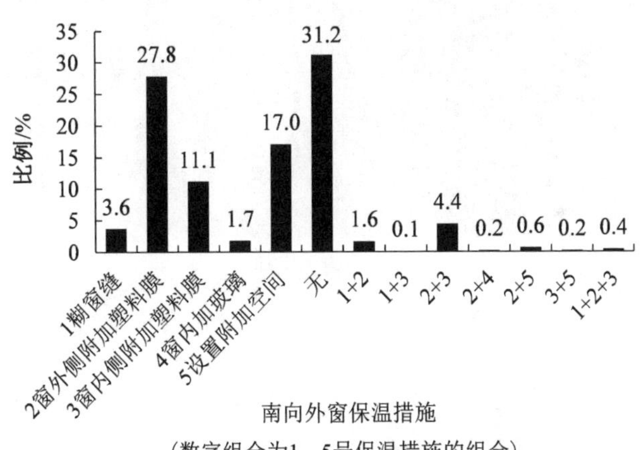

（数字组合为1—5号保温措施的组合）

图 1.23　南向外窗保温措施比例分布

北向外窗类型比例分布如图 1.25 所示，各类型外窗的比例分布和南向基本相似，仅双层双玻塑钢窗和双层单玻塑钢窗的利用率提高。对于窗墙面积比，小于 20% 的占 10.4%，20% ～ 40% 的占 62.9%，41% ～ 60% 的占 25.4%，大于 60% 的占 1.3%，相对南向外窗而言面积有所减小，但参照节能设计标准的规定限值，北向窗墙面积比仍然偏大。同样，为了增强外窗的保温性能，71.5% 的民居对北向外窗采取了传统保温措施，做法与比例分布基本和南向一致，如图 1.26 所示。

(a) 外加塑料薄膜

(b) 内侧增加一层玻璃

(c) 简易附加空间

图 1.24　不同类型的南向外窗保温措施

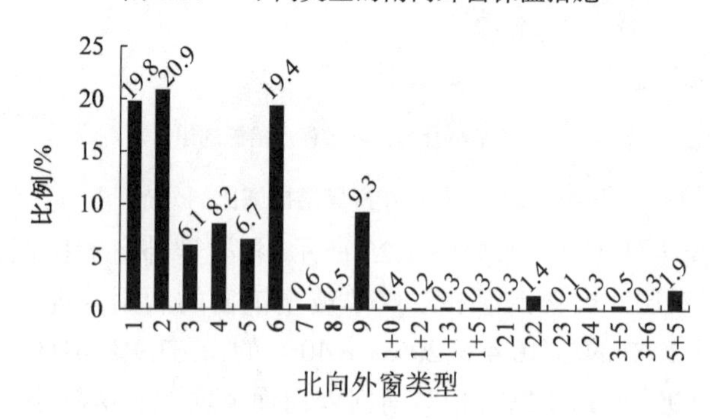

图 1.25　北向外窗类型比例分布(数字表示含义同图 1.22)

东北严寒地区乡村民居通常只在南、北向设置外窗,但受风俗文化、地域特色等因素影响,部分地区乡村民居在东侧或西侧也设置外窗。统计结

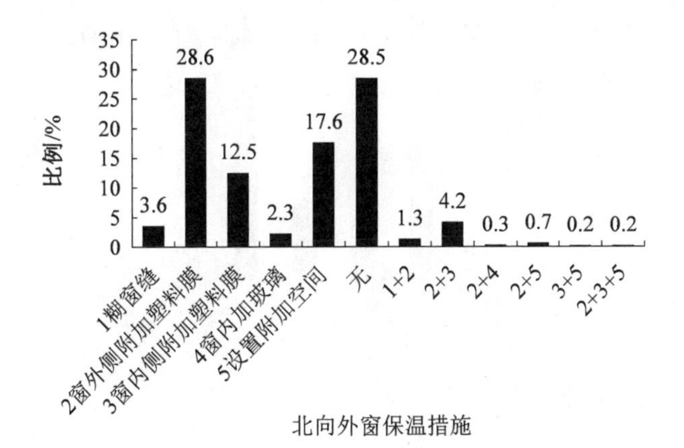

图 1.26　北向外窗保温措施比例分布

果表明,调查民居中东、西向开窗的仅 8.2%,外窗类型与南、北向相同(图 1.27)。窗墙面积比小于 20% 的占 26.3%,20% ~ 40% 的占 48.5%,41% ~ 60% 的占 23.3%,大于 60% 的占 1.9%。同时,62.5% 的调查民居对东、西向外窗采取传统保温措施(图 1.28)。

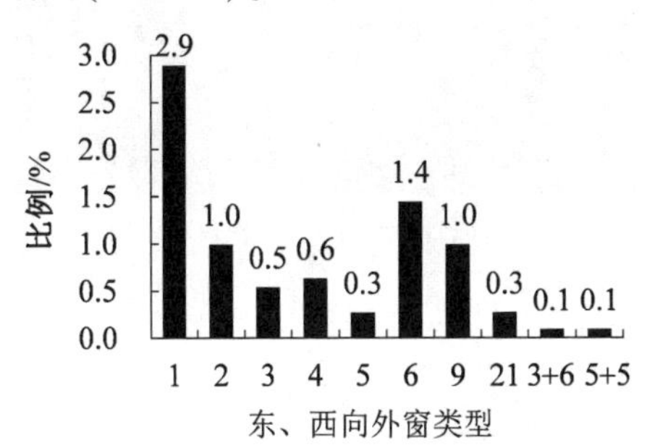

图 1.27　东、西向外窗类型比例分布(数字表示含义同图 1.22)

综上,乡村民居不同朝向外窗对建筑能耗和室内热环境是综合作用的,外窗材料、尺度以及不同朝向外窗之间的作用规律需要进一步分析研究。

4.外门

乡村民居外门类型主要包括木质门、铝合金门、金属保温门等(图 1.29)。如图 1.30 所示,单层木门使用率最高为 43.4%,其次为双层木门(19.1%) 和单层单玻铝合金门(16.2%)。木质门的耐久性、密封性和保温性能较差,常常单侧或双侧包裹铁皮,以增加其耐久性;铝合金门强度较差,频繁开启容易造成密闭性差。随着经济技术发展,金属保温门逐渐被应用于新建民居和既有传统民居改造，调查民居中采用金属保温门的比例为9.2%。

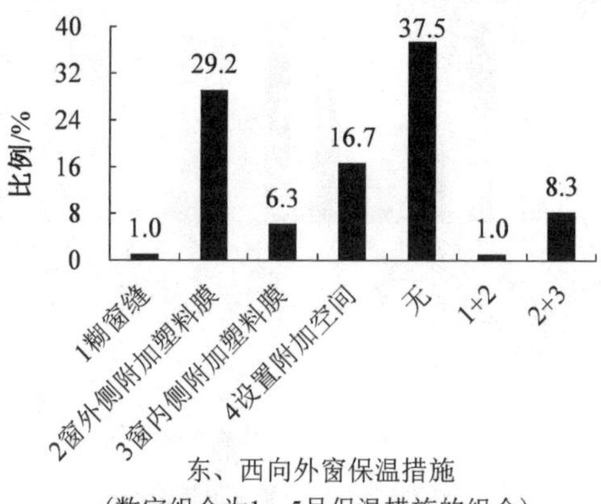

图 1.28　东、西向外窗保温措施比例分布

(a) 带铁皮木门

(b) 木门+铝合金门

(c) 塑钢门

(d) 金属保温门

图 1.29　乡村民居不同类型外门

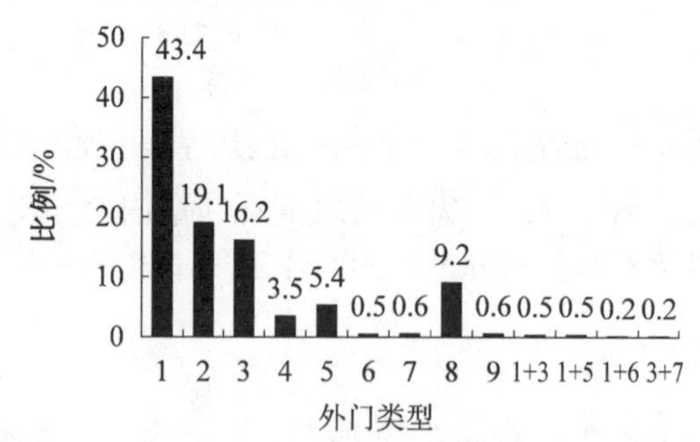

1—单层木门；2—双层木门；3—单层单玻铝合金门；4—双层单玻铝合金门；5—单层双玻铝合金门；6—单层单玻塑钢门；7—单层双玻塑钢门；8—金属保温防盗门；9—其他；数字组合为不同类型门的组合形式

图 1.30　外门类型分布

为了降低建筑入口空间对室内热环境的影响，调查民居中 50.9% 的外门采取了保温措施，如内侧设置棉帘、增设门斗、附加阳光间或多种措施叠加组合（图 1.31）。如图 1.32 所示，内挂棉门帘的利用率达到 32.2%，其次附加阳光间的利用率为 9.6%，这 2 种均为临时性措施且搭建方便，夏季可拆卸；门斗的利用率为 6.7%，门斗本身形成一个室内外过渡空间，是防止冷风渗透的有效方法，此外也有部分民居同时采用 2 种保温措施。

图 1.31　外门保温措施

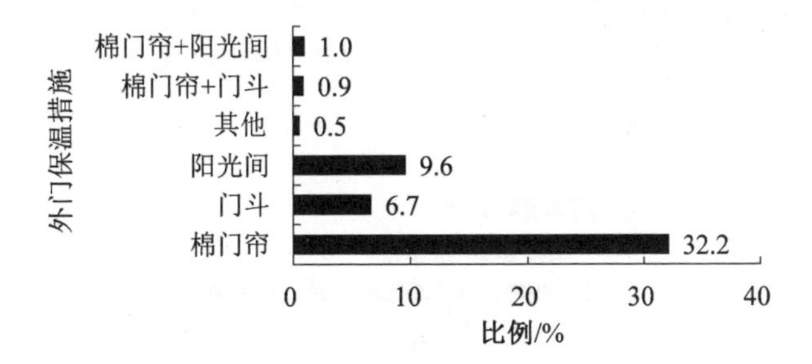

图 1.32　外门保温措施比例分布

5.地面

按面层材料划分，东北严寒地区乡村民居地面类型包括夯土地面（极少留存）、砖地面、水泥地面和瓷砖地面等（图 1.33）。早期建造的乡村民居多采用前 3 种地面类型，随着乡村居民生活水平及对室内环境舒适度要求的提高，新建民居中多采用瓷砖地面。调查民居中仅 2.0% 采取了保温措施，保温材料包括炉渣、苯板、珍珠岩等散状或板块材料。一般情况下，炉渣的铺设厚度约 100 mm 以上，而苯板和珍珠岩板的厚度仅 40 ~ 60 mm 左右。因此，地面热工性能的提升也不容忽视。

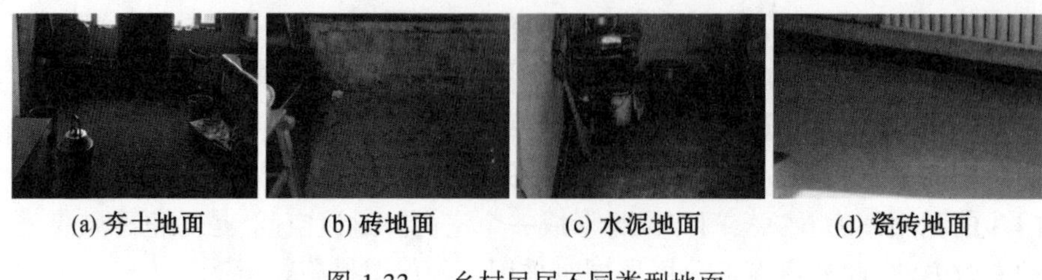

图 1.33　乡村民居不同类型地面

1.3.4　采暖系统特征

1.采暖设施

东北严寒地区乡村民居的供暖设施包括火炕、火墙、土暖气、电暖气、地热、燃池等。各类供暖设施的利用率如图 1.34 所示，火炕是应用最为广泛的供暖设施，占比 98.5%；其次是土暖气（50.5%）和火墙（24.5%）。随着乡村经济发展和居民收入水平提高，低温热水地板辐射采暖系统也逐渐被应用于乡村民居采暖（图 1.35）。

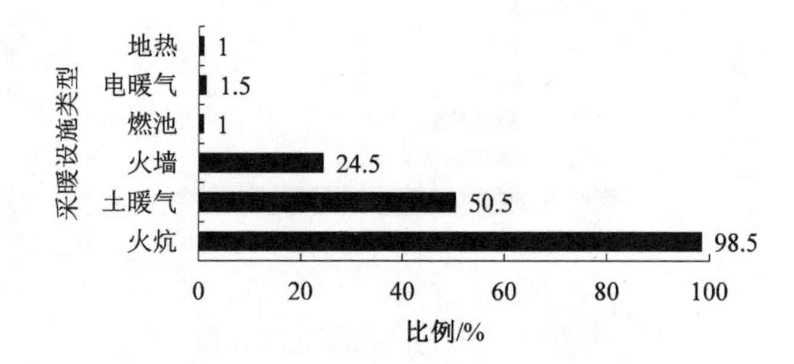

图 1.34　不同类型采暖设施的利用率

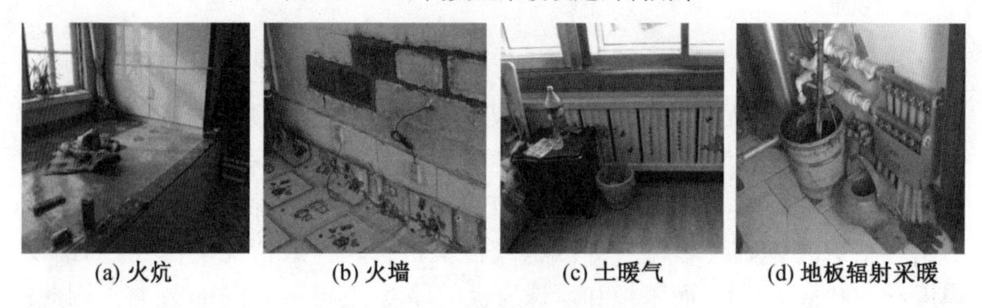

图 1.35　乡村民居采暖系统类型

火炕是最具东北严寒地区乡村特色的供热设备，炊事的同时加热火炕，充分利用烟气在炕洞回旋的热量，一把火同时解决做饭和采暖问题。当冬

季室外温度达到 - 30 ℃ 时,炕面仍可保持一定温度,但容易造成室内温度分布不均匀。火墙通常和火炕结合,墙内留有空洞使烟气流通。土暖气系统即小型锅炉 - 热水系统,以热水为媒介将能量输送到布置散热器的各个房间,从而以辐射和对流方式提升室内空气温度,其布置相对火炕更灵活,且室内热量分布较均匀、温度稳定。

早期乡村民居广泛采用“火炕 + 火墙” 的供暖方式(图 1.36),即将火炕、火墙、炉灶及烟囱连通,以烟气作为媒介,通过烟气的流动将热量传递到火炕和火墙,从而为室内供暖,最终经过循环烟气由排烟口通向烟囱排出室外。进行炊事活动时,由灶内燃烧供热,其余时间则利用火炕、火墙材料的蓄热性能维持室内热量。为保证无炊事活动时可补充采暖,火墙通常设置独立添柴口。该类型采暖系统具有一定的间歇性,虽然火炕、火墙材料的蓄

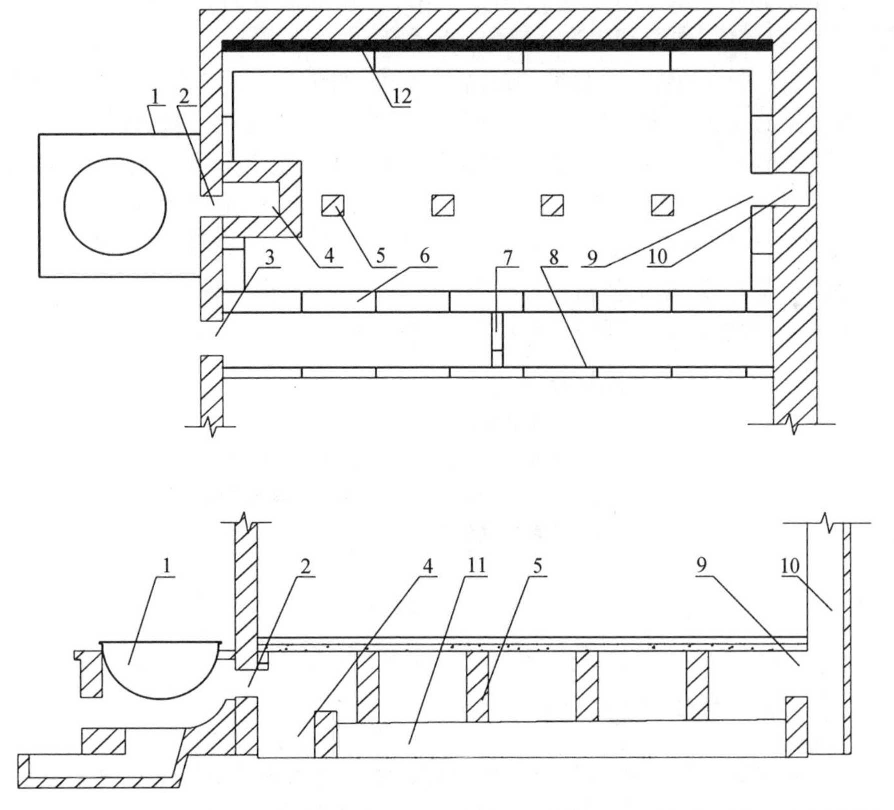

1—灶; 2—炕进烟口; 3—炕火墙的添柴口; 4—炕道内的积灰池; 5—炕面板支柱; 6—分烟道; 7—挡灰垛; 8—炕墙; 9—炕的出烟口; 10—烟囱; 11—土灰层; 12—外墙保温层

图 1.36　火墙式火炕供暖系统

热性较好，但调研发现停止供暖后夜间温度下降较快，导致室内舒适性差。近年来，既有乡村民居改造时通常增设土暖气采暖系统来改善室内热环境；新建民居采用“火炕 + 土暖气”采暖方式，形成2套独立的系统，以火炕体系为主，利用土暖气系统弥补采暖的间歇性问题。同时，可有效应对气候变化的影响，采暖初期、末期或天气稍冷时仅采用火炕单独供暖，采暖中期或遇较冷、极寒天气时启动土暖气系统协同工作，使室内温度维持在舒适水平。此外，一些新建民居也逐渐尝试采用“火炕 + 地板辐射”采暖方式，这种供热系统可进一步提升室内热环境的均匀性和稳定性。

2.能源消耗

由于乡村民居采暖方式的特殊性，炊事与供热用能无法清晰剥离，故统计的采暖能耗中包含部分炊事用能。相比城市建筑而言，乡村民居用能类型多样，以燃煤、薪柴和生物质能源（玉米秸秆、苞米棒等）为主。对于燃料计量，乡村居民通常有一套惯用的计量方式，如车、捆、亩等，无法准确换算或统一用量。为避免计量方式不同所造成的误差，对仅使用燃煤的住户进行统计。如图1.37所示，乡村民居冬季采暖耗煤量主要分布在2 ~ 4 t，约占总数的66.3%；采暖耗煤量小于2 t的占15.0%，大于5 t的占5.9%。调研发现，影响乡村民居采暖能耗的因素较多，如采暖设备效率、室内计算温度、围护结构热工性能、建筑朝向、外窗尺度等，很难采用单一要素评判对建筑能耗的影响，各要素与能耗的关系将在后文进一步研究。

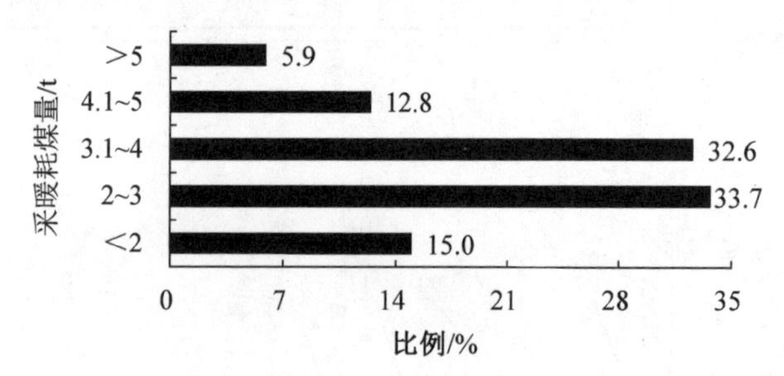

图1.37　乡村民居冬季采暖耗煤量分布

1.3.5　节能理念导向

在乡村居民访谈中，当问及“房屋建设时通常考虑哪些因素”，居民普遍反映要考虑经济、安全、美观等因素，很少关注围护结构热工性能、室内热环境舒适性等涉及节能方面的问题。由此可见，节能理念还有待在乡村居民中进一步推广和普及。

统计分析表明,84.4% 的居民不愿意自己出资对既有建筑进行改造,认为室内温度不舒适时,多烧煤或薪柴即可,但燃料增加同样会导致建筑运行成本的增长,居民对节能设计或改造带来的经济效益并不明确。仅15.6%的乡村居民愿意出资进行必要的改造,但投资额度有限,投资金额主要集中在3 001 ~ 5 000元(图1.38),当需要耗费更多资金时,居民的改造意愿同样不高。在此基础上对改造部位的选择意愿进行分析,如图1.39所示,围护结构中门窗改造的比例最高为63.4%,其次为外墙、屋顶、采暖设备、地面,主要因为门窗更换相对简单且施工方便。围护结构各部位对建筑能耗的影响规律、作用效果以及成本问题需要进一步分析研究。

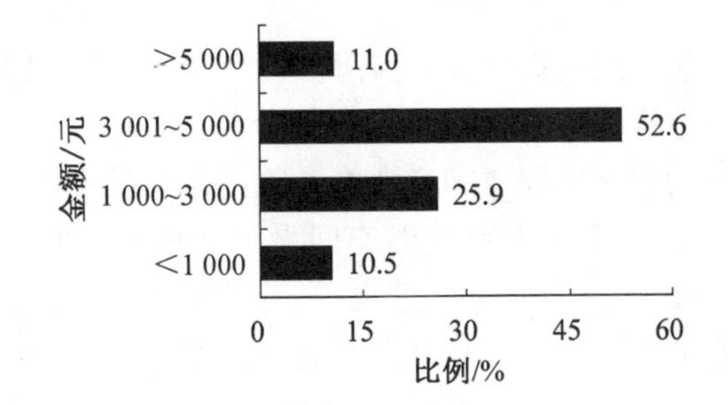

图1.38　建筑改造投资金额分布

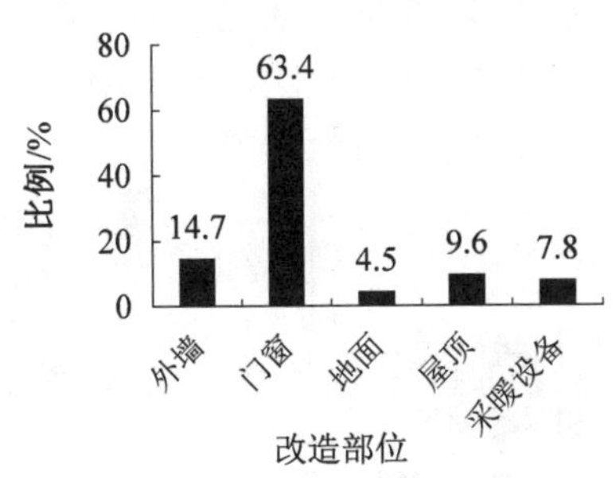

图1.39　建筑改造部位选择

总之,节能理念欠缺使节能设计或改造在乡村民居建设中并未得到有效的应用,这主要与乡村民居建设方式、乡村经济水平、居民文化程度等因素有关。首先,乡村民居建设模式多为自建房,农民作为投资主体,根据自己需求完成设计建造,但由于资金有限,而且缺乏相关专业知识,通常仿照村中既有民居延续传统建造做法。其次,根据家庭收入分布,经济水平在很大程度上制约着节能理念付诸实践。再次,乡村居民墨守成规的潜意识不利于节能理念宣传和推广应用,最好以其普遍关注的成本问题来说明。因此,本书采用全寿命周期成本作为评价指标,对乡村民居进行节能综合优化设计研究。

1.4 乡村民居热环境测试分析

东北严寒地区乡村民居节能优化应在满足室内热环境舒适性的基础上实施。下面主要对传统乡村民居室内热环境测试结果进行分析，根据测试内容分为2种工况：一是不同建筑特征的乡村民居热环境分析；二是围护结构内表面温度与室内温度对比分析。

1.4.1 不同建筑特征的乡村民居热环境分析

为对不同建筑特征乡村民居的热环境进行定量分析和比较，选择3栋不同空间布局、围护结构构造的乡村民居进行分析（图1.40），3栋民居均建造于20世纪90年代初期。民居A和C为单层独立式坡屋顶建筑，平面为矩形，功能布局上将客厅、卧室等主要功能空间设置在南向，以争取更多太阳辐射，不同之处在于：民居A的门斗位于北侧，为北侧入口；民居C为南侧主入口，并在厨房设置了北侧次入口。民居B为2栋联排式单层坡顶建筑，南侧入口，单体建筑的平面形式为正方形，相比民居A和C增加了进深方向的尺度，其炕卧室布置在建筑中部。3栋民居的外观、平面布局及测点布置如图1.40所示，采暖方式、围护结构构造等信息见表1.8。

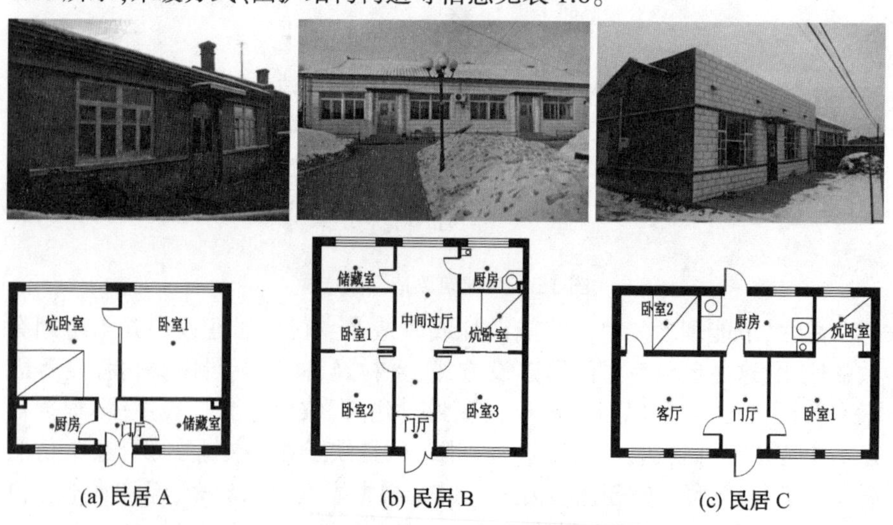

图1.40 3栋乡村民居的外观、平面布局及测点布置

表 1.8　3 栋民居采暖方式、围护结构构造等信息

<table>
<tr><th colspan="2">名称</th><th>民居 A</th><th>民居 B</th><th>民居 C</th></tr>
<tr><td colspan="2">室内净高</td><td>2.60 m</td><td>2.90 m</td><td>2.70 m</td></tr>
<tr><td colspan="2">采暖方式</td><td>火炕 + 土暖气,主卧室设置火炕采暖</td><td>火炕 + 土暖气,中间卧室设置火炕采暖</td><td>火炕 + 土暖气,带火炕卧室与非火炕卧室结合</td></tr>
<tr><td colspan="2">外墙构造</td><td>490 mm 砖墙,无保温</td><td>370 mm 砖墙,外墙外保温 50 mm 苯板</td><td>370 mm 砖墙,无保温</td></tr>
<tr><td colspan="2">屋面构造</td><td>钢屋架,吊顶内100 mm珍珠岩</td><td>钢屋架,吊顶内100 mm珍珠岩</td><td>木屋架,吊顶内200 mm锯末保温层</td></tr>
<tr><td rowspan="2">外窗</td><td>南向</td><td>单层木窗,窗墙面积比 40% ~60%</td><td>双层单玻铝合金窗,窗墙面积比 40% ~60%</td><td>单层木窗,窗墙面积比 40% ~60%</td></tr>
<tr><td>北向</td><td>单层木窗,窗墙面积比 40% ~60%</td><td>双层单玻铝合金窗,窗墙面积比 40% ~ 60%</td><td>单层木窗,窗墙面积比 < 20%</td></tr>
<tr><td colspan="2">外门类型</td><td>双层木门</td><td>单层单玻塑钢门</td><td>金属保温防盗门</td></tr>
<tr><td colspan="2">地面保温</td><td>无保温</td><td>无保温</td><td>无保温</td></tr>
</table>

从室内热环境监测数据中筛选出 1 月 12 日 —14 日的数据进行分析。测试期间室外最低温度 - 31.64 ℃,出现时刻 6:10,最高温度 - 20.48 ℃,出现时刻 13:45,最大温差 11.16 ℃,空气温度数据的方差为 10.61,室外平均相对湿度 61.14%,室外及各房间空气温度变化曲线如图 1.41 至图 1.43 所示。乡村民居采暖期室内温度波动主要受炊事活动和采暖设备运行情况影响,对乡村居民生活规律(图 1.44) 和厨房温度进行分析能够掌握乡村民居的冬季采暖规律:6:30—7:30 开始烧炕采暖,经过 1 ~ 2 h 室内温度达到最高值,然后温度逐渐衰减;直到 15:30 左右再一次进行烧炕,同样经过一段时间之后空气温度达到峰值;21:30 左右进行一次补充填火,以满足夜间休息的供暖。测试期间室外温度已经达到寒冬时段,室内采暖为多种形式相结合的方式,如开启土暖气、增设电暖气等。

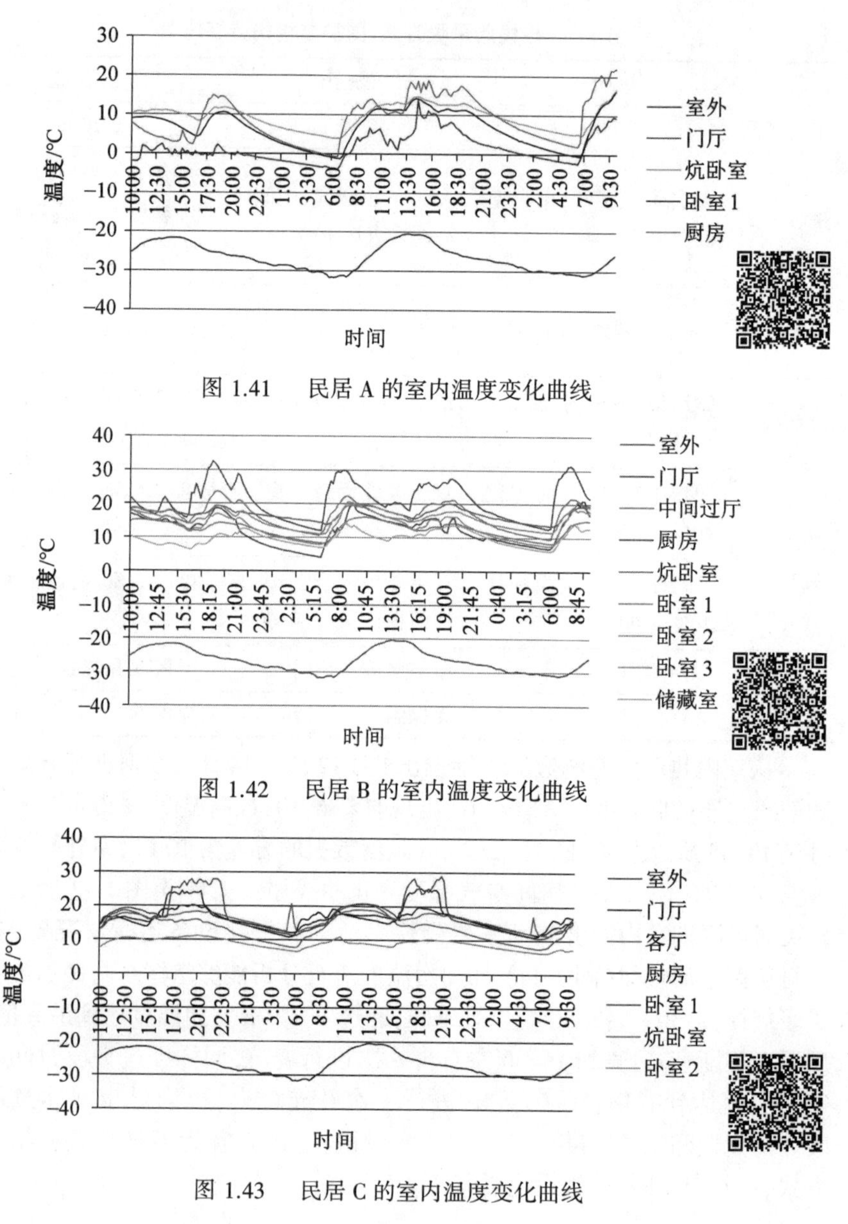

图 1.41　民居 A 的室内温度变化曲线

图 1.42　民居 B 的室内温度变化曲线

图 1.43　民居 C 的室内温度变化曲线

时间	6:00	6:30	7:30		11:30	13:00		15:30	17:00	18:00		21:30	22:00
活动	起床	烧炕 早饭	（休闲、农活等） 日常活动		午饭	（休闲、农活等） 日常活动		烧炕	晚饭	（休闲、如厕等） 日常活动		填火	睡觉
地点	卧室	厨房	起居室	起居室 庭院	厨房	起居室	起居室 庭院	厨房	厨房	起居室	起居室 庭院	厨房	卧室

图 1.44　东北严寒地区乡村居民生活规律

1.室内整体热环境分析

乡村居民基本具有相同的生活模式且均采用“火炕 + 土暖气”采暖模式,因此从 3 栋民居室内空气温度的总体变化趋势分析,各房间温度变化与厨房及室外温度的变化规律基本一致。但乡村民居围护结构热工性能差,导致室内温度容易受到室外温度变化的影响,如当室外温度达到 -30 ℃时,室内温度已降到 10 ℃ 以下,严重影响了室内热舒适性。根据测试数据统计,从 3 栋民居各房间温度、室内热舒适度和采暖耗煤量的角度分析,各房间的温度平均值(T_{av})、最大值(T_{max})、最小值(T_{min})、最大温差(T_{di})及数据方差(D)见表 1.9。

表 1.9　乡村民居 A、B、C 各房间的温度值

民居类型	房间名称	T_{av}	T_{max}	T_{min}	T_{di}	D
民居 A	厨房	8.87	21.97	-0.69	17.39	33.75
	炕卧室	9.46	16.48	3.94	12.54	9.09
	卧室 1	6.66	16.12	-1.27	17.39	19.75
	门厅	1.56	13.70	-3.91	17.61	13.70
	储藏室	6.20	15.42	1.08	14.34	8.29
民居 B	厨房	21.07	32.55	12.02	20.53	29.72
	炕卧室	16.93	20.13	13.46	6.67	2.97
	卧室 1	12.40	16.06	8.29	7.77	5.01
	卧室 2	13.45	19.56	7.56	12.00	11.79
	卧室 3	15.76	20.94	10.88	10.06	7.01
	门厅	12.26	21.06	4.06	17.00	17.17
	中过厅	16.34	23.56	9.59	13.97	12.86
	储藏室	9.78	14.13	6.00	8.13	4.78
民居 C	厨房	15.83	20.18	10.80	9.38	6.08
	客厅	13.48	20.61	7.46	13.15	13.54
	炕卧室	15.87	20.75	11.31	9.44	4.25
	卧室 1	17.65	29.00	10.58	18.42	27.77
	卧室 2	8.88	11.17	6.22	4.95	1.80
	门厅	16.66	25.34	11.53	13.81	13.35

由表 1.9 可知,民居 A 的主要使用空间为炕卧室,室内平均温度9.46 ℃,

远未达到冬季热舒适需求，最高温度仅 16.48 ℃；卧室 1 测试期间无人使用，平均温度仅6.66 ℃。民居B的主要功能空间为炕卧室、卧室1和卧室2，由于带炕卧室的面积较小，火炕几乎铺满整个房间，室内温度平均值达到16.93 ℃，最高温度20.13 ℃，最低温度13.46 ℃，整个区间基本保持在满足热舒适的温度范围，且热环境相对稳定；西侧卧室 1 和卧室 2 的温度平均值13 ℃，最高温度 20 ℃，最低温度仅 8 ~ 9 ℃，尚未在全时段内满足热舒适需求。民居 C 的主要功能空间为相互贯通的卧室 1 和炕卧室，卧室 1 是满足生活起居需求，温度平均值 17.65 ℃，最高温度 29 ℃，最低温度 10.58 ℃，温度波动较大，部分时段能够满足热舒适需求；炕卧室是满足睡眠需求，温度平均值15.87 ℃，最高温度20.75 ℃，最低温度11.31 ℃，由于炕面能够产生一定的热辐射，因此周边微热环境相对稳定。如果仅从室内空气温度值考量，显然民居 B 和民居 C 的室内热环境优于民居 A，但这种高舒适带来的是冬季采暖耗煤量增加。通过对居住者访谈及期望温度值调查，民居 A 冬季采暖需要消耗1.5 t 煤和玉米秸秆，且目前室内温度并不能满足热舒适需求，期望温度值能达到 17 ~ 18 ℃；民居 B 冬季采暖需要消耗 1.5 t 煤和 60 亩（1 亩 ≈ 666.67 m^2）地产出的作物秸秆；民居 C 需要消耗 5 t 煤，高达民居 A 的耗煤量3 倍之多，部分时段还增设电暖气作为辅助采暖方式。虽然民居 B 和民居 C 主要功能房间的冬季平均温度已符合《农村居住建筑节能设计标准》（GB/T 50824—2013）中对室内计算温度的规定值，但随着乡村居民生活水平提高及新的生活习惯需求，居民对此温度并不十分满意，期望在寒冬时段室内温度能够更高一些。

除空气温度的客观值之外，各房间的温度波动幅度对乡村民居热舒适也会产生一定影响，在不同功能空间布局、围护结构热工性能和采暖方式影响下，各房间的温度波动产生一定差异性：

（1）3 栋民居中炕卧室的温度波动明显低于其他卧室，主要由于火炕的热辐射作用，使周边微热环境相对稳定，但炕卧室的温度波动幅度也各不相同，温度数据方差分别为9.09、2.97、4.25。民居B的炕卧室位于建筑中部，四周呈围合式且民居为 2 栋联排式布局，右侧毗邻其他民居的卧室，能够使室内保持相对稳定的热环境；民居 A 的围护结构热工性能虽然优于民居 C，但民居 C 的炕卧室为三面围合且与厨房相邻，而民居 A 炕卧室的两侧均为外墙，室外温度波动对其产生不利影响。

（2）仅依靠土暖气供暖的房间（即非带火炕房间），温度波动幅度也有较大差异，如民居 B 中卧室 1 位于建筑中部，卧室 2 两侧均为外墙，卧室 3 右侧相邻其他建筑，3 个卧室的温度数据方差分别为 5.01、11.79、7.01，由此得出卧室 1 的热环境相对稳定；民居 B 的卧室 2 和民居 C 的卧室 1 同样两侧均为外墙，但民居 B 的外墙和外窗热工性能优于民居 C，因此，民居 B 中卧室 2 温度波动相对较小，温度数据方差 11.79，远低于民居 C 卧室 1 的 27.77。

(3) 其他辅助房间，如民居 A 与民居 B 中位于相同位置的储藏室，虽然平均温度相差不大，但温度波动差距较大，主要由围护结构差异造成。此外，与室外温度波动相比，储藏室温度波动幅度有所降低，也起到了缓冲层作用。

(4) 门厅作为室内外环境的过渡空间，对阻挡冬季寒冷气流的侵袭具有一定缓冲作用，门厅的温度波动幅度在一定程度上也影响着室内热环境质量，3 栋乡村民居门厅的温度数据方差分别为 13.70、17.17、13.35。民居 C 的门厅温度最为稳定，而民居 B 的波动最大，主要与外门类型及门厅相邻房间的热环境相关联，民居 C 的外门采用金属保温门且门厅与厨房相连，使门厅热环境相对稳定。

2.室内热环境均匀性分析

室内温度是衡量建筑热环境的重要指标之一，随着乡村居民生活水平的提高，热环境均匀性日趋重要。传统生活模式中，乡村居民冬季活动主要局限于火炕，在炕上完成用餐、会客等，穿着较厚重，且习惯于走亲访友及户外活动。但调研发现，近年来乡村居民的生活模式逐渐发生改变，冬季喜欢在室内活动，穿着轻薄且户外活动减少，这样对整体热环境的均匀性提出更高要求，应避免不同房间温差过大导致人体产生不舒适感。为了掌握室内温度分布的均匀程度，选取 3 个时刻的温度值进行分析，如图 1.45 所示，计算得出 3 个时刻的温度方差分别为民居 A：10.96、19.96、18.79，最大温差12 ℃；民居 B：28.91、7.42、20.34，最大温差 14.2 ℃；民居 C：7.12、16.28、25.64，最大

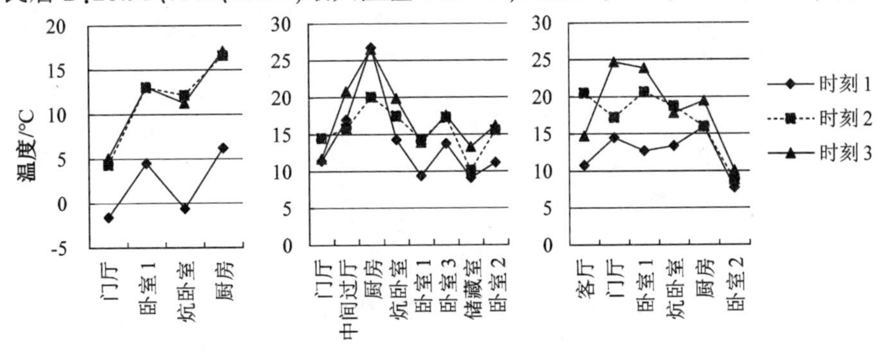

图 1.45　3 栋民居室内温度均匀性分析

温差 13.8 ℃。3 栋民居虽然从体形系数、空间布局、围护结构热工性能等方面均不同,但室内热环境分布的均匀性都较差。此外,由于乡村民居多采用间歇式供暖方式,不同时刻的室内温度均匀性也呈现出不同变化,这些均会导致居民在各房间之间活动时,由于温差过大产生不舒适感。

3.室内热环境评价分析

结合乡村民居冬季室内热环境测试及问卷调查,采用温度累积频率和 PMV(预计平均热感觉指数) - PPD(预计不满意者的百分数)2 个指标进行评价。

(1) 温度累积频率。乡村民居的室内温度时刻受到室外气候变化的影响,采用室内温度累积频率进行对比分析,即对测试房间统计其温度不小于设定温度的时间占总时间的百分比。居民日常生活的主要空间为卧室和起居室。因此,重点分析这 2 类空间的温度累积频率,3 栋民居主要功能空间的温度累积频率分布如图 1.46 至图 1.48 所示。

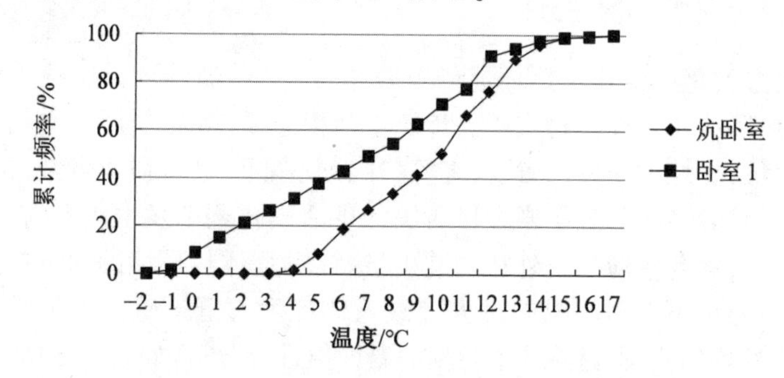

图 1.46　民居 A 的温度频数和累计频率

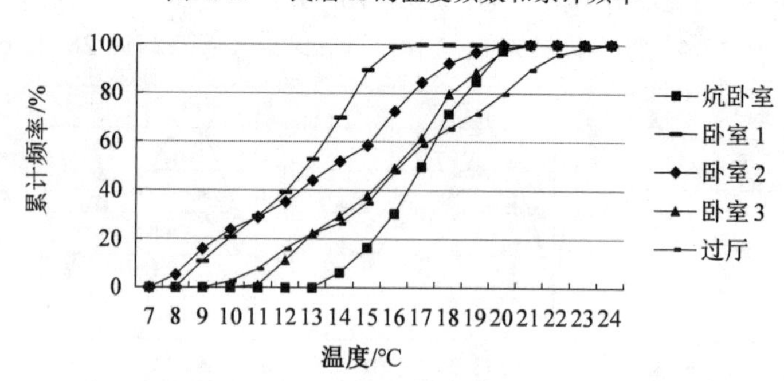

图 1.47　民居 B 的温度频数和累计频率

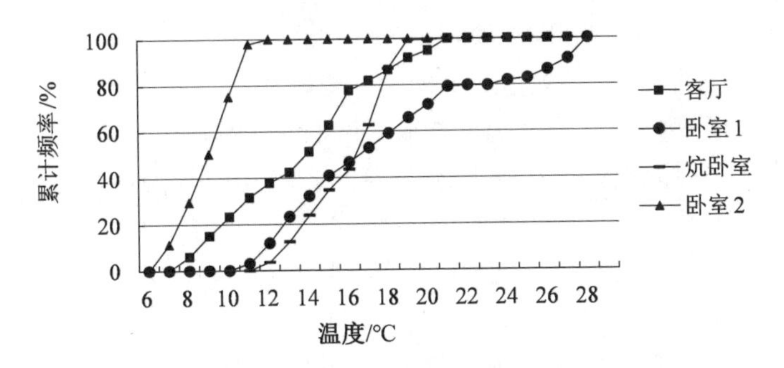

图 1.48　民居 C 的温度频数和累计频率

从图中可以看出,各民居的温度累积频率有较大差别,以《农村居住建筑节能设计标准》(GB/T 50824—2013) 中规定的室内计算温度 14 ℃ 作为评价指标进行分析。民居 A 的炕卧室温度有 90% 的时间低于 14 ℃,温度集中在 6 ~ 14 ℃;卧室 1 有 94% 的时间低于 14 ℃,由于测试期间无人居住,温度集中在 0 ~ 12 ℃。民居 B 的过厅温度有 22% 的时间低于 14 ℃,温度波动较大,集中在 11 ~ 22 ℃;卧室 1 温度有 52% 的时间低于 14 ℃,集中在 9 ~ 16 ℃;卧室 2 与卧室 1 相互贯通,44% 的时间低于 14 ℃,集中在 8 ~ 18 ℃;炕卧室温度全天均高于 14 ℃,且温度波动较小,集中在 14 ~ 20 ℃;卧室 3 与炕卧室之间以隔断相隔,22% 的时间低于 14 ℃,集中在 12 ~ 20 ℃。民居 C 的客厅温度有 51% 的时间低于 14 ℃,集中在 12 ~ 21 ℃,温度波动较大;卧室 2 测试期间无人居住,室内温度全天低于 14 ℃,集中在 7 ~ 11 ℃;卧室 1 有 23% 的时间低于 14 ℃,主要集中在 12 ~ 21 ℃,温度波动也较大;炕卧室与卧室 1 相互贯通,12% 的时间低于 14 ℃,集中在 13 ~ 19 ℃。综上,通过温度累积频率可以准确分析出室内温度低于标准规定值的时间百分比,且集中温度区间反映出房间温度波动情况,这也印证了前文热环境分析结果。

(2)PMV - PPD。PMV - PPD 是 Fanger 教授于 20 世纪 70 年代提出的热环境评价指标,是国际上广泛采用的评价指标,综合考虑了 6 个因素:新陈代谢率、服装热阻、空气温度、相对湿度、平均辐射温度和空气流。结合《民用建筑室内热湿环境评价标准》(GB/T 50785—2012) 的规定和热环境实测数据及调研情况,PMV - PPD 计算过程中需要设定的参数如下:

① 新陈代谢率(met)。乡村居民冬季在室内以坐姿休息、偶尔活动或收拾屋子为主,人体新陈代谢率设定为 81.41 W/m^2(1.4 met)。

② 服装热阻(clo)。根据乡村居民的冬季实际衣着,取平均值进行计算。

③空气流速(m/s)。乡村民居冬季开窗频率较少,根据室内的实测风速

平均值,空气流速设定为0.02 m/s。

④ 人体做功(met)。人体对外做功一般取0 met。

⑤ 空气温度(℃)。空气温度选取测试期间连续测试的温度记录数据。

⑥ 平均辐射温度(℃)。平均辐射温度 t_r 利用空气温度(t_a)、黑球温度(t_g)和空气流速(V)的测试结果,采用公式(1.3)计算。

$$t_r = [(t_g + 273)^4 + 2.5 \times 10^8 \times v^{0.6} \times (t_g - t_a)]^{1/4} - 273 \tag{1.3}$$

⑦ 水蒸气分压力(Pa)。水蒸气分压力通过测试的相对湿度(φ_a)和同一时刻温度对应的饱和蒸气压(P_s),利用公式(1.4)计算。相对湿度值取实测数据,饱和蒸气压利用空气温度通过公式(1.5)计算。

$$P_a = \varphi_a \cdot P_s \tag{1.4}$$

$$P_s = 610.6\, e^{\frac{17.260 t_a}{273.3+t_a}} \text{(泰登公式)} \tag{1.5}$$

运用MATLAB(矩阵实验室)将PMV - PPD计算模型进行程序化处理,根据①~⑦的相关参数设定,并将实测数据进行格式处理以适应计算程序要求,全部数据代入程序计算后得到室内逐时PMV值。卧室和起居室(或客厅)的PMV计算结果如图1.49至图1.51所示。国际标准化组织ISO 7730标准推荐PMV值位于区间[- 0.5,0.5]和PPD ≤ 10%作为评价依据,即90%以上的人感觉热环境舒适,但PMV的最初实验对象是西方国家受试者,而中国人与欧美人的身体状况、文化背景和生活习俗不同,故对热环境的要求和接受程度存在一定差异性。此外,ISO 7730的推荐值适用于稳定状态下的热舒适,对于自然调节空间的热舒适度,PMV值处于区间[- 1,1]较为合适。依据《采暖通风与空气调节设计规范》(GB 50019—2003)的规定:采暖与空气调节室内的热舒适性应按照《中等热环境PMV和PPD指数的测定及热舒适条件的规定》(GB/T 18049),采用预计平均热感觉指数(PMV)和预计不满意者的百分数(PPD)评价,其值宜为 - 1 ≤ PMV ≤ + 1;PPD ≤ 27%。

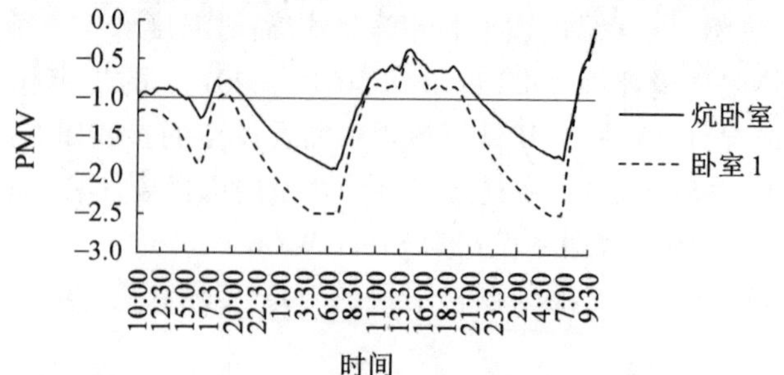

图1.49　民居A室内逐时预计平均热感觉指数

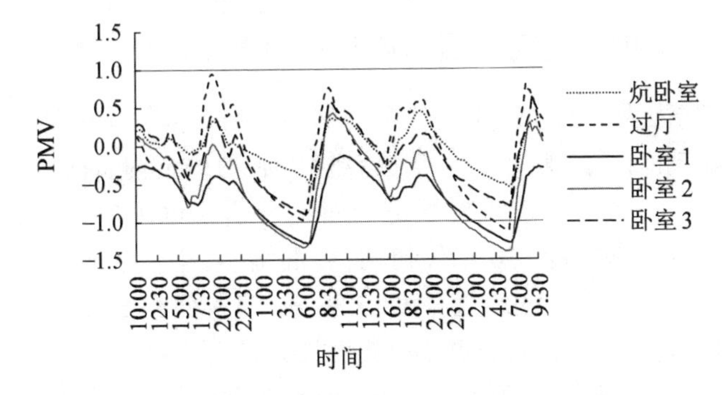

图 1.50　民居 B 室内逐时预计平均热感觉指数

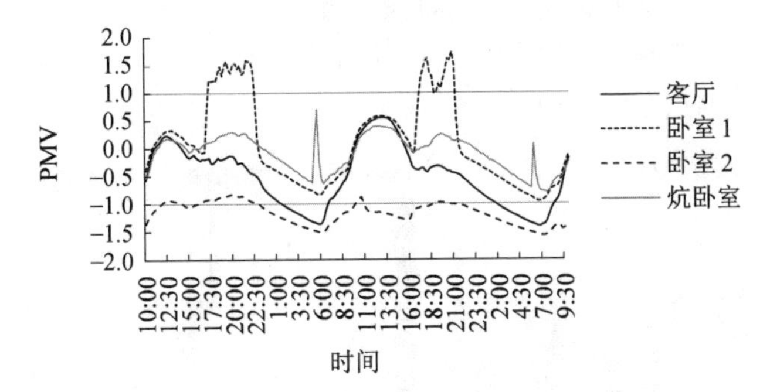

图 1.51　民居 C 室内逐时预计平均热感觉指数

从图中可知,民居 A 炕卧室的 PMV 值位于区间[- 0.5, - 2],卧室 1 的 PMV 值在区间[- 0.5, - 2.5],PMV 值较长一段时间内小于 - 1,不满足热舒适需求,这与室内热环境和温度累积频率的分析结果相吻合。民居 B 炕卧室、过厅和卧室 3 的 PMV 值均在区间[1, - 1],卧室 1 和卧室 2 的 PMV 值在区间[1, - 1.5],1:00—6:30 时段的 PMV 值小于 - 1。民居 C 炕卧室的 PMV 值在区间[0.5, - 1],卧室 1 的 PMV 值在区间[1.5, - 1],能够满足热舒适需求,还出现“稍热” 时段;客厅的 PMV 值在区间[0.5, - 1.5],1:00—7:00 时段的 PMV 值小于 - 1;卧室 2 的 PMV 值在区间[- 1, - 1.5]。综上,虽然部分房间能够满足热舒适需求,但其 PMV 值多在区间[0.5, - 1],趋于舒适温度区间下限。需要说明的是,居民活动状态和衣着变化会对 PMV 值产生影响,计算过程中采用统一的活动状态和服装热阻。但实际情况是,民居的采暖方式有别于城市住宅,室内温度波动性较大,居民对室内温度变化有一定的适应行为,例如温度过低时居民会通过增添衣服或轻微活动来调节,PMV 实际值高于预测值;而温度过高时会通过减少衣服等方式调节,此时 PMV 实际值低于预测值。

1.4.2　围护结构内表面温度与室内温度对比分析

围护结构内表面温度低于空气温度时,容易产生冷辐射,对人体及室内热环境均会产生不利影响。为了掌握乡村民居围护结构表面温度与室内热环境的差异性,选择一栋传统民居进行对比分析。该民居为单层独立式双坡顶建筑,建成于20世纪90年代初期,砖混结构,建筑朝向为西南向,开间(建筑长度)9.08 m,进深(建筑宽度)5.86 m,建筑面积53.21 m^2,室内净高2.70 m。墙体为370 mm实心砖墙,未采取保温措施;屋面承重结构为木屋架,铺设200 mm秸秆于吊顶上部;地面为水泥砂浆抹面,未采取保温措施;南向外窗(2.40 m × 1.80 m)和北向外窗(1.2 m × 1.5 m)均采用单层单框双玻塑钢窗;外门为金属保温。外门和外窗均为使用过程中改造后状况。测试民居外观、测点布置等如图1.52所示。

(a) 测试民居外观　(b) 室内测点布置

(c) 卧室　(d) 采暖设施　(e) 墙角结露　(f) 传热系数测试

图1.52　测试民居概况

从长期监测数据中筛选出1月7日—9日的测试数据进行分析,测试期间室外环境平均温度 - 12.89 ℃,室外温度最高值出现时刻为 13:20;空气温度为 - 5.02 ℃,最低值为 - 20.68 ℃,出现时刻为 5:00;相对湿度在 34.7% ~ 65.23%,平均相对湿度为 50.02%。

由图 1.53 可知,卧室南、北两侧墙体的表面温度均波动较大且一直低于空气温度,其中南侧墙体表面温度与空气温度的差值平均值为 3.5 ℃,最大差值 11.66 ℃;北侧墙体表面温度与空气温度的差值平均值为 2.07 ℃,最大差值 7.23 ℃,墙体会产生一定的冷辐射。北侧墙体内表面温度高于南侧墙体主要是由于火炕位于卧室北侧,火炕表面温度高于室内温度 10 ~ 30 ℃,会对北侧墙体产生热辐射作用,使其表面温度升高。图 1.54 为东北严寒地区城市建筑外墙内表面温度与室内温度对比,尽管室外温度及外表面温度呈周期性波动状态,但室内温度和内表面温度仍处于较稳定水平,且内表面温度仅比室内温度低 1 ~ 2 ℃,体现了供暖方式和围护结构热工性能的优良性。因此,相比城市建筑反映出乡村民居围护结构对室内热环境和内表面温度的不利影响。

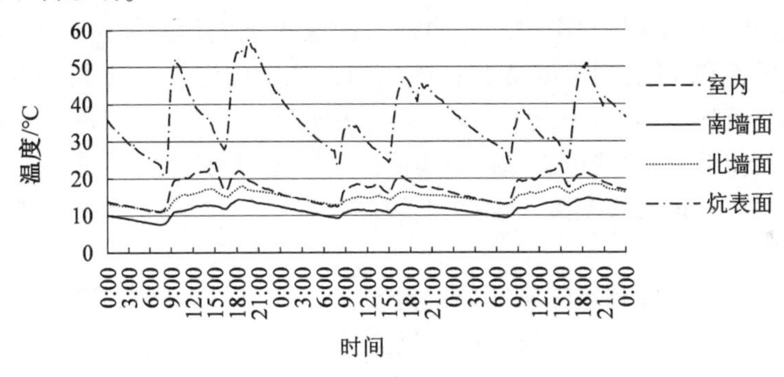

图 1.53　墙体内表面温度与室内温度对比

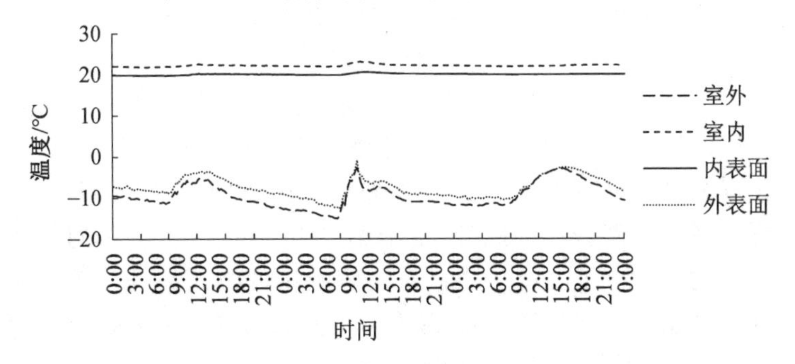

图 1.54　东北严寒地区城市建筑外墙内表面温度与室内温度对比

从图 1.55 可以看出,16:40— 次日 8:00 时段,外窗内表面温度明显低于空气温度,其差值平均值约10.0 ℃,且低于露点温度,差值平均值约1.56 ℃,最大差值4.6 ℃,此时更容易产生冷辐射。但外窗内表面温度受太阳辐射影响较大,在8:00—16:00时段,由于接收大量阳光照射,其内表面温度迅速升高,且明显高于空气温度,同时会引进大量太阳辐射热,对室内热环境起到升温作用。

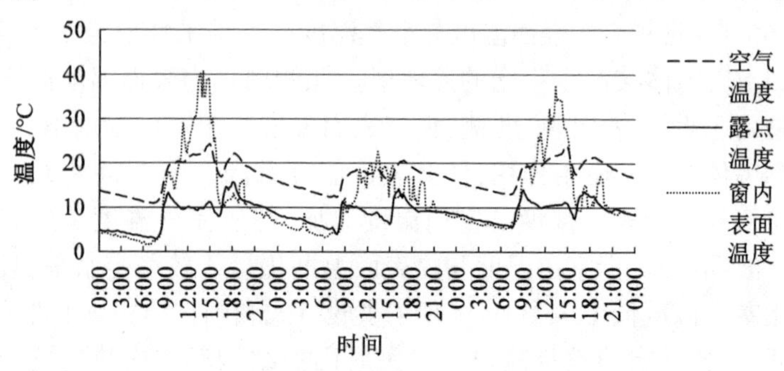

图1.55　外窗内表面温度与空气温度和露点温度对比

运用红外热像仪对围护结构内外表面及火炕表面温度进行检测,如图1.56所示,门窗外表面温度高于主墙体温度,表明门窗的保温性能较差,容易导致热量流失,是建筑保温的薄弱环节;围护结构交角处,表面温度明显低于外墙主体部分,主要由于围护结构保温性能差,导致墙体内表面温度低于露点温度;火炕表面温度一直处于较高水平,有利于提升室内热环境质量。

通过黑球温度和空气温度进行比较,综合分析热辐射和冷辐射作用对室内热环境的影响。黑球温度标志着辐射热环境中人或物体受辐射和对流综合作用时,以温度表示出来的实感温度。选择位于南向和北向2个房间的黑球温度和空气温度进行对比。图1.57为南侧卧室的测试数据,结果表明:黑球温度总体上略低于空气温度,且二者变化趋势基本相同,差值平均值0.42 ℃,最大值1.51 ℃,表明由外墙、外窗等造成的冷辐射高于火炕等采暖设施所产生的热辐射作用,对室内热环境产生不利影响。但14:00—15:40时段的黑球温度明显高于空气温度,主要由于此时阳光可直射到室内,太阳辐射增强使黑球温度升高。此外,由于第二天为阴天,太阳辐射较弱,全天的黑球温度均低于空气温度。通过对北侧厨房的测试数据分析表明:测试期间黑球温度始终低于空气温度,差值平均值0.20 ℃,主要由于厨房位于乡村民居北侧,始终不会受到太阳辐射的影响。

需要说明的是,用于分析卧室黑球温度和空气温度的数据为测点布置在房间中心位置测得。当测点在不同位置时,其差值变化规律有所不同。

(a) 建筑外表面

点34.2 ℃
34.6
13.0
FLIR

(b) 火炕表面

(c) 围护结构内表面

图 1.56　乡村民居内外表面、火炕表面红外热成像图

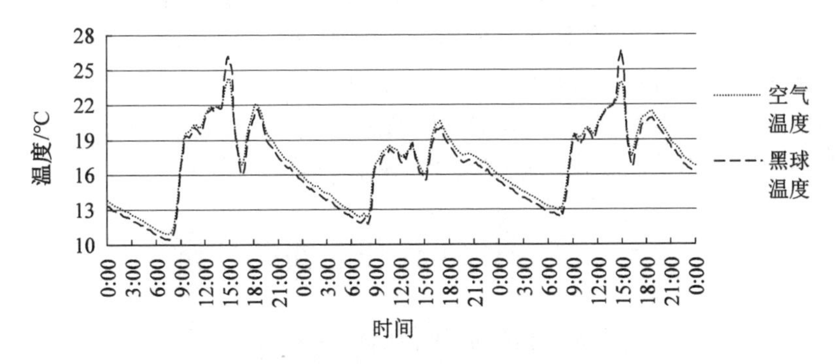

图 1.57　卧室(南向)空气温度和黑球温度对比

由图 1.58 可知,当测点位于火炕上空(即远离外窗)时,受太阳辐射的影响小,火炕作为热源会产生强烈的热辐射,但此时黑球温度并非始终高于空气温度,仅在供暖较好时段(7:30—15:50),黑球温度略高于空气温度,其差值

平均值为0.17 ℃,其他时段的空气温度反而略高于黑球温度,其差值平均值为0.09 ℃。由图1.59可以看出,当测点靠近外窗时,相比位于房间中心位置的测点,黑球温度高于空气温度的时段为10:50—15:40,表明测点受太阳辐射影响的时间增加。

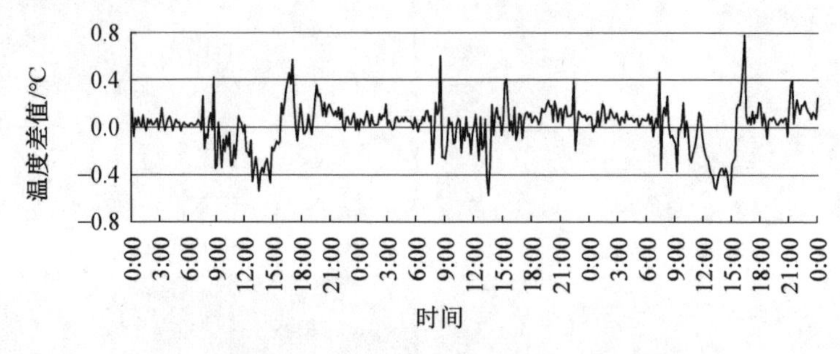

图1.58　火炕上空温度与黑球温度差值

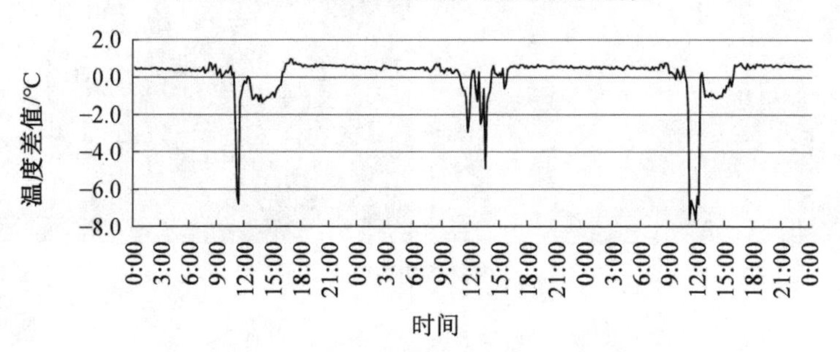

图1.59　靠近外窗位置温度与黑球温度差值

综上所述,东北严寒地区乡村民居由于围护结构热工性能较差,致使其表面温度低于空气温度,且在一段时间内周围环境的冷辐射强度高于热辐射。虽然太阳辐射和火炕热辐射均会对黑球温度产生影响,但其持续时间、影响范围及作用强度有限,且太阳辐射易受天气状况影响。因此,从根本上提升围护结构热工性能或采暖方式才是解决问题的有效方法。

1.5　乡村民居存在的问题分析

通过对东北严寒地区乡村民居问卷调查结果和冬季热环境测试数据的系统分析,可以看出乡村民居与城市居住建筑有较大差异性,总结得出乡村民居及节能设计中存在的主要问题如下。

1.围护结构热工性能差,应对气候变化能力较弱

目前,东北严寒地区乡村民居存在的主要问题是高能耗低舒适,即消耗大量采暖能耗的同时,并不能达到理想的室内热环境,围护结构内表面易出现结露等现象;且对气候变化的抵抗能力较弱,室内温度波动较大,从逐时PMV值与室外空气温度的比较分析可以发现,室内PMV走势与室外温度基本一致,表明传统民居整体抵御室外温度扰动的能力较弱,造成这一现象的主要原因是围护结构热工性能整体较差,远低于节能标准规定的限值。

2.冬季室内热舒适度低,高舒适伴随着能源高消耗

冬季许多乡村居民将全家的日常活动集中在一间屋子,以减少冬季采暖费用,提高主要功能房间的热利用率。虽然这种应对措施在一定程度上缓解了冬季严寒气候对居民起居生活的不利影响,但违背了建筑“以人为本”的理念。从传统民居的室内热环境测试和满意度调查结果发现:现有民居的室内热环境较差,居民对改善冬季室内热环境有一定需求,部分民居的室内温度虽然达到较高水平,但所付出的代价是能源的高消耗。

3.乡村居民节能意识薄弱,经济因素制约节能发展

近年来,东北严寒地区乡村居民的收入水平有所提升,但低收入人群仍占有一定比例,经济因素是住宅设计与建造时考虑的主要因素。与传统民居相比,新建民居会增加一定的建造成本,但居民并不了解由此带来的效益,不愿意采用节能技术措施,建房时常沿袭传统建造方法,侧重于建筑外观、低造价等短时间内可产生效果的方面,忽视了运行过程中能源节约等长期效益的考虑。

针对以上问题,本书引入气候变化和全寿命周期成本理论,从影响东北严寒地区乡村民居能耗的主要因素入手,开展乡村民居设计要素的节能优化研究。

1.6 能耗影响因素及基准模型

1.6.1 乡村民居能耗影响因素

建筑根植于自然环境,建筑能耗受到室内外环境、建筑本体等多因素综合作用,如室外气候条件、室内温度、围护结构热工性能、人员构成及行为模式、照明及设备散热等。从广义上讲,建筑能耗是在全寿命周期内与建筑相关的能源消耗,包括材料生产及运输用能,建筑建造、运行和维修过程中的能源消耗;从狭义上讲,建筑能耗即为运行过程中的能耗,包括采暖、空调、炊事、照明、通风等用能。本书重点关注建筑运行能耗,根据东北严寒地区气候特征和乡村民居运行特点,冬季采暖能耗是建筑能耗的主体。同时,依据《民用建筑热工设计规范》(GB 50176—2016) 的规定,严寒地区的建筑“必须充分满足冬季保温要求,一般可以不考虑夏季防热”。因此,研究过程中主要考虑影响乡村民居采暖能耗的因素。

首先,根据建筑物耗热量指标的理论计算模型提取各影响因素,如公式(1.6) ~ (1.15) 所示:

$$q_{\mathrm{H}} = q_{\mathrm{HT}} + q_{\mathrm{INF}} + q_{\mathrm{IT}} \tag{1.6}$$

式中:q_{H}—— 建筑物耗热量指标(W/m^2);

q_{HT}—— 折合到单位建筑面积上单位时间通过围护结构的传热量(W/m^2);

q_{INF}—— 折合到单位建筑面积上单位时间建筑物空气渗透耗热量(W/m^2);

q_{IT}—— 折合到单位建筑面积上单位时间建筑物内部得热量,取 3.8 W/m^2。

折合到单位建筑面积上单位时间通过围护结构的传热量应按下式计算:

$$q_{\mathrm{HT}} = q_{\mathrm{Hq}} + q_{\mathrm{Hw}} + q_{\mathrm{Hd}} + q_{\mathrm{Hmc}} + q_{\mathrm{Hy}} \tag{1.7}$$

式中:q_{Hq}—— 折合到单位建筑面积上单位时间通过墙的传热量(W/m^2);

q_{Hw}—— 折合到单位建筑面积上单位时间通过屋面的传热量(W/m^2);

q_{Hd}—— 折合到单位建筑面积上单位时间通过地面的传热量(W/m^2);

q_{Hmc}—— 折合到单位建筑面积上单位时间通过门、窗的传热量(W/m^2);

q_{Hy}—— 折合到单位建筑面积上单位时间非采暖封闭阳台传热量(W/m^2)。

折合到单位建筑面积上单位时间通过外墙的传热量应按下式计算:

$$q_{\mathrm{Hq}} = \frac{\sum q_{\mathrm{Hqi}}}{A_0} = \frac{\sum \varepsilon_{\mathrm{qi}} K m_{\mathrm{qi}} F_{\mathrm{qi}} (t_n - t_e)}{A_0} \tag{1.8}$$

式中:t_n—— 室内计算温度(℃);

t_e—— 采暖期室外平均温度(℃);

ε_{qi}—— 外墙传热系数的修正系数;

Km_{qi}—— 外墙平均传热系数[W/(m^2·K)];

F_{qi}—— 外墙面积(m^2);

A_0—— 建筑面积(m^2)。

折合到单位建筑面积上单位时间通过屋面的传热量应按下式计算:

$$q_{Hw}=\frac{\sum q_{Hwi}}{A_0}=\frac{\sum \varepsilon_{wi}K_{wi}F_{wi}(t_n-t_e)}{A_0} \tag{1.9}$$

式中:ε_{wi}—— 屋面传热系数的修正系数;

K_{wi}—— 屋面传热系数[W/(m^2·K)];

F_{wi}—— 屋面面积(m^2)。

折合到单位建筑面积上单位时间通过地面的传热量应按下式计算:

$$q_{Hd}=\frac{\sum q_{Hdi}}{A_0}=\frac{\sum K_{di}F_{di}(t_n-t_e)}{A_0} \tag{1.10}$$

式中:K_{di}—— 地面的传热系数[W/(m^2·K)];

F_{di}—— 地面面积(m^2)。

折合到单位建筑面积上单位时间通过外门窗的传热量应按下式计算:

$$q_{Hy}=\frac{\sum q_{Hmci}}{A_0}=\frac{\sum [K_{mci}F_{mci}(t_n-t_e)-I_{tyi}C_{mc}F_{mci}]}{A_0} \tag{1.11}$$

$$C_{mci}=0.87\times0.80\times SC \tag{1.12}$$

式中:K_{mci}—— 门窗的传热系数[W/(m^2·K)];

F_{mci}—— 门窗面积(m^2);

I_{tyi}—— 门窗外表面采暖期平均太阳辐射热(W/m^2);

C_{mci}—— 门窗的太阳辐射修正系数;

SC—— 窗的综合遮阳系数;

0.87——3 mm 普通玻璃的太阳辐射透过率;

0.70—— 折减系数。

折合到单位建筑面积上单位时间通过非采暖封闭阳台的传热量按下式计算:

$$q_{mc}=\frac{\sum q_{Hyi}}{A_0}=\frac{\sum [K_{qmci}F_{qmci}\zeta_i(t_n-t_e)-I_{tyi}C'_{mci}F_{mci}]}{A_0} \tag{1.13}$$

$$C'_{\mathrm{mci}} = (0.87 \times \mathrm{SC}_W) \times (0.87 \times 0.70 \times \mathrm{SC}_N) \tag{1.14}$$

式中：K_{qmci}—— 分隔封闭阳台和室内的墙、门窗的平均传热系数[W/(m²·K)]；

F_{qmci}—— 分隔封闭阳台和室内的墙、门窗的面积(m²)；

ζ_i—— 阳台的温差修正系数；

I_{tyi}—— 封闭阳台外表面采暖期平均太阳辐射热(W/m²)；

F_{mci}—— 分隔封闭阳台和室内的门窗的面积(m²)；

C'_{mci}—— 分隔封闭阳台和室内的门窗的太阳辐射修正系数；

SC_W—— 外侧窗的综合遮阳系数；

SC_N—— 内侧窗的综合遮阳系数。

折合到单位建筑面积上单位时间建筑物空气换气耗热量应按下式计算：

$$q_{\mathrm{INF}} = \frac{(t_n - t_e)(C_p \rho N V)}{A_0} \tag{1.15}$$

式中：C_p—— 空气比热容，取 0.28 W·h/(kg·K)；

ρ—— 空气的密度(kg/m³)，取采暖期室外平均温度 t_e 下的值；

N—— 换气次数(次/h)，取 0.5 次/h；

V—— 换气体积(m³)。

由公式(1.8) ~ (1.15) 可以看出，耗热量主要由围护结构传热耗热量、空气渗透耗热量和内部得热量 3 部分组成，主要影响因素包括室外平均温度、室内计算温度、建筑面积、围护结构(外墙、屋面、地面、门窗等) 面积以及传热系数、修正系数、太阳辐射得热、综合遮阳系数、玻璃透射率、折减系数、空气比热容及密度、换气次数及体积等一系列参数。建筑物耗热量理论关系框架如图 1.60 所示。

其次，通过对东北严寒地区乡村民居热环境实测与分析，挖掘出影响采暖能耗及室内热环境的一些主客观因素。客观因素包括建筑朝向、围护结构构造及材料、窗墙面积比、其他辅助措施等，这些因素直接影响了乡村民居室内热环境状况，同样从理论计算方法中也能体现出来。主观因素包括居民生活习惯、用能行为、文化观念等，主要是通过乡村居民的思想和行为对建筑能耗及室内热环境产生影响，如节约思想和缺乏节能理念导致建筑室内热环境差、建筑采暖能耗高等问题。

除此之外，相关研究表明：冰雪覆盖层越厚，墙体外表面温度越高，能够对屋面起到一定保温作用。但冰雪是由气候原因造成的，其有无、厚度及分

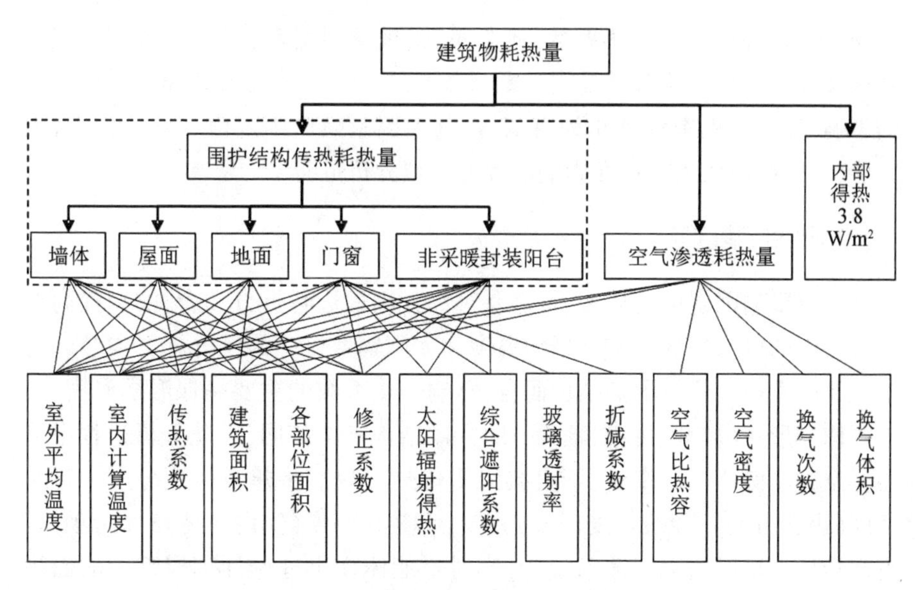

图1.60　建筑物耗热量理论计算框架

布位置等均属于不可控制因素，不能作为保温节能的有效措施；围护结构颜色虽然对太阳辐射吸收系数有一定影响，但主要应用于夏季防热计算分析，对于采暖能耗不作为主要考虑因素，且影响程度较小。因此，冰雪覆盖层、围护结构颜色等因素不纳入本书所限定的采暖能耗影响因素。

综上分析，结合建筑能耗计算理论模型、相关研究和调研测试结果，统筹考虑东北严寒地区乡村民居运行特征及研究目标，通过筛选、归纳、总结出纳入本研究的主要影响因素，具体过程如下。

1.筛选影响因素

建筑节能应遵循被动优先的原则，优先采用被动式设计手法来降低建筑能耗需求。由被动式设计直接或间接决定的建筑能耗主要包括围护结构引起的耗热量，其设计内容包括建筑朝向、建筑体形、建筑界面、围护结构构造等。因此，本书重点关注建筑能耗计算理论模型中围护结构传热耗热量的构成要素和调研所得到的客观影响因素。此外，根据研究范畴固定或删减一些影响因素，将换气次数、照明得热、设备及人员散热根据实际情况设定为固定值，不对其进行单因素控制变量分析。主观影响因素受使用者的行为和思想控制，属于不可控制因素，不纳入模拟分析范畴。乡村民居多为独立式单层建筑，不考虑非采暖封闭阳台。建筑界面主要指窗墙面积比的调控,包括外窗尺度、传热系数、遮阳系数、玻璃透射率、折减系数等。其中外窗尺度和传热系数对采暖能耗影响最大,重点分析这 2 项因素对采暖能耗的影响,分析过程中将其作为自变量,其他因素赋以固定值。此外,冰雪覆盖层、围护结构颜色亦不在影响因素的模拟分析范畴。

2.归纳影响因素

确定影响因素的范畴之后,需要对部分因素进行拆分和合并,以提高设计过程中的可操作性。室外平均温度和太阳辐射统一为室外计算参数。对于东北严寒地区建筑围护结构而言,影响传热系数的主要是保温层厚度,而不同构造形式(墙体、屋面、地面)的主体结构基本相同,因此分析过程中采用保温层厚度这一自变量,不直接采用传热系数。将建筑体型分解为建筑宽度(进深方向)、建筑长度(开间方向)和建筑高度(室内净高)3 个分项,以直观指导乡村民居空间体型设计,同时也能体现出理论计算模型中的面积指标。考虑到太阳辐射影响,将建筑界面和外墙体构造 2 个指标均拆分为东、西、南、北 4 个朝向分别进行分析。

3.总结影响因素

根据各影响因素的属性,将纳入本研究的东北严寒地区乡村民居采暖能耗影响因素提炼总结为 3 类,即室内外计算参数、建筑形态要素和围护结构要素,其框架结构如图 1.61 所示,其中:

(1) 室内外计算参数包括室外计算参数和室内计算参数。室外计算参数主要指用于能耗模拟的室外气象数据,包括空气温度、相对湿度、太阳辐射等,分析过程中除采用典型气象数据之外,还考虑不同概率低温的气象数据对采暖能耗的影响;室内计算参数主要指室内温度、换气次数等指标。

(2) 建筑形态要素主要考虑乡村民居的外在表现特征,包括建筑朝向、建筑体型和建筑界面 3 类要素。

(3) 围护结构要素主要考虑乡村民居围护结构热工性能,包括屋面构造、外墙构造、地面构造和门窗性能 4 类要素。

1.6.2 乡村民居基准模型建立

为了计算优化后乡村民居的节能效果以及为节能优化研究提供载体,需要建立比对的基准。综合考虑建造年代、建筑布局、结构形式、空间尺度、

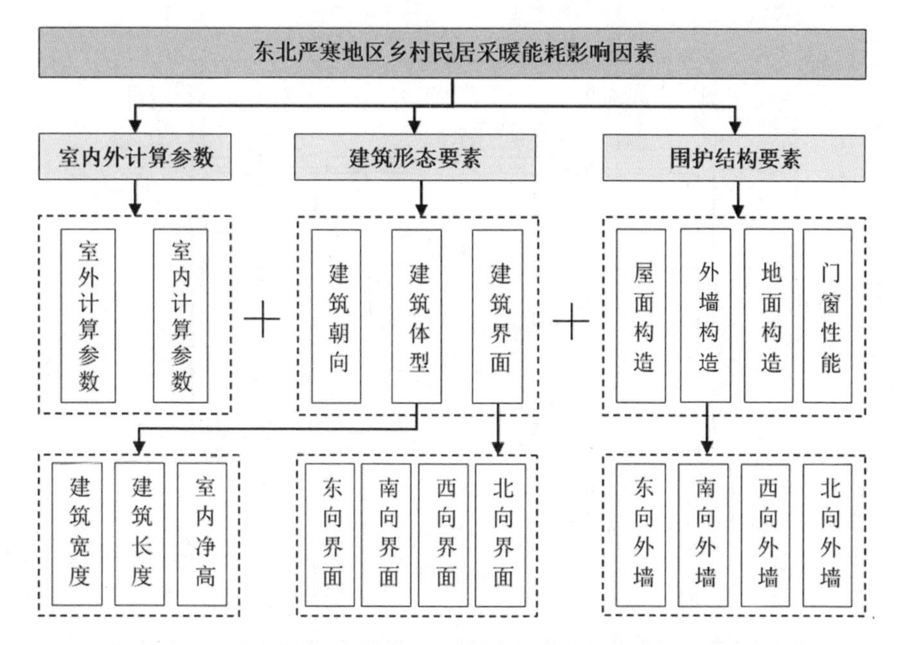

图 1.61　东北严寒地区乡村民居采暖能耗影响因素(纳入本研究的)

围护结构等,根据乡村民居调研分析结果确定基准民居形式,即最有代表性的为单层独立式三开间建筑,砖混结构,建筑面积 60 ~ 90 m^2,室内净高 2.4 ~2.8 m,开间3.3 ~ 3.6 m,乡村民居实景图及平、立、剖面如图1.62所示,建筑设计要素的取值见表1.10,围护结构要素参数见表1.11。本研究以此作为其他乡村民居能耗比对的基准,并作为基准模型进行节能优化研究。

(a) 实景图

图 1.62　乡村民居基准模型示意图

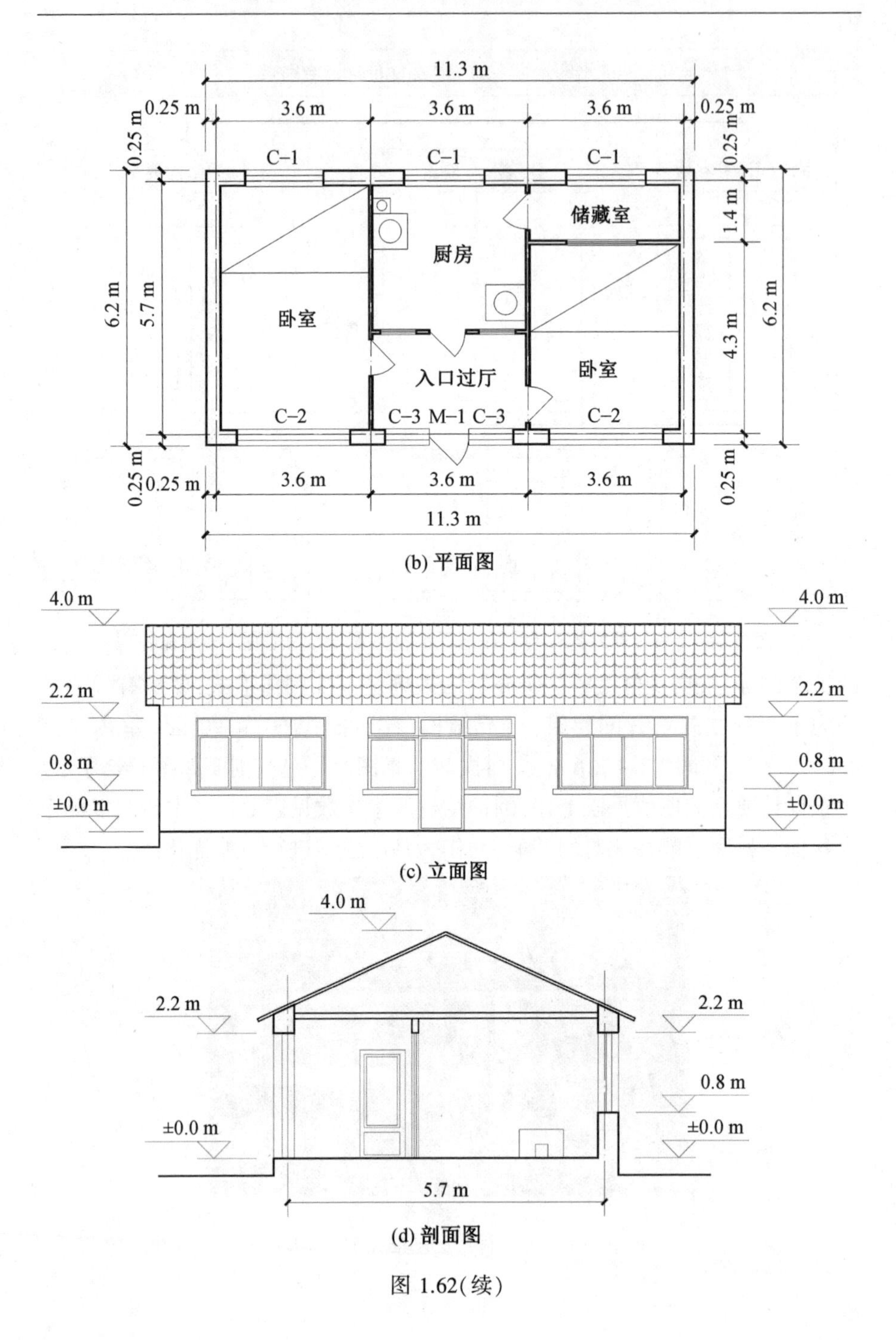

(b) 平面图

(c) 立面图

(d) 剖面图

图 1.62(续)

表 1.10　乡村民居基准模型的建筑设计要素取值

建筑面积	70.06 m^2	外窗面积	C－1	1.80 m × 1.50 m
开间	11.30 m		C－2	2.60 m × 1.50 m
进深	6.20 m		C－3	1.00 m × 1.50 m
净高	2.60 m	外门面积	M－1	0.90 m × 2.30 m
朝向	正南向	窗墙面积比	南向	0.40
屋面形式	坡屋顶		北向	0.30

表 1.11　乡村民居基准模型的围护结构要素参数

部位	构造做法	传热系数 /[W/(m^2·K)]
墙体	20 mm 水泥砂浆 + 370 mm 砖墙 + 20 mm 混合砂浆	1.58
屋面	吊顶 + 木龙骨(棚板) + 150 mm 稻壳/草木灰 + 木屋架 + 望板 + 卷材防水层 + 瓦屋面	0.93
外窗	单层木窗/塑钢窗	4.70
外门	单层木门	3.50
地面	20 mm 水泥砂浆 + 混凝土垫层 + 素土夯实	—

需要说明的是,乡村民居节能设计应建立在平面功能布局合理和完善的基础上。如图 1.63 所示,近年来新建乡村民居在功能布局上有所改进,但基本的平面形状和外观并未有较大改变,只是重组了内部功能分区。而本书主要针对外围护结构且模拟时将其简化成一个整体空间,因此上述所选取的基准民居可以用于后续的设计研究和模拟分析。

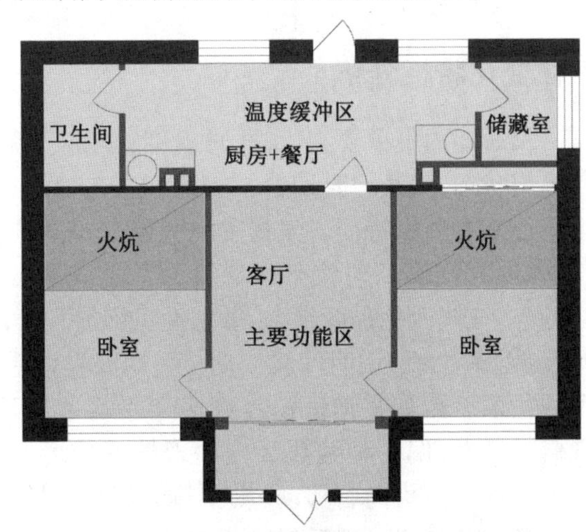

图 1.63　新建乡村民居改进的平面布局

第 2 章　东北严寒地区乡村民居室内外计算参数研究

室内外计算参数是能耗预测的边界条件,诸多参数中室内外温度是制约采暖能耗的最重要因素,本书主要针对温度指标展开研究。根据乡村民居能耗影响因素,室外气候属于客观自然条件,可控性差;室内温度是以人体舒适度为标准,可进行人工调控。本章以气候变化和室内热舒适为理念,首先,对极端气候变化特征进行分析,明确气候变化对乡村民居的影响;其次,采用频次分析法预测不同概率的低温数据,基于典型气象年资料生成 5 种概率低温的气象数据,为能耗分析提供可拓展的室外计算参数;最后,通过室内热舒适调研与测试数据的拟合分析,以及主要影响因素与平均热感觉投票的响应关系,得出乡村民居室内热舒适温度区间,为建筑能耗分析提供合理的室内计算参数。

2.1　气候变化特征及对乡村民居的影响

2.1.1　气候变化特征分析

气候是指某一长时期内气象要素(如干球温度、湿度、太阳辐射等)和天气过程的统计或平均状态,由某一时期的平均值和离差值表征,能够体现一个区域的冷热干湿等基本环境特征。气候变化是指气象要素的状态发生变化,在统计意义上体现为气候平均状态和离差二者之一或二者同时出现显著变化。离差值越大,气候变化程度越大,敏感性也增加。

如图 2.1 所示,以温度为例说明气候变化与平均值或离差值的关系以及与极端气候出现的关系。假如某地区温度在多年平均条件下呈正态分布,则平均温度出现概率最大,偏冷和偏热天气出现概率较小。若温度平均值增加,即图 2.1(a)中水平箭头向右移动,则偏热天气出现概率将明显增长,且不易出现的极热天气会发生,相反偏冷天气发生概率将大幅度减少;图

2.1(b) 表示当温度平均值不变但离差值增加后，同样会造成偏冷或偏热天气的发生频率增加，且极热或极寒天气也有所增加。即使在全球气候变暖的背景下，极端低温天气事件也频繁发生，呈现强度大、频次高、范围广的趋势，给社会可持续发展带来严重影响。事实上，全球气候变暖并不意味着地球全都变暖了，它代表一种温度平均状况，部分区域的温度或许还会降低。全球大气能量和质量是守恒的，若某个地区温度持续偏高，周围某个区域温度则会下降，从而导致极寒气候发生。

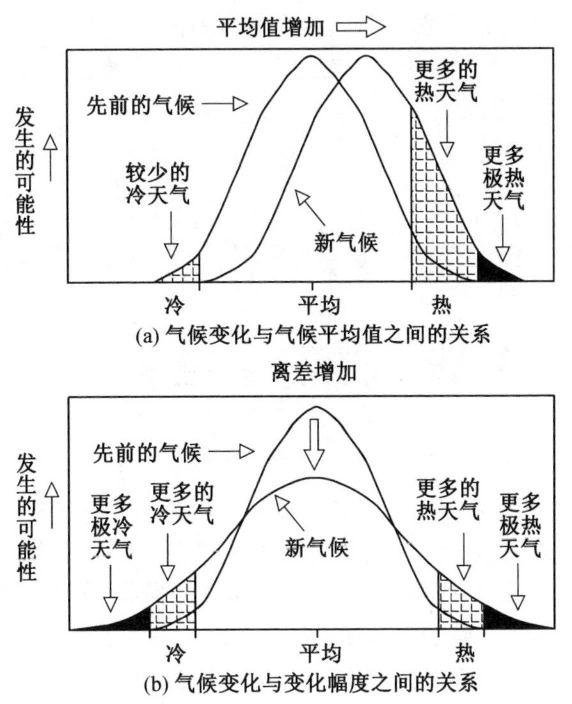

(a) 气候变化与气候平均值之间的关系

(b) 气候变化与变化幅度之间的关系

图 2.1　气候变化与气候平均值和变化幅度之间的关系

既有研究多从气候变暖的角度分析气候变化对建筑能耗及围护结构构造设计的影响，对于东北严寒地区冬季寒冷漫长的气候条件，若以气候变暖作为目前围护结构热工性能计算的依据，必然不能满足建筑节能和室内热环境的双重需求，反而会造成采暖能耗急剧增加，且精确的气候变化节点尚不能准确预测。而选择极寒气候作为乡村民居空间形态与围护结构设计的判别依据，能够使建筑的气候防御能力增强，建造成本虽然会有所增加，但运行能耗降低能够节约能源成本，结合极寒气候出现概率问题，有 10 年一遇的，也有 20 年一遇的，等等，需要从经济性角度探寻二者的平衡点，合理确定防御等级和设计参数最优值。

2.1.2　气候对乡村民居的影响

气温(即空气干球温度)是最重要的气候要素之一,表征某地区的冷暖程度及具有的热量资源,同时也是影响建筑能耗的重要因素。图 2.2 为哈尔滨 1959—2023 年的累年极端最低温度。气温在长期变化过程中存在波动性和不稳定性,往年出现的低温值或将再次出现,甚至出现更极端的状况,未来发展存在不确定性。东北严寒地区冬季寒冷漫长,如哈尔滨采暖期为 6 个月、漠河采暖期高达 8 个月,且该地区乡村占地面积远大于城市,乡村民居体量小、布局分散,抵抗气候变化的能力弱,研究不同频次极寒气候对乡村民居的影响更具实际意义。

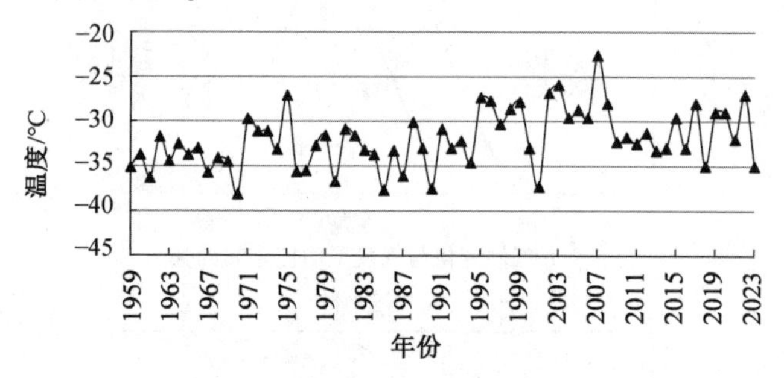

图 2.2　哈尔滨累年极端最低温度

气候是影响建筑能耗的最主要因素之一,对于同一栋建筑,室外气候条件或室内采暖温度差别越大,建筑能耗相差越多。我国建筑能耗约占社会总能耗的 33%,随着乡村居民对生活品质要求的提高,建筑能耗所占的比例还将继续攀升,其中采暖和空调能耗约占 80%。极端气候发生时,为了满足人体热舒适需求,室内温度比常规气候条件下会有所提高,导致采暖或空调能耗大幅度增长,例如 2013 年 12 月哈尔滨气温持续偏低,为保障住户的室内温度达标,供热企业均提高供暖参数,使耗煤量较往年同期增加近两成。

乡村民居是适应当地环境特别是气候环境的产物,室内环境更容易受到室外气候影响。室内环境包括热环境、光环境、声环境、空气质量等,其中热环境受气候变化影响最大。营造良好的热环境是保证居民健康舒适的重要条件之一,也有利于维持正常工作、学习等活动的开展。一般情况下,若室内空气流速较小、相对湿度不高,且空气温度与围护结构内表面温度相差较少时,人体热感觉主要是由空气温度决定。极寒气候的发生会导致室内热环境舒适性降低。通过对长期生活在东北严寒地区乡村的居民访谈得知,冬季正常情况下传统民居每天需要消耗约 7.5 kg 煤和 25 kg 生物质燃料,但当气候较往年同一时间寒冷时,采暖消耗的燃煤量会增加 1 倍左右,此时既浪费了资源和能源,又不利于形成舒适的室内热环境。

综上,从实用性和可操作性角度出发,本书重点研究极端气候中的极寒气候(即低温事件),运用科学的方法确定不同概率低温的气象数据,为乡村民居性能分析提供可拓展的室外计算参数。

2.2　基于气候变化的室外计算参数研究

室外计算参数主要是指用于能耗模拟的逐时气象数据,涉及诸多气象要素,根据能耗计算理论模型,影响能耗的主要因素是室外温度,本节主要针对气象要素中的温度指标进行研究。现有研究中,建筑节能设计、能耗分析采用的主要是标准年室外气象数据,该数据是根据各地长期以来的气象资料分析统计并考虑平均 50 h 不保证时间确定的,关注的是平均状况下的能耗需求。气象研究表明,因大气环流异常、厄尔尼诺现象、拉尼娜现象等产生的影响,约 60% 的年份与典型气象年数据相差 20%,甚至 50% 以上,全球气候变暖更加剧了极端气候的发生频率。因此,对不同概率低温的气象数据研究十分必要,本书主要探讨以不同室外计算参数作为边界条件时,建筑形态要素对能耗的作用规律如何变化;围护结构要素最优化参数及全寿命周期成本的变化规律,从经济性角度合理确定气候防御等级。

2.2.1　气象数据生成方法选择

国内外关于气象数据的生成方法包括多种类型,如典型气象年、未来气象数据预测、极端气象年、基于概率的极值统计等。根据建筑实际物理模型的响应特性及需要分析的问题,能耗模拟对气象文件的数据频率要求不同,需要将气象数据处理成适用的气象文件,作为能耗分析的边界条件。通过对不同方法的气象数据生成原理、特点及适用范围进行分析,确定适合本研究的气象数据生成方法。

1.典型气象年

通常建筑能耗模拟是在建筑设计时进行,目的是预先了解建筑能耗水平,这时需要气象数据具有一般性,能够代表某个地区长期的气候特征。目前大部分能耗模拟软件中均采用典型气象年数据(TMY)。典型气象年数据的生成方法是由美国桑迪亚国家实验室于 1978 年提出,核心理念是选择 12 个具有气候代表性的典型月组成一个“假想”的气象年,其中典型月选取最接近历史时期(30 年) 平均值的月份,并需要考虑各气象要素在热环境分析中所占的权重。具体采用的方法为 Finkelstein - Schafer(FS) 统计方法,以FS统计量衡量所选月份的逐年累积分布函数与30年长期累积分布函数的接近程度来确定。国内外多个研究机构基于此方法生成不同版本的典型气象年文件,适用于中国地区的主要包括 4 种类型:IWEC(international weather year of energy calculation)、CSWD(Chinese standard weather date)、CTYW(Chinese typical year weather) 和 SWEAR(solar and wind energy resource assessment)。4 种类型气象数据的研发机构、数据来源及内容见表 2.1。虽然各类典型气象年数据的生成来源于不同原始气象数据资料,但在逐月平均温度变化趋势和具体数值方面均表现出良好的一致性,其中 IWEC、CSWD 和 CTYW 3 种气象数据主要用于建筑能耗模拟,SWEAR 气象数据主要用于太阳能和风能资源评估。

表 2.1　四种典型气象数据的对比

数据类型	研发机构	数据来源及内容
IWEC	美国采暖、制冷与空调工程师协会,美国国家气候资料中心	利用 DATSAV3 数据库生成 227 个城市的典型气象文件,历史数据年份跨度 1982—1999 年,部分辐射和云量数据通过计算得到
CSWD	清华大学、中国气象局	利用中国 270 个地面气象站台 1971—2003 年的实测数据开发中国建筑热环境分析专用气象数据集,包括设计用室外气象参数和典型气象年逐时数据,以及针对空调、供暖和太阳能控制系统的 5 种设计典型年逐时气象数据
CTYW	日本筑波大学张晴原、美国劳伦斯伯克利实验室 Joe Huang	数据来源于国际地面气象观测数据库,时间跨度 1982—1997 年,生成中国 57 个城市建筑用标准气象数据
SWEAR	联合国环境规划署	利用空间卫星测量数据生成 14 个发展中国家 156 个城市的典型年逐时数据,主要应用于太阳能和风能资源评估

2.未来气象数据预测

典型气象年数据是基于一个地区累年实测数据生成,对于未来气候变化趋势下的建筑能耗预测并不适用。因此,需要采用一定的方法生成未来气象参数文件。未来气候预测是基于不同的情景模式,利用气候模式模拟技术生成。《IPCC 排放情景特别报告(SRES)》根据人口、经济、技术以及温室气体排放等因素的发展变化,将情景模式分为 4 个情景族:A1、A2、B1、B2。每个情景代表一种发展模式,基于此模式对未来气候变化进行评估。气候模式是预估未来气候变化的重要工具,如 MIROC3.2 - H、UKMO - HadCM3、ECHAM5、NCAR_CCSM3、INM - CM3.0等。此外,由于未来气象数据为月尺度数据,需要将其转换为逐时气象数据,Belcher 等(2005) 提出气象数据转化计算方法 ——Morphing 方法(变形法),包括 3 个步骤:位移、线性拉伸(缩放)、位移和线性拉伸相结合。国内外学者运用未来气候预测方法对不同类型建筑的未来能源消耗进行了预测,例如 Jentsch 等(2008) 使用 HadRM3 大气环流模式,预测了较高温室气体排放情景下 2041—2070 年的气象数据,并采用 Morphing 方法由月均值得到逐时值,生成 EnergyPlus 能耗模拟软件的 EPW 格式输入文件。Wan 等(2011) 利用挪威的 BCCR - BCM 2.0、俄罗斯的 INM - CM3.0、日本的 MIROC3.2 - H、美国的 GISS - AOM 和 NCAR - CCSM3.0 等5个全球气候模式对中国不同气候区过去已知排放条件下100年(1900—1999年) 和未来100年不同排放情景下的温度、湿度和辐射月值进行模拟。许馨尹等(2016) 利用美国桑迪亚国家实验室提出的方法,以北京和广州 2 个城市的典型气象年为基线气候,选择《IPCC 排放情景特别报告(SRES)》中 A1 和 B1 这 2 种排放情景下的月尺度预测数据,应用 Morphing 方法修正了典型气象年参数,得到直至21 世纪末的 10 个节点年逐时气象数据,并进行了全年能耗模拟,预估了办公建筑在气候变化下建筑能耗变化趋势。

未来气象数据预测通常以全球气候变暖作为演变趋势,虽然有助于掌握气候变化对建筑能耗的作用规律,但对当前建筑节能设计的意义不大。对东北严寒地区而言,如果因为未来气候变暖而在节能设计时降低围护结构热工性能,势必会造成乡村民居高能耗低舒适的状态。

3.极端气象年

极端气象年数据同样是从历年实际月份中筛选出 12 个具有代表性的月份,从而生成一年的气象数据,其构成方法可借鉴“典型气象年”。范瑞瑞(2015) 借鉴美国桑迪亚国家实验室的方法和国内标准年构成方法,以哈尔滨、昆明、上海和重庆4个城市30年(1985—2014年) 的历史观测气象数据为基础,从中挑选出“极端月”,以保证选出月份的气候状况可以代表30年中最为极端的12个月,从而形成极端气象年数据。该类型数据不同于《中国建筑热环境分析专用气象数据集》中的单参数极端年,单参数极端年无法应用于极端气候条件下的逐时能耗模拟,只能表征单一参数和月份处于极端的情况。在此基础上,选取极端气象年和中国标准气象数据(CSWD)作为能耗分析的边界条件,采用DesignBuilder能耗模拟软件对重庆市办公建筑和精加工车间进行空调负荷和能耗仿真模拟。结果表明:建筑以极端气象年作为边界条件时,冷热能耗显著增加,现有围护结构构造无法完全满足极端气候下的使用要求。

需要说明的是,极端气象年基于30年的气象数据生成,这里的“30年极端情况”与气象学上“30年一遇的极端天气”是2个不同的概念,后者是从重现期(即概率)的角度来定义。虽然极端气象年可以体现出极端气候对建筑能耗的影响,但极端气候的发生是一个概率事件,应考虑到其出现频次,针对不同频次极端气候下的建筑能耗状况进行权衡判断。

4.基于概率的极值统计

动力学气候模式只能描述消除掉噪声的平均气候状态,而难以模拟气候要素的极值或气候突变。但从概率论的角度入手,气候要素的极值可以是稳定的,且极值变化可以进行概率预报和预测。国内外针对极端气候的概率统计方法及分布特征已经开展了相关研究,例如刘广海等(2009)在分析统计夏季室外高温数据(1951—1981年)的基础上,采用耿贝尔(Gumbel)分布对夏季室外高温参数进行拟合,并以北京市为例,得到不同保证率条件下的夏季高温分布图;林晶等(2011)利用福建省67个气象站50年(1961—2010年)最低气温资料,分析了福建省极端低温的时空分布规律,并应用耿贝尔分布函数对各站的年极端气温进行概率计算;王增武等(2004)利用重庆市1951—1996年的地面气温年极小值,采用韦布尔(Weibull)分布和耿贝尔分布进行拟合试验,得出该地区地面最低气温年极值遵循的最佳渐近分布;万蓉(2008)以北京市历史气象观测数据为基础,采用极端高温耿贝尔分布模型计算出10%、5%、2%和1%这4种概率的极端高温值,并以办公建筑为例,分析了不同发生概率下的能耗状况,得出极端温度条件下房间负荷比常规情况显著增加;潘阳等(2005)利用北京市1951—1980年30年的极端高温数据,建立了皮尔逊-Ⅲ型分布的极端气候模型,进而构建极端气候条件下空调建筑热状况模型,结果表明,模型能够准确反映气候变化情况下的空调建筑热性能状况。

综上所述,本书需要对东北严寒地区的极端气候概率分布及不同重现期(发生概率)的极端低温值进行统计,故选择基于概率的极值统计作为研究方法。

2.2.2　基于概率的气温极值统计模型

从统计学意义上讲,气候要素的观测值都可以看作随机变量,它们的出现受多种因素影响。从数学意义上讲,气候随机变量的极值不稳定,但从概率论的角度,气候要素的极值可以是稳定的,极值变化能够进行预测。因此,必须对气候要素极值的概率分布进行统计,才能对若干年内可能出现的气候极值做出合理预测,从而解决实际中的气候极值问题。

1.气象数据来源

气象数据来源于中国气象数据网(http://www.nmic.cn),本书以东北严寒地区城市哈尔滨的气象数据为例开展研究,哈尔滨的气象台站号 50953、经度 126°46′、纬度 45°45′、海拔高度 142.3 m。因对不同频次低温对建筑能耗的影响进行分析,需要保证气候要素的数据序列足够长,所以选取 1956—2015 年 60 年的数据资料,选择日最低气温作为提取的气候要素。

2.极端气温统计模型建立

极端气温是表征严寒和酷热程度的重要物理量,采用哈尔滨 60 年逐日气象数据中的极端低温统计值,分析不同重现期极端低温的分布规律,计算所需的参数,从而建立极端气温统计模型。

(1)气温极值的重现期。重现期是指某一事件重复出现的时间间隔的平均数。对于气温而言,通常是指在多年温度变化中某一极端气温重复出现的时间间隔的平均值。极值统计的主要目的是要推断出极值序列的重现期(发生概率)或某一极值平均可能在多少年出现一次的重现期,其问题的本质是研究右侧(或左侧)概率问题。

设 X 为连续型随机变量,对于任意的实数 x,X 的取值小于 x 的概率为

$$F(x) = P(X < x) = \int_{-\infty}^{x} f(x)\,\mathrm{d}x$$

则 X 超过某个定值 x 的发生概率称为右侧概率(也称保证率),即

$$P(X > x) = 1 - F(x) = \int_{x}^{\infty} f(x)\,\mathrm{d}x$$

当 X 大于或者小于某个特定值 x 的事件平均在 T 年内出现一次,则特定

值 x 为 T 年一遇极大值或极小值，其重现期就是 T 年。根据概率分布的意义，对极大值而言 X 大于 x 的频率为

$$P = P(X > x) = 1/T$$

(2) 极值分布模型选择。气象学中对极端气温的研究主要是利用统计学方法，通过概率分析获得不同重现期的极值，主要包括2种类型：①利用经验方法获得重现期的极值；② 利用概率分布函数计算重现期的极值。经验方法主要凭借研究者的主观看法，误差较大。为了反映统计样本的性质，需要根据统计学中极值理论客观地得出重现期值 x。目前，国内外在极端气温的分析中，常采用的极值分布模型包括皮尔逊 - Ⅲ 型分布、耿贝尔分布、韦布尔分布 3 种，见表 2.2。

表 2.2　3 种类型极值分布函数

类型	参数选择	参数估计
皮尔逊 - Ⅲ 型分布	保证精确需要选择三参数	较大程度依据人为主观判断
耿贝尔分布	二参数	人为影响因素小
韦布尔分布	保证精确需要选择三参数	较大程度依据人为主观判断

由表2.2可知，皮尔逊 - Ⅲ 型分布和韦布尔分布要保证一定的准确性必须选择三参数形式，参数过多会导致计算难度增大，且从参数估计角度考虑，这 2 种曲线的参数估计很大程度上依据人为的主观判断，人为干扰因素较大。对于耿贝尔分布，很多研究者认为极端气候条件下，极端气温服从耿贝尔分布并适用频率分析法，可由统计样本得到准确的计算参数。因此，本研究选用耿贝尔分布进行极端气温分布频率的拟合和适度检验，这与美国供热、制冷和空调工程师协会(ASHRAE) 关于极端气温的研究一致。

耿贝尔分布又称 I 型极值分布，是采用理论根据的频率曲线来计算“多年一遇”气象要素的常用方法，仍是随机变量的分布问题。气候要素中诸多要素的分布均属于指数型，故耿贝尔分布是一种比较完全的理论分布，但适用于样本量很大的情况。当用于极小值分布的统计分析时，如冬季极端低温，其分布函数表达为

$$F(x) = P(X < x) = 1 - \mathrm{e}^{-\mathrm{e}^{a*(x+b)}} \tag{2.1}$$

式中：a—— 尺度参数($a > 0$)；

b—— 分布密度的众数。

采用耿贝尔分布拟合气候要素极值时，首先要估计参数 a 和 b，通常可采用矩法和耿贝尔法，这里选用矩法进行参数估算。

令 $y = a(x + b)$，则分布函数为

$$F(x) = 1 - e^{-e^{y}}$$

关于尺度参数 a 的计算：$\frac{1}{a} = \frac{\sqrt{6}}{\pi}\sigma$，得出 $a = 1.283/\sigma$。

式中：σ—— 气象参数的标准差。

关于分布密度参数 b 的计算：$b = -\bar{x} - \frac{c}{a}$。

式中：c—— 欧拉常数，取0.577 22；

$\bar{x}$—— 气象参数的数学期望值。

将各项参数代入与转换，得出公式(2 - 2) 如下：

$$y = a(x + b) = a\left(x - \bar{x} - \frac{c}{a}\right) = 1.283\frac{(x - \bar{x})}{\sigma} - 0.5772 \tag{2.2}$$

对公式(2.1) 进行变形，得出 $y = \ln\ln\frac{1}{1 - F(x)}$，同时将 y 代入公式(2.2)，通过变换得出极端低温的耿贝尔分布通用函数：

$$x = \frac{\left[\ln\ln\frac{1}{1 - F(x)} + 0.5772\right]\sigma}{1.283} + \bar{x} \tag{2.3}$$

综上所述，对于给定的概率值 $P = F(x)$，运用公式(2.3) 和获取的气象数据即可计算出相应的温度值 X。

(3) 哈尔滨极端低温统计模型。通过对哈尔滨1956—2015年共60年的日最低温度进行统计分析，可以计算出气象参数的方差 σ 和期望值 $\bar{x}$，然后将其代入极端低温的耿贝尔分布通用函数，即公式(2.3)，从而建立哈尔滨一年中逐日极端低温耿贝尔分布函数。

需要说明的是，既有研究主要针对供暖设备选型考虑，通常以年极端低温作为统计量，而本研究重点在于极端低温对乡村民居冬季采暖能耗的影响，主要考量围护结构的热工性能，若仍采用年极端低温值，则会造成能耗计算值偏大。因此，为了减少估算时的偏差，采用日极端低温值作为统计量建立极值分布函数，预测一年中逐日不同频次的极端低温值。由于每日的分布函数均不相同，建立的模型数量较多，限于篇幅不一一列举，仅以1月1日的分布函数为例进行计算、模型检验和温度预测的说明，极端低温统计见表2.3。

表 2.3　哈尔滨逐年 1 月 1 日极端低温统计表　　单位:℃

年份	极端低温	年份	极端低温	年份	极端低温	年份	极端低温
1956	- 15.2	1971	- 18.2	1986	- 28.7	2001	- 33.2
1957	- 22.3	1972	- 26.5	1987	- 28.0	2002	- 21.8
1958	- 27.8	1973	- 20.6	1988	- 23.4	2003	- 25.5
1959	- 30.0	1974	- 13.4	1989	- 21.5	2004	- 14.2
1960	- 24.3	1975	- 25.2	1990	- 25.9	2005	- 24.0
1961	- 28.7	1976	- 16.7	1991	- 22.1	2006	- 17.1
1962	- 25.7	1977	- 34.8	1992	- 25.7	2007	- 12.8
1963	- 24.9	1978	- 31.9	1993	- 19.0	2008	- 21.7
1964	- 27.0	1979	- 19.7	1994	- 27.1	2009	- 18.8
1965	- 22.5	1980	- 22.6	1995	- 21.7	2010	- 31.8
1966	- 28.1	1981	- 28.9	1996	- 22.6	2011	- 16.3
1967	- 25.1	1982	- 24.9	1997	- 22.3	2012	- 21.8
1968	- 24.4	1983	- 26.5	1998	- 24.7	2013	- 33.3
1969	- 26.3	1984	- 26.1	1999	- 23.0	2014	- 19.8
1970	- 33.2	1985	- 25.0	2000	- 23.3	2015	- 23.7

通过对表2.3中日极端低温数据的统计,计算出标准差$\sigma = 4.9$和期望值$\bar{x} = -24.0$,将其代入公式(2.3),得出哈尔滨逐年1月1日的极端低温耿贝尔分布函数:

$$x = \ln\ln\frac{1}{1 - F(x)} \times 3.819 - 21.796 \tag{2.4}$$

3.极端气温模型保证率曲线

同样,以哈尔滨逐年1月1日的极端低温数据为例,说明运用耿贝尔分布模型得到的极端低温保证率曲线和实测值对比情况。首先,对日极端低温的实测经验分布进行计算,将哈尔滨气象站1956—2015年中每年1月1日的极端低温数据按升序排列,根据公式(2.5)计算出现某一极端低温的概率。

$$P_m = \frac{m}{n + 1} \times 100\% \tag{2.5}$$

式中:P_m—— 每年某日出现极端低温的概率值;

m—— 逐日极端低温排序的序号（$m = 1, 2, 3, \cdots, n$）；

n—— 样本数量，本研究采用的是 60 年的气象数据，故 n 取 60。

如图 2.3 所示，将哈尔滨 1 月 1 日的极端低温耿贝尔分布函数曲线与实测经验分布进行叠加分析，日极端低温的模型曲线与实测数值分布的变化趋势基本一致，吻合程度较好，表明运用耿贝尔模型对不同重现期的极端低温进行预测是合理的。

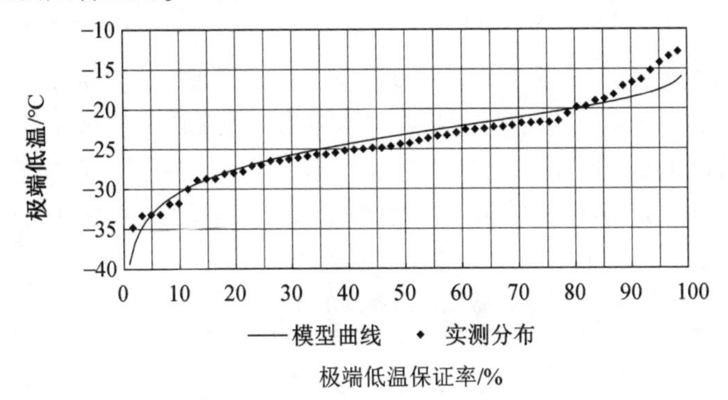

图 2.3　哈尔滨日极端低温保证率曲线图（1 月 1 日）

4.极端气温模型拟合适度检验

通过图 2.3 可以观察到模型曲线和实测值的吻合程度，但无法以客观数值来检验曲线的吻合程度，还需要进一步量化评价。引入 x^2 检验法进行拟合适度检验，客观判断耿贝尔分布是否适用于研究变量。x^2 检验法是指总体 X 的分布未知时，根据来自总体的样本，检验关于总体分布假设的方法，检验时首先提出原假设："H_0：总体 X 的分布函数为 $F(x)$"，然后根据样本的经验分布和假设的理论分布之间的吻合程度来判定是否接受原假设。

同样，以哈尔滨逐年 1 月 1 日的极端低温为例，检验耿贝尔统计模型与实测值的适合程度。首先，将总体 X 的取值范围分成 k 个互不重叠的区间，记作 $A_1, A_2, \cdots, A_k$，本例中所选取的温度数据范围为 − 34.8 ~ − 12.8 ℃，由表2.3 可知，以 2 ℃ 为间隔，把 X 取值划分为 12 个区间。其次，根据表 2.3 的温度数据，统计出各区间样本数量，落入第 i 个区间 A_i 的样本个数为实测频数 f_i，各区间的实测频数之和等于样本容量 $n(n = 60)$；根据假设的理论分布，计算出总体 X 的值落入每个 A_i 的概率 P_i，则 nP_i 为理论频数，从而计算出统计量 $\sum_{i=1}^{k} \frac{(f_i - nP_i)^2}{nP_i}$。皮尔逊证明了定理：若原假设中的理论分布 $F(x)$

已完全给定，则当样本量增大时，统计量 $x^2=\sum_{i=1}^{k}\frac{(f_i-nP_i)^2}{nP_i}$ 的分布渐近 $x^2(k-r-1)$（具有 $k-r-1$ 个自由度，r 为估计参数的个数）分布。根据皮尔逊定理，对于给定的显著性水平 α，查 x^2 分布表可以得出临界值 x_α^2，本例中给定的显著性水平 $\alpha=0.05$，将计算值与相应自由度的临界值 $x_{0.05}^2(k-r-1)$ 值进行比较，若在假设 H_0 下满足 $x^2=\sum_{i=1}^{k}\frac{(f_i-nP_i)^2}{nP_i}$ 小于 $x_{0.05}^2(k-r-1)$ 的值，则在显著性水平 0.05 下接受原假设 H_0，表明 X 服从耿贝尔分布。

需要说明的是，皮尔逊定理是在样本容量 n 无限增大的情况下推导得出的，应用该定理时需满足 n 足够大且 nP_i 不太小 2 个条件。通常情况下 n 不宜小于 50，且 nP_i 不小于 5，否则需要适当合并区间满足 nP_i 大于 5 的要求。根据以上计算方法，得出表 2.4 中的计算结果。

表 2.4　极端低温耿贝尔分布 x^2 检验表

<table>
<tr><th>温度区间/℃</th><th>f_i</th><th>P_i</th><th>nP_i</th><th>合并 nP_i</th><th>f_i-nP_i</th><th>$\frac{(f_i-nP_i)^2}{nP_i}$</th><th>$\sum_{i=1}^{k}\frac{(f_i-nP_i)^2}{nP_i}$</th></tr>
<tr><td>$x<-34$</td><td>1</td><td>0.040 1</td><td>2.41</td><td rowspan="4">10.73</td><td rowspan="4">0.27</td><td rowspan="4">0.006 8</td><td rowspan="12">4.033 0</td></tr>
<tr><td>$-34\leqslant x<-32$</td><td>3</td><td>0.026 7</td><td>1.60</td></tr>
<tr><td>$-32\leqslant x<-30$</td><td>2</td><td>0.043 4</td><td>2.60</td></tr>
<tr><td>$-30\leqslant x<-28$</td><td>5</td><td>0.068 7</td><td>4.12</td></tr>
<tr><td>$-28\leqslant x<-26$</td><td>8</td><td>0.104 1</td><td>6.25</td><td>6.25</td><td>1.75</td><td>0.490 0</td></tr>
<tr><td>$-26\leqslant x<-24$</td><td>12</td><td>0.146 7</td><td>8.80</td><td>8.80</td><td>3.20</td><td>1.163 6</td></tr>
<tr><td>$-24\leqslant x<-22$</td><td>11</td><td>0.182 8</td><td>10.97</td><td>10.97</td><td>0.03</td><td>0.000 0</td></tr>
<tr><td>$-22\leqslant x<-20$</td><td>6</td><td>0.185 7</td><td>11.14</td><td>11.14</td><td>-5.14</td><td>2.371 6</td></tr>
<tr><td>$-20\leqslant x<-18$</td><td>5</td><td>0.134 7</td><td>8.08</td><td rowspan="4">12.11</td><td rowspan="4">-0.11</td><td rowspan="4">0.001 0</td></tr>
<tr><td>$-18\leqslant x<-16$</td><td>3</td><td>0.056 6</td><td>3.40</td></tr>
<tr><td>$-16\leqslant x<-14$</td><td>2</td><td>0.010 0</td><td>0.60</td></tr>
<tr><td>$x\geqslant-14$</td><td>2</td><td>0.000 5</td><td>0.03</td></tr>
</table>

由表 2.4 可知，对于哈尔滨逐年 1 月 1 日极端低温分布，$x_{0.05}^2(k-r-1)=x_{0.05}^2(6-2-1)=x_{0.05}^2(3)=7.814\ 7>4.033\ 0$。

x^2 检验结果表明，运用耿贝尔分布函数对极端低温的频率分布进行模拟是合理的，理论计算值和实测数据的吻合关系良好，能够反映出极端低温的分布特点,可以采用本模型对极端低温进行预测研究。

2.2.3　基于温度的气象数据转换应用

关于极端气候的研究大多是针对静态的室外温度参数,基于不同概率或重现期给出设计值,这类计算参数可用于采暖或制冷设备选型时参考,但应用于长期的逐时建筑能耗模拟还不够准确。因此,在逐日不同频次极端低温数据的基础上,基于一定的假设条件转换成逐时气象数据。

1.气象数据转换

本书分析极寒气候对乡村民居能耗的影响是一种尝试性的探索。对获取的气象数据进行整理和转换时,基于 2 个前提条件:一是气候要素的选择,二是逐时数据的生成。

(1) 前提条件一。生成不同概率低温的气象数据时,只对本书重点研究的气候要素 —— 空气干球温度进行替换。主要原因:① 由于历年气象资料的记录和获取受到一定限制,不是每个气候要素的极值都可以获得,而且每个气候要素极值出现的时间也不一定相同;② 根据能耗计算理论模型,影响能耗的主要气候要素是干球温度,乡村民居冬季采暖能耗与温度的关系尤为密切,因此对气象数据进行处理时,仅对气温数据进行替换。

(2) 前提条件二。假定不同概率低温的逐时波动规律与典型气象年相同,即气候的均值发生变化,方差和概率分布相同。主要原因:历年记录的气象数据资料中包括最低温度的最小单位为日集数据,且需要长期记录数据才可以充分反映气温演变规律。若只采用日值数据作为边界条件进行能耗分析,势必造成模拟结果偏差较大。

基于以上 2 个前提条件,生成不同概率低温的逐时气象数据,具体步骤如下:① 确定不同概率低温数据和典型气象年数据中日最低温度的平均差值;② 将平均差值赋予典型气象年的逐时气温数据,生成不同概率低温的逐时气温数据;③ 在典型气象年数据 EPW 格式文件的基础上,将其中的干球温度替换为不同概率低温的逐时气温数据,保留原有气象数据中除气温之外其他参数的物理特性,形成新的气象数据文件。

需要说明的是,“极端低温”通常用于50年或100年一遇的概率事件,但为了研究气候变化的普遍性,将其扩展到 5 年、10 年、20 年一遇。因此,本书采用重现期为5年、10年、20年、50年、100年5种工况的极端低温数据和典型气象年数据作为能耗模拟的室外计算参数开展研究。5 种工况对应的概率分别为0.2、0.1、0.05、0.02、0.01,见表2.5,下文研究中表示为“P_x气象数据”,x为概率。此外,“重现期”的含义并不是表示多少年一定出现一次,它具有统计学平均意义,如“10年一遇”极端低温值,并不是指这个温度值10年一定会出现一次,而事实上10年可能频繁出现或不出现。“重现期”的含义表示这个温度值每年出现的概率为10%,这也凸显了研究极端温度的重要性。

表2.5 不同概率低温的气象数据表达形式

表达方式	含义	出现概率
$P_{0.2}$气象数据	重现期5年的低温气象数据	0.2
$P_{0.1}$气象数据	重现期10年的低温气象数据	0.1
$P_{0.05}$气象数据	重现期20年的低温气象数据	0.05
$P_{0.02}$气象数据	重现期50年的低温气象数据	0.02
$P_{0.01}$气象数据	重现期100年的低温气象数据	0.01

2.气象数据应用

以哈尔滨为例,选择典型气象数据和5种概率低温的气象数据作为室外计算参数分别导入DesignBuilder软件进行能耗模拟分析,以初步验证建筑能耗在不同工况下的变化特征。典型气象数据和不同频率低温气象数据的采暖期日平均温度见表2.6。由于重点考虑室外气象数据变化对能耗的影响,故固定建筑本体的物性参数和内扰,冬季室内计算温度14 ℃,换气次数0.5次/h,物理模型选择乡村民居基准模型的设计参数。不同室外计算参数下的能耗变化如图2.4所示。

表2.6 不同类型气象数据的采暖期日平均温度 单位:℃

类型	A(典型气象数据)	B($P_{0.2}$气象数据)	C($P_{0.1}$气象数据)	D($P_{0.05}$气象数据)	E($P_{0.02}$气象数据)	F($P_{0.01}$气象数据)
采暖期日平均温度	−9.6	−12.8	−15.7	−18.5	−22.1	−24.8

随着概率值P降低(即重现期增加),建筑能耗不断升高,5种不同概率低温气象数据下的建筑能耗与典型气象数据相比,分别增长11.7%、22.6%、33.1%、46.8%和57.2%。可见,极寒气候条件下的建筑能耗比常规情况时明显增加,尤其对层数低、体量小、围护结构热工性能差的乡村民居影响更为

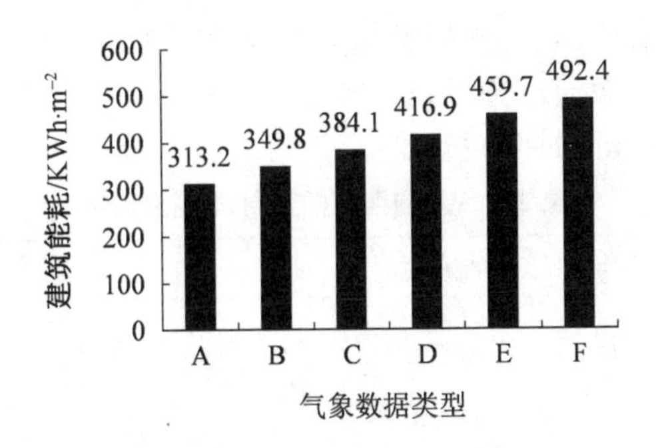

（A—F 代表的气象数据类型见表 2.6）

图 2.4　不同类型气象数据下的建筑能耗

显著。因此,东北严寒地区乡村民居节能设计应预先考虑到极寒气候对采暖能耗及经济性的影响。此外,除了考虑能耗客观值变化之外,还应关注不同室外计算参数下,乡村民居建筑设计要素的参数取值改变时,采暖能耗变化率的响应特征,以准确掌握建筑能耗演变规律。

2.3　适应严寒气候的室内计算参数研究

室内计算参数中温度是影响建筑能耗的重要因素,同时也是与人体热舒适密切相关的参数,本节同样针对温度指标进行研究。国外学术组织虽然制定了相关热舒适标准,但由于生活习惯、个体差异、文化习俗及经济水平等方面存在诸多差异,不能将其直接应用到我国建筑中。而我国地域辽阔、气候类型多样,处于不同地区、不同居住环境和生活条件的人,对室内温度的期望值和适应性也有所不同,城乡差别更会导致室内温度多元化。目前,关于东北严寒地区乡村民居室内计算温度的取值在《农村居住建筑节能设计标准》(GB/T 50824—2013) 中规定:严寒和寒冷地区农村居住建筑的卧室、起居室等主要功能房间,节能计算冬季室内热环境参数的选取应符合 …… 室内计算温度应取 14 ℃。但随着乡村经济发展和居民生活水平不断提升,这一温度或将不能满足大部分居民的热舒适需求,尤其遇到极寒气候时,其与热舒适需求相差更大。

2.3.1　热舒适评价指标的确定

热舒适指标是反映热环境参量及人体有关因素对人体热舒适综合作用的指标,体现的是使用者对热环境表示满意的意识状态。国内外许多学者对热舒适评价开展了研究，并提出相应的评价指标，但不同指标有其适用条件和应用范围。下面通过分析几种典型的热舒适评价指标（表2.7），确定适用于乡村民居的热舒适评价指标。

表2.7 几种典型的热舒适评价指标

指标名称	年份	研究者	主要特点
有效温度（ET）	1923	Houghton等	将干球温度、湿度、空气流速等因素对人体冷热舒适感的影响用一个指标来综合，它的取值等效于产生同样感觉的静止饱和空气温度
修正有效温度（CET）	1932	Bedford和Warner	用黑球温度代替干球温度提出了修正有效温度
新有效温度（ET*）	1971	Gagge等	引入皮肤湿润度提出新有效温度，能够更准确地反映人们在实际环境中的感受
标准有效温度（SET）	1986	Gagge等	考虑了人体活动水平和服装热阻的影响，但由于SET指标中平均皮肤温度和皮肤湿润度计算的复杂性，该指标未能得到广泛推广
操作温度	1937	Gagge等	综合考虑了空气温度和平均辐射温度对人体热感觉影响后的合成温度，计算简便且相关性好，便于准确表述寒地居民热感觉，被广泛采用
PMV－PPD	1970	Fanger	PMV指标综合考虑了人体活动程度、衣服热阻、空气温度、空气湿度、气流速度和平均辐射温度6个因素，是迄今为止最全面的环境热舒适性评价指标；PPD指标表示人群对热环境不满意的百分数，该指标被ISO 7730和ASHRAE 55采用
主观温度	1976	McIntyre	很大程度上取决于主观温暖感，利用环境变量表示的主观公式无论何时均可由现有的温暖感数据确定

综上分析，运用不同热舒适指标对同一室内热环境评价时，得出的结论也存在差异。不同于城市居住建筑，东北严寒地区乡村民居以火炕、土暖气

等作为主要供暖设备,火炕等热源的表面温度高于周围空气温度,并以辐射和对流的方式加热室内空气。同时,乡村民居多为单层独立式建筑,除地面之外的围护结构均与室外环境直接接触,加之经济条件和个人意识的制约,围护结构几乎未采取任何保温措施,导致外墙内表面温度较低,会对人体产生冷辐射。因此,影响乡村居民热舒适的2个主要因素是空气温度和平均辐射温度,故选择操作温度作为本研究的热舒适评价指标。

操作温度(t_o)综合考虑了空气温度(t_a)和平均辐射温度(t_r)对人体热感觉的影响,计算方法如公式(2.6)。平均辐射温度计算方法参见1.4.1小节。

$$t_o = \frac{h_r t_r + h_c t_a}{h_r + h_c} \tag{2.6}$$

式中:h_r——辐射换热系数[W/(m^2·℃)];

h_c——对流换热系数[W/(m^2·℃)]。

当室内风速低于0.2 m/s或平均辐射温度与空气温度差值小于4 ℃时,操作温度t_o可以采用简化公式计算:

$$t_o = (t_a + t_r)/2 \tag{2.7}$$

2.3.2　使用者及居住环境特征

综合考虑采暖方式、建造年代、受访者性别和经济水平等因素,在冬季采暖期对乡村民居室内热环境进行实测和主观热反应问卷调查,回收有效问卷716份,其中黑龙江省193份、吉林省157份、辽宁省169份、内蒙古自治区197份,问卷内容设置及量表选择等参见1.2节和附录1。

1.受访者背景信息

受访者背景信息包括性别、年龄、家庭收入等,采用描述性统计方法进行分析。受访者中男性约占62.3%,女性约占37.7%;年龄分布在18—77岁,平均年龄50.1岁(图2.5),主要由于东北严寒地区乡村的青壮年多外出打工或经商,留守家中的以中老年人为主。受访者均为长期生活在当地的居民,已适应冬季严寒干燥的气候环境。此外,受访者家庭收入分布不均衡,不同家庭之间存在一定差异。以上因素均可能影响乡村居民的热舒适及热适应性,其与热舒适的关联性将进一步分析。

2.受访者行为特征

服装热阻和新陈代谢率可以反映出受访者对热环境最直接的行为特

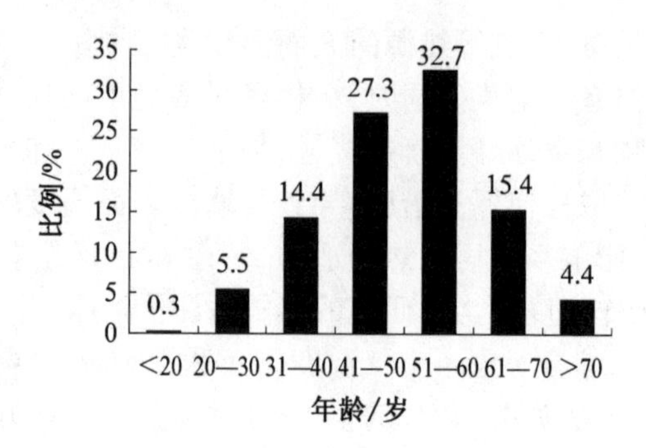

图 2.5　受访者年龄分布

征。热舒适调查过程中详细记录了受访者着装情况，根据 ASHRAE 55 和 ISO 7730 标准中单件服装热阻值列表，累加计算出每位受访者的整体着装热阻，以单位 clo 表示（1 clo = 0.155 m^2 · K/W）。同时，考虑座椅或火炕等外在因素对受访者服装热阻的影响，计算坐姿受访者服装热阻时附加 0.15 clo 修正值。

表 2.8、图 2.6 显示了乡村居民的服装热阻分布特征及统计值，冬季居民的服装热阻为 0.7 ～ 2.2 clo，集中分布于 0.9 ～ 1.5 clo，相比城市居民的冬季室内着装其分布范围较宽。对比相关成果中关于服装热阻的统计分析表明：东北严寒地区乡村居民的穿着出现轻便化发展趋势，对室内热环境的舒适性需求将不断提高。

表 2.8　受访者服装热阻分布特征

最小值	0.7 clo
最大值	2.2 clo
平均值	1.27 clo
标准差	0.26

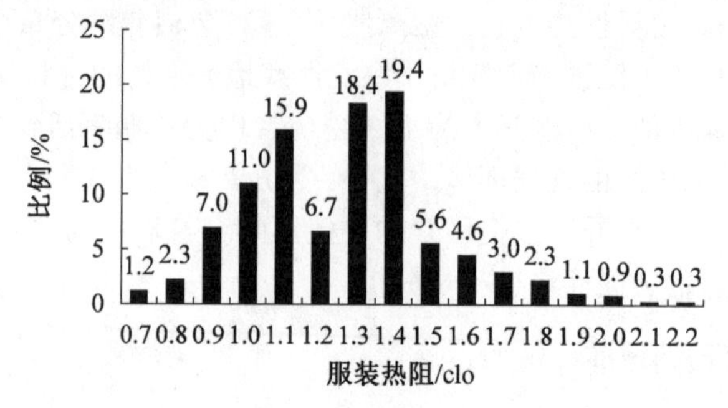

图 2.6　服装热阻值分布

对受访者服装热阻与性别、年龄、家庭收入、室内温度的显著性检验表明:服装热阻与年龄、室内温度在 0.05 水平(双侧)上显著相关;与家庭收入、性别在 0.01 水平(双侧)上显著相关(表 2.9)。

表 2.9　服装热阻与其他因素的显著性检验

		年龄	家庭收入	性别	室内温度
热阻	Pearson 相关性	0.088*	0.110**	-0.110**	-0.095*
	显著性(双侧)	0.036	0.009	0.009	0.024

注:* 表示 0.05 水平(双侧)上显著相关;** 表示 0.01 水平(双侧)上显著相关。

不同年龄组受访者的服装热阻水平分布如图 2.7 所示,虚线为所有受访者的平均服装热阻。7 个年龄分组(附录 1)的平均服装热阻分别为 1.10、1.22、1.23、1.28、1.26、1.30、1.33,随着年龄的增长,整体服装热阻有所增加,其中 60 岁以上受访者的服装热阻较大,30—60 岁受访者的服装调节范围较广。

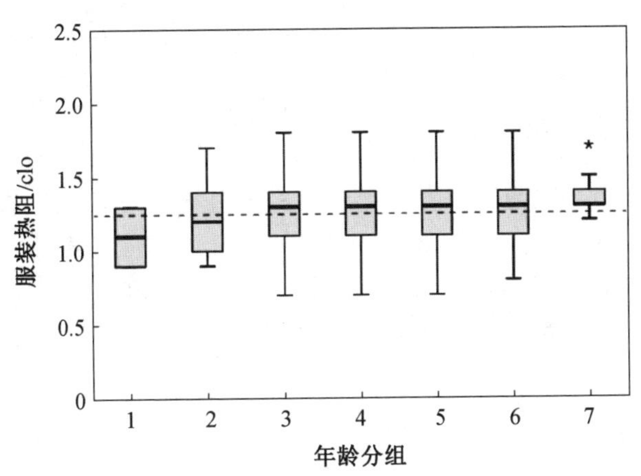

图 2.7　不同年龄分组的服装热阻分布

在新陈代谢率方面,东北严寒地区乡村冬季基本处于农闲时期,居民的室内活动通常是在炕上休息、交谈或在室内活动、收拾屋子,不同活动状况的新陈代谢率参考值见表 2.10,参考《民用建筑室内热湿环境评价标准》(GB/T 50785—2012)和 *Thermal Environmental Conditions for Human Occupancy*(ANSI/ASHRAE Standard 55-2017)中的相关规定,介于轻度活动和坐姿活动之间,故新陈代谢率取 1.4 met。而访谈过程中受访者基本是坐着填写问卷或回答问题,整个过程需要 20 ~ 30 min,属于坐姿活动,新陈代谢率可取 1.2 met。

表 2.10　新陈代谢率参考值

活动状况		代谢率 met	代谢率 W/m^2
斜倚		0.8	46.52
坐姿,放松		1.0	58.15
坐姿活动(办公室、居住建筑、学校等)		1.2	69.78
立姿,放松		1.4	81.41
立姿,轻度活动(购物、轻体力工作等)		1.6	93.04
立姿,中度活动(商店售货、机械工作等)		2.0	116.30
平地步行	2 km/h	1.9	110.49
	3 km/h	2.4	139.56
	4 km/h	2.8	162.82
	5 km/h	3.4	197.71

3.室内热环境参数

室内热环境参数与使用者的舒适性密切相关,由表 2.11 可知,通过客观参数值的测试得出室内空气温度、相对湿度、气流速度和黑球温度等热环境参数的分布特征,图 2.8 至图 2.11 分别显示了各参数的测试值分布情况。

表 2.11　乡村民居室内热环境参数分布特征

	平均值	标准差	最大值	最小值
空气温度 /℃	15.0	3.37	23.1	7.1
平均辐射温度 /℃	12.3	3.43	19.7	2.2
相对湿度 /%	50.8	11.50	74.7	21.6
空气流速 /$m \cdot s^{-1}$	0.02	0.01	0.06	0.00

(1) 空气温度。如图 2.8 所示,乡村民居室内空气温度整体分布在 7.0 ~23.0 ℃,平均温度 15.0 ℃,集中分布在 13.0 ~ 18.0 ℃,占样本总数的 64.6%。室内空气温度低于 13 ℃ 的占总样本的 20.3%,高于 18 ℃ 的占总样本 15.1%。

(2) 平均辐射温度。平均辐射温度根据 1.4.1 小节的计算方法得出,如图 2.9 所示,整体分布在 2.2 ~ 19.7 ℃,平均值 12.3 ℃,比空气温度的平均值低 2.7 ℃ 左右,这也体现了由于围护结构热工性能较差,导致产生了冷辐射

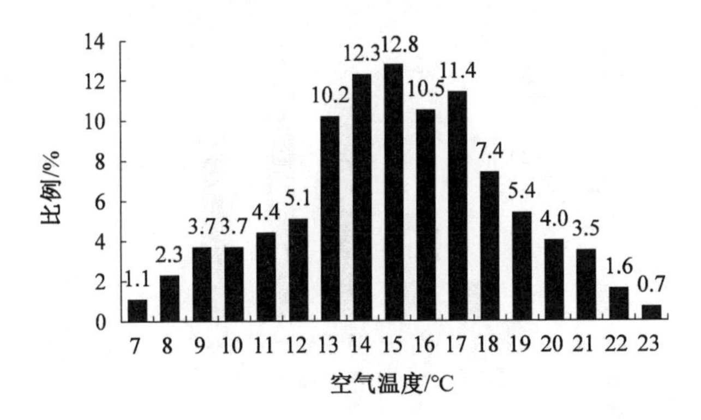

图 2.8　空气温度分布

现象。调研测试中也发现,保温性能较好的乡村民居,其平均辐射温度基本接近空气温度。

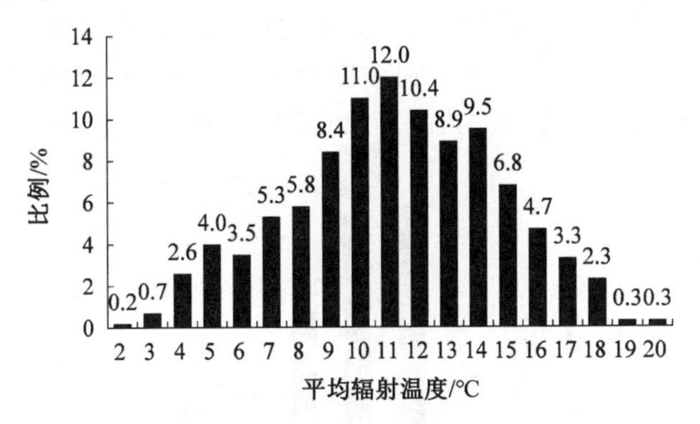

图 2.9　平均辐射温度分布

(3) 相对湿度。相对湿度整体分布在 21.6% ~ 74.7%,平均值约 50.8%。世界卫生组织规定相对湿度应保持在 40% ~ 70%。由图 2.10 可以看出,约 79.0% 的乡村民居室内相对湿度位于这一区间,约 17.5% 样本数的相对湿度低于40%,仅有3.5%样本数的相对湿度高于70%,这主要由于部分乡村民居的室内功能空间相互贯通,有炊事活动时往往会导致室内相对湿度过高。

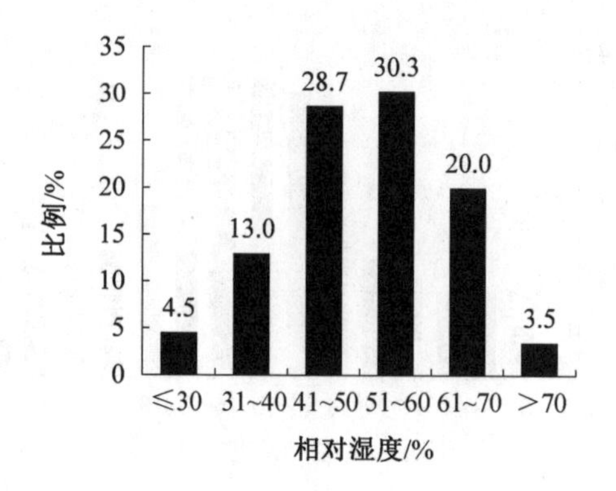

图 2.10　相对湿度分布

(4) 空气流速。如图 2.11 所示，乡村民居室内空气流速整体分布于 0 ~ 0.06 m/s，平均风速 0.02 m/s。主要由于东北严寒地区乡村冬季室外风速较大，且乡村民居围护结构热工性能和气密性较差，为了减少冬季冷风渗透，提高建筑密闭性，居民通常将外窗密封、外门增设防风御寒措施，且缺少专门的通风换气装置，致使室内空气的流通性较差。

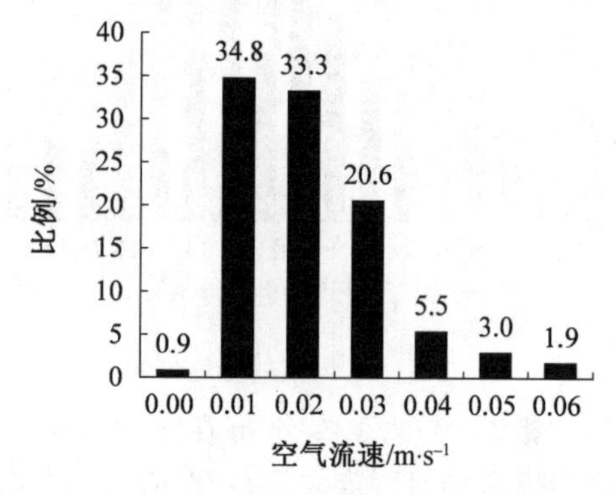

图 2.11　空气流速分布

2.3.3　主观感觉投票

主观感觉投票能够反映受访者对所处环境的真实感受，本研究主要包括热感觉投票、湿感觉投票和风感觉投票。图 2.12 为受访者的热感觉投票分布，热感觉投票为 －1（较冷）、0（适中）和 1（较热）的样本数分别占 40.5%、45.9% 和 3.3%，占样本总数的 89.7%，表明绝大部分受访者都可以接受其所处的热环境，但仍有 10.3% 受访者认为室内热环境较冷（－2）。如图 2.13 所示，从受访者湿感觉投票值分布可以看出，62.7% 的受访者认为室内相对湿度适中（0），24.6% 受访者认为室内偏潮湿（1，2），12.7% 受访者认为室内偏干燥(- 1, - 2)。如图 2.14 所示,从受访者的风感觉投票值分布可知,63% 的受访者认为室内风速适中(0),33.6% 受访者认为室内有点闷(- 1,- 2),仅有 3.4% 受访者认为室内有些吹风感(1),表明东北严寒地区乡村居民长期以来已经适应这种冬季室内环境。

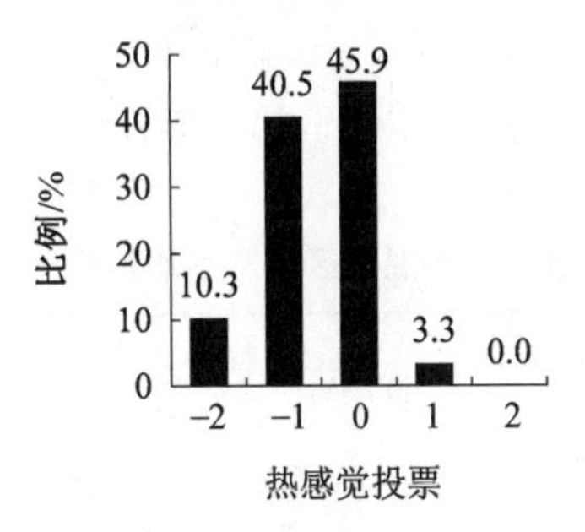

图 2.12　热感觉投票分布

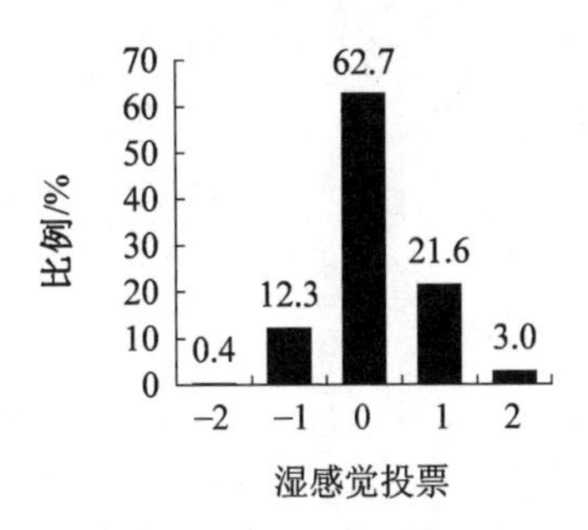

图 2.13　湿感觉投票分布

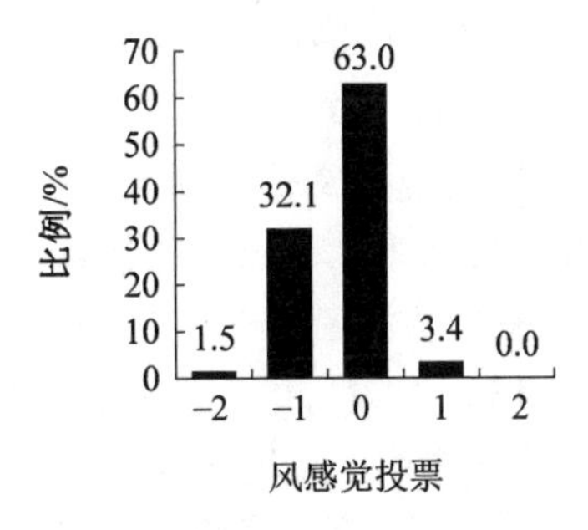

图 2.14　风感觉投票分布

2.3.4　热中性温度和可接受温度区间

采用平均热感觉 MTS(mean thermal sensation) 来表述人体热感觉,运用 Bin 法(温度频率法) 将受访者的实际热感觉与操作温度进行回归分析,具体的操作步骤为:依据实测数据的分布范围,以某操作温度左右 0.25 ℃ 划分温度区间,即每个温度区间的 Δt_o = 0.5 ℃。以此操作温度作为自变量,每个温度区间内所有受访者的平均热感觉投票 MTSV 作为因变量,通过回归分析得到线性关系式:$MTSV = a \times t_o + b$。若 MTSV 和 t_o 之间的决定系数较高,表明 MTSV 可以很好地预测人体热感觉。操作温度区间及平均热感觉投票值见表 2.12。

表 2.12　操作温度区间及平均热感觉投票值

操作温度 /℃	MTSV	操作温度 /℃	MTSV	操作温度 /℃	MTSV	操作温度 /℃	MTSV
4.75	-2	9.25	-1.1	13.75	-0.5	18.25	0
5.25	-2	9.75	-1.1	14.25	-0.4	18.75	0.2
5.75	-2	10.25	-1	14.75	-0.2	19.25	0.6
6.25	-2	10.75	-1	15.25	-0.1	19.75	0.6
6.75	-2	11.25	-0.9	15.75	-0.1	20.25	0.6
7.25	-1.9	11.75	-0.8	16.25	0	20.75	1
7.75	-1.6	12.25	-0.6	16.75	0	21.25	1
8.25	-1.4	12.75	-0.5	17.25	0		
8.75	-1.1	13.25	-0.5	17.75	0		

将平均热感觉投票 MTSV 和操作温度 t_o 进行回归分析,拟合结果如图 2.15 所示,回归方程为:$MTSV = 0.184t_o - 2.980(R^2 = 0.971)$,决定系数 R^2 为 0.971,表明回归方程拟合度较高。

热中性操作温度是当平均热感觉投票等于 0 时对应的温度,此时乡村居民既不感到热也不感到冷,可认为处于热舒适状态。令 MTSV = 0,得到热中性操作温度 16.2 ℃,高于平均实测温度 15.0 ℃;令 MTSV = [-0.5,0.5],得到 90% 可接受温度区间[13.5,18.9],可接受温度范围较宽。由图2.15 也可看出,平均热感觉投票为 0 时集中于温度区间[16.0,18.0],表明这个区间内人体感觉较舒适。相关研究表明,哈尔滨城市住宅的热中性温度为 21.5 ℃,80% 居民可接受的操作温度区间下限为 18 ℃;哈尔滨农村住宅的热中性温度为 14.4 ℃,可接受的温度区间下限为 8.8 ℃;北京农村住宅的热中性操作温度为 18.4 ℃,可接受的操作温度区间下限为 10.9 ℃。与城市住宅相比,乡村民居的热中性温度和居民可接受温度区间下限均较低,对热环境的接受

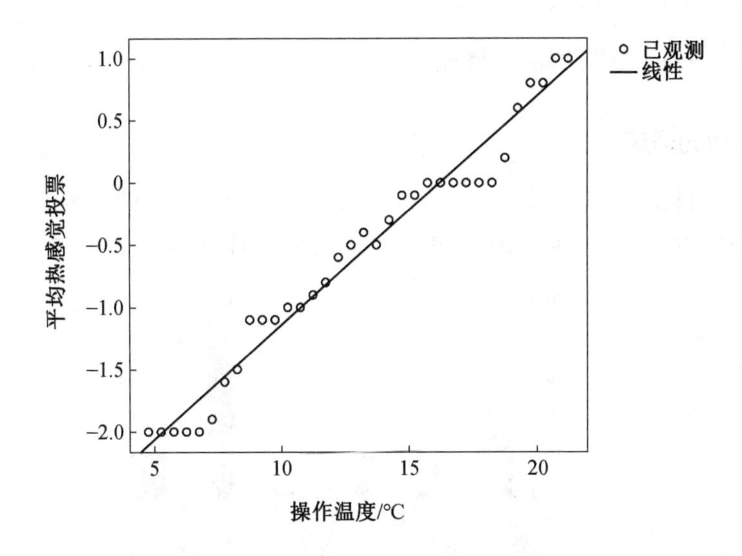

图 2.15　平均热感觉投票与操作温度的拟合曲线

率较高。同一地区比较可以看出,随着乡村居民生活水平提高,对室内环境的热舒适要求有所提高;不同地区的对比发现,东北严寒地区乡村民居的热中性操作温度低于北京,而居民可接受的操作温度下限高于北京,表明该地区乡村居民对偏冷的室内热环境具有适应性,但哈尔滨冬季更为严寒漫长,故可接受的温度区间下限高于北京。

考虑到东北严寒地区不同区域的气候环境特征,分别对黑龙江、吉林、辽宁、内蒙古 4 个省份的乡村居民平均热感觉投票 MTSV 和操作温度 t_o 进行回归分析,回归方程及热中性温度见表 2.13。从表中可以看出,4 个省份的乡村民居热中性温度及居民可接受温度区间,由高至低排序依次为黑龙江、内蒙古、吉林、辽宁,但温度相差不大。需要说明的是,内蒙古自治区地域辽阔,调研过程中主要涉及属于东北严寒地区的部分乡村。

表 2.13　不同省份乡村受访者平均热感觉投票和操作温度的回归方程

省份	回归方程	决定系数 R^2	中性温度 /℃	90% 可接受温度区间 /℃
黑龙江	$\mathrm{MTSV} = 0.164t_o - 2.704$	0.873	16.5	[13.4,19.5]
吉林	$\mathrm{MTSV} = 0.183t_o - 2.940$	0.921	16.1	[13.3,18.8]
辽宁	$\mathrm{MTSV} = 0.192t_o - 3.077$	0.879	16.0	[13.4,18.6]
内蒙古	$\mathrm{MTSV} = 0.193t_o - 3.145$	0.946	16.3	[13.7,18.9]

2.3.5 人体热适应分析

1.行为适应

当乡村民居室内热环境不能满足居民舒适需求时,居民通常会通过行为调节的方式来适应所处环境,受访者的热适应性行为统计如图2.16所示。

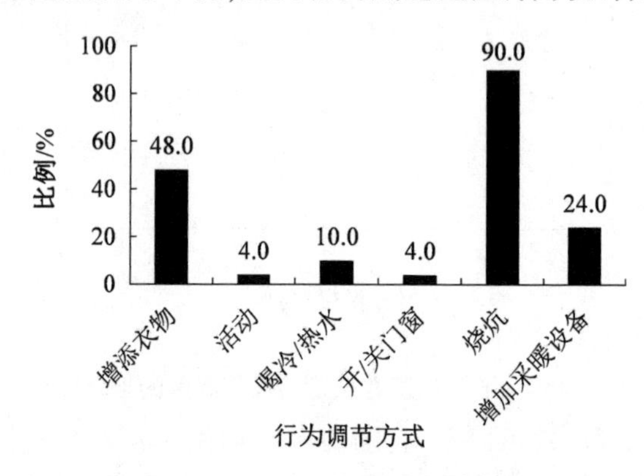

图 2.16 受访者的热适应行为

从图 2.16 中可以看出,当受访者感到室内环境偏冷时,主要的热适应行为是增添衣物(48%)和烧炕(90%),其次是增加采暖设备,如开启电暖气、火炉等。同时,58.1% 的居民会采取多种措施相结合的方式,选用较多的为增添衣物、喝冷/热水、烧炕、增加采暖设备 4 种形式中的二者或三者组合,表明乡村居民会随着室内温度变化,采取相应的措施来调节自身热平衡与环境相适应,有一定的环境适应性。

增添衣物意味着改变了服装热阻,对服装热阻和室内温度的关联性进行拟合分析。受访者的平均服装热阻随操作温度的变化曲线如图 2.17 所示,拟合回归方程:$I_{\text{clo}} = -0.030\ t_o + 1.563(R^2 = 0.942)$。由此可见,随着室内温度的升高,服装热阻值逐渐减小,受访者服装热阻调整和室内温度变化线性关系较强。

除了增添衣物之外,乡村居民更多地采用烧炕的方式来调节室内温度,这是由于乡村民居与城市住宅的采暖方式截然不同。东北严寒地区乡村民居通常为独立式供暖,居民可以自行调控燃煤供热量来改善室内热环境,当遇到极寒天气时还可以通过增加采暖设备的方式补充热量;而城市住宅主要采用集中管网统一供热,居民无法自行调节总供热量,只能通过增/减衣物、开启外窗、喝冷/热水等热适应的方式调节人体舒适度。

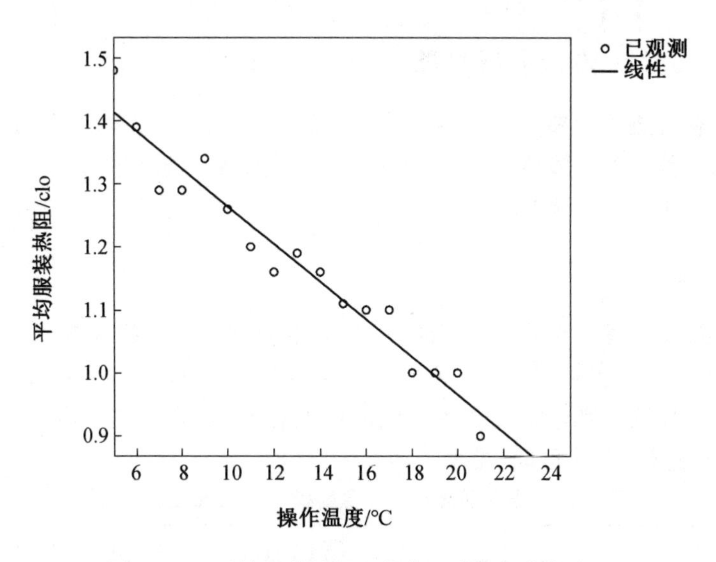

图 2.17　平均服装热阻和操作温度的拟合曲线

2.热期望

期望温度为统计意义上乡村居民希望达到的温度。统计结果表明：60.2% 的受访者希望室内温度比访谈时的实测温度高一些，30.7% 的受访者希望温度保持不变，9.1% 的人希望温度降低一些。运用概率统计方法，以操作温度 t_o 为自变量，0.5 ℃ 为组距，统计各温度区间希望温度“降低”和“升高”的受访者占总样本的百分比，分别对希望温度升高和降低的数据进行拟合，拟合曲线如图 2.18 所示，2 条线交点所对应的温度即为乡村居民的期望温度，得出东北严寒地区乡村居民的冬季期望温度为 18.7 ℃，高于热中性温度，接近 90% 可接受温度区间的上限。

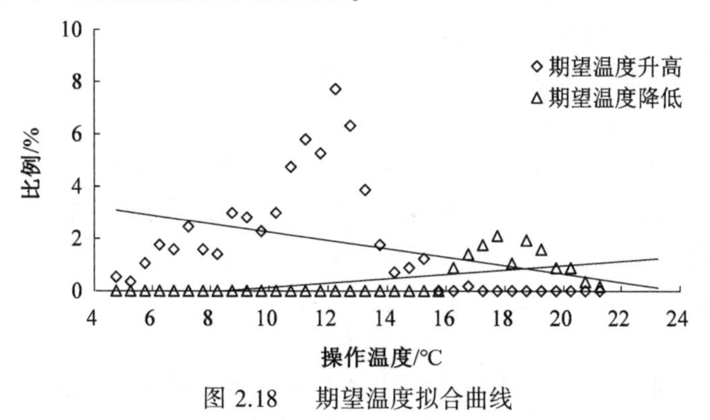

图 2.18　期望温度拟合曲线

2.3.6 个体特征与 MTS 相关性分析

除客观热环境参数会影响人体热感觉之外，受访者的性别、年龄等个体特征差异也会对人体热舒适产生影响，下面主要从年龄和性别 2 个角度分析其与平均热感觉投票的相关性。

1.年龄

根据受访者的年龄分布特征，将年龄重新划分为 3 组：40 岁以下（青年组）、41—60 岁（中年组）、60 岁以上（老年组）。分别对各年龄组受访者的平均热感觉投票与操作温度的相关性进行拟合分析，得出受试者热中性温度和 90% 可接受温度区间，见表 2.14。

表 2.14 各年龄组热中性温度和 90% 可接受温度区间

年龄组	回归方程	热中性温度 /℃	90% 可接受温度区间 /℃
青年组	$MTSV = 0.197t_o - 3.162$	16.1	[13.5,18.6]
中年组	$MTSV = 0.178t_o - 2.908$	16.3	[13.5,19.1]
老年组	$MTSV = 0.175t_o - 2.881$	16.5	[13.6,19.3]

由表 2.14 可知，受访者的热中性温度从青年组到老年组依次增大，但整体上各年龄组的热中性温度比较接近。3 个年龄组的 90% 可接受温度区间下限基本相同，但可接受温度区间上限由青年组到老年组依次增加，青年组的可接受温度范围相对较窄，中年组和老年组的可接受温度范围较宽，主要由于中老年人的体质逐渐变弱，免疫力下降，虽然服装热阻值比青年组大，但中老年人对室内热环境的要求仍较高。

将 3 组受访者的平均热感觉投票分布绘制在同一坐标图上，结合图2.19和前文分析可知，平均热感觉投票为 0 的集中在温度16.0 ~ 18.0 ℃，即该区间内各年龄组普遍认为较舒适，而对青年组可适当降低0.5 ~1.0 ℃，老年组可适当提高0.5 ~1.0 ℃，以满足不同年龄段的热舒适需求。随着乡村地区经济发展和居民生活水平不断提高，乡村居民衣着逐渐向轻便化转变，新陈代谢率降低，热舒适温度必然会相应升高。

2.性别

不同性别组的平均热感觉投票和操作温度的关系如图 2.20 所示。从图中可以看出，2 组受访者平均热感觉投票和操作温度均有较强的线性关系，

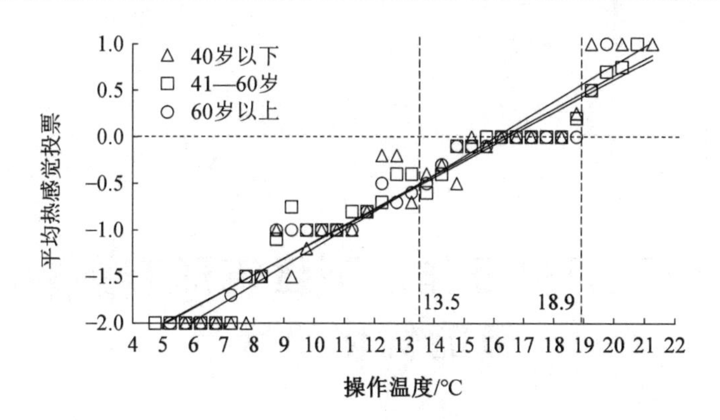

图 2.19　不同年龄组平均热感觉投票和操作温度的关系

且 2 条拟合曲线较为接近。由表 2.15 可知,通过计算得出 2 组受访者的热中性温度和 90% 可接受温度区间,其中女性受访者对温度的要求略高于男性约 0.7 ℃,90% 可接受温度区间小于男性,但可接受温度区间的上下限均高于男性。从图 2.20 中还可以看出,女性的平均热感觉投票普遍低于男性,表明室内温度相同条件下,女性通常比男性更容易感觉冷。从服装热阻的角度,统计结果显示:男性和女性受访者的平均服装热阻分别为 1.29 clo 和 1.23 clo,且女性服装热阻的分布范围较广,男性服装热阻的分布相对集中。

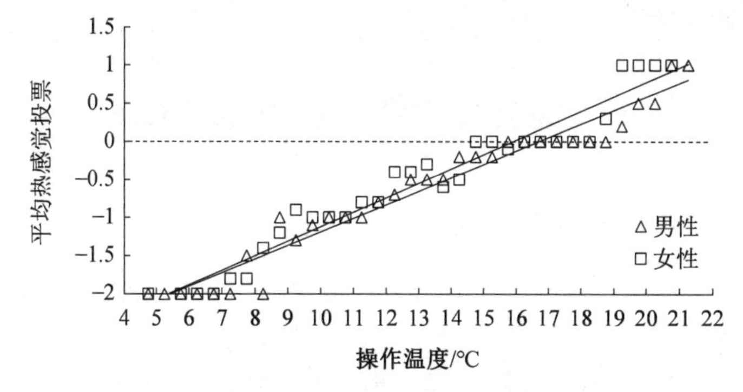

图 2.20　不同性别的平均热感觉投票和操作温度的关系

表 2.15　不同性别的热中性温度和 90% 可接受温度区间

性别	回归方程	决定系数 R^2	热中性温度 /℃	90% 可接受温度区间 /℃
女性	$MTSV = 0.1774t_o - 2.9627$	0.946	16.7	[13.9,19.5]
男性	$MTSV = 0.1899t_o - 3.0183$	0.952	16.0	[13.3,18.5]

第3章 交互作用下建筑形态要素的节能优化研究

建筑形态要素是节能设计的先决条件,根据乡村民居能耗影响因素,本章重点研究乡村民居建筑形态要素的节能优化,包括建筑朝向、建筑体型和建筑界面。研究表明,建筑体型与能耗不是简单的线性关系,建筑高度与能耗的关系为二次多项式,窗墙面积比与能耗的关系为四次多项式,需要系统分析各要素对建筑能耗的影响规律。首先,阐述能耗分析软件的选择及参数设定;其次,以建筑朝向、建筑体型和建筑界面作为主变量,分别结合围护结构热工性能、室内计算参数和室外计算参数等辅助变量,研究因素交互作用下建筑形态要素与能耗的量化关系;最后,基于正交试验法确定乡村民居建筑形态要素对能耗的敏感性。

3.1 能耗分析软件及参数的设定

3.1.1 软件选择及可靠性

建筑能耗分析软件可以预先对乡村民居能耗进行测算,以反映出建筑物全年或某一时段的能耗,在建筑设计初期就能对方案节能效果进行权衡。国内外的建筑能耗分析软件有400余种,各软件的功能侧重和面向的使用群体各有不同。通过对DesignBuilder、EnergyPlus、DOE－2、BLAST和DeST等5种具有代表性的能耗模拟软件进行特性对比,以确定适用于本研究的模拟软件,见表3.1。

表3.1 建筑能耗模拟软件特性对比

对比项	DesignBuilder	EnergyPlus	DOE－2	BLAST	DeST
图形化输入界面	√	×	×	×	√
集成的模拟及迭代方案	√	√	×	×	×

续表

对比项	DesignBuilder	EnergyPlus	DOE－2	BLAST	DeST
用户自定义时间步长	√	√	×	×	×
输出界面	√	√	×	×	√
自定义输出报表	√	√	×	×	√
房间热平衡计算方程	√	√	×	×	√
建筑热平衡计算方程	√	√	×	×	√
内表面对流传热计算	√	√	×	×	√
内表面间长波互辐射	√	√	×	×	√
临室传热模型	√	√	×	×	√
温度计算	√	√	×	×	√
热舒适计算	√	√	×	×	√
天空背景辐射模型	√	√	√	×	√
窗体模型计算	√	√	√	×	√
太阳透射分配模型	√	√	√	×	√
日光模型	√	√	√	×	×
送风回风循环计算	√	√	×	×	√
用户自定义空调设备	√	√	×	×	√
有害颗粒物浓度计算	√	√	√	√	√
与其他软件的接口	√	√	×	×	√

注:√表示软件具备的功能,×表示软件不具备的功能。

由表3.1可知,EnergyPlus能耗分析软件具备较全面的功能,在能耗计算方法、集成的模拟及迭代方案、用户自定义及结果输出等方面均具有一定的优势。该软件由美国劳伦斯伯克利国家实验室、美国陆军建筑工程研究实验室、伊利诺伊大学和俄克拉荷马州立大学及其他相关单位共同研发,吸收了DOE－2和BLAST的优势,并增加了较多新功能,是一款全新的建筑能耗分析软件。但EnergyPlus采用ASCII文本格式的输入输出方式,缺少用户友好的操作界面,而且模拟时需要用户自己核对参数的合理性,软件本身只反馈参数合法与否,给操作带来一定难度。而DesignBuilder以EnergyPlus作为能耗模拟引擎,在此基础上进行了二次开发,融合了其所有优势,能够对物理模型实施多性能模拟分析,如建筑能耗、采光照明、室内温度、通风效率等,可以在建筑设计任何阶段进行性能预测与评估,而且软件提供了双参数协同变化的模拟功能。从界面操作的角度,DesignBuilder 采用易于操作的 OpenGL 固体建模器,具备可视化能力强、建模简单的特点,弥补了 EnergyPlus 操作界面的不足之处。因此,本研究选用 DesignBuilder 能耗分析软件进行乡村民居设计要素的能耗模拟研究;运用其能耗模拟引擎 EnergyPlus 与优化软件结合,搭建节能优化平台。

软件可靠性是保证模拟结果准确性和可用性的重要前提之一,其验证包括 2 种方法:实测结果验证法和程序间结果对比法。实测结果验证法是将建筑运行能耗的现场检测结果与软件模拟结果进行对比分析,根据测试与模拟输出数据的吻合程度或变化趋势是否一致来评估软件可靠性。由于建筑能耗的检测过程比较复杂且不可预测因素较多,与软件模拟设定的边界条件很难相符,因此检测数据不可避免地会出现较大误差,从而难以验证程序的正确性。程序间结果对比法是将选用软件的模拟结果与其他多个程序的输出结果进行对比,间接验证模拟程序的合理性。但这种方法并不能说明程序的模拟结果绝对正确,或许会出现所有程序模拟结果都是错误的情况。程序间结果对比法的最大优势在于,它能够对任何案例进行多个程序间的对比分析,相比实测结果验证法具有很大灵活性、全面性和可操作性。

DesignBuilder 软件的能耗模拟引擎 EnergyPlus 已通过美国供热、制冷和空调工程师协会标准(ANSI/ASHRAE Standard 140 - 2014)的测试。标准采用特定的测试方法对建筑热环境和能耗模拟软件的模拟能力、建筑环境控制系统等进行评测,以验证和诊断不同能耗模拟软件之间由于算法不同、模型限制、输入不同和代码错误而产生的差异。测评以矩形单独区域作为基准模型(宽 8 m × 长 6 m × 高 2.7 m,轻质围护结构、内部无隔断、南侧设有 12 m^2 的外窗),在此基础上采用 EnergyPlus 和 ESP、BLAST、DOE、SRES/SUN、SERIRES、S3PAS、TRNSYS、TASE 等能耗模拟软件对 18 种工况进行分析,包括建筑采用轻质和重质构造、有无外窗和窗位于不同朝向、有无外遮阳、是否设置控制温度、有无夜间通风等。通过对各软件的模拟结果进行对比,验证 EnergyPlus 与其他能耗模拟程序的输出结果基本一致。

3.1.2 能耗模拟组合方案

依据前文确定的乡村民居采暖能耗影响因素,即室内外计算参数、建筑形态要素、围护结构要素,设置本研究的模拟组合方案,主要思路是单变量控制实验方法,即每次只观察一种设计要素变化带来的影响,此时以这一要素作为主变量,同时设定多个要素作为辅助变量,使其包含更多的模拟工况,保证模拟全面性和结果可比性,具体组合方案设计如下:

1.建筑形态要素的节能优化模拟组合

共分为 3 组模拟实验,每组实验均加入围护结构热工性能、室内计算参数和室外计算参数等作为辅助变量,能耗模拟组合见表 3.2。建筑设计时,确定合理的建筑朝向是首要任务,因此能耗模拟时,首先研究建筑朝向对能耗的作用规律,其次为建筑体型和建筑界面。在各模拟工况中,室外计算参数结合 2.2 节的研究,设置 6 种工况,即典型气象数据和 5 种概率低温的气象数据;室内计算参数结合标准规定和 2.3 节的研究设置;围护结构热工性能参照调研结果和节能设计标准,考虑现状和未来发展趋势,设定 4 种工况,即乡村民居基准模型的参数值(A)、农村居住建筑节能设计标准的规定值(B)、严寒和寒冷地区居住建筑节能设计标准的规定值(C)、德国被动房设计标准的规定值(D)。

表 3.2　能耗模拟组合设置

<table>
<tr><th colspan="2" rowspan="2">主变量</th><th colspan="4">辅助变量</th></tr>
<tr><th>室外计算参数</th><th>室内计算参数</th><th>围护结构热工性能</th><th>窗墙面积比</th></tr>
<tr><td colspan="2">建筑朝向</td><td>√</td><td>√</td><td>√</td><td>√</td></tr>
<tr><td rowspan="2">建筑体型</td><td>长度、宽度、室内净高</td><td>√</td><td>√</td><td>√</td><td></td></tr>
<tr><td>长宽比</td><td>√</td><td>√</td><td>√</td><td></td></tr>
<tr><td colspan="2">建筑界面(单向窗、双向窗耦合)</td><td>√</td><td>√</td><td>√</td><td></td></tr>
</table>

2.围护结构要素的节能优化模拟组合

将围护结构要素分解为外墙、屋面、地面和外窗 4 个部分,开展 3 组单一要素的节能优化研究,即外墙、屋面和地面保温材料优选及厚度优化和 1 组基于外窗类型的围护结构各要素协同优化研究,每组模拟研究以围护结构各部位的保温层厚度作为主变量,全寿命周期年限、室内计算参数和室外计算参数作为辅助变量,其中室内外计算参数的取值同上。

3.1.3　能耗模拟参数设定

参照国家及地方相关标准,结合前期调研结果,根据 DesignBuilder 软件的具体要求统一设置参数,包括建筑物理模型、室内外计算参数、房间内扰、围护结构构造及供暖系统参数等。

1.建筑物理模型

利用 DesignBuilder 图形创建界面,建立东北严寒地区乡村基准民居的物理模型。为了提高计算机模拟运算效率,在保证精确度的前提下,结合实际情况对物理模型进行合理简化,主要考虑两方面:

(1) 建筑外形简化。乡村民居屋面保温层通常设置在室内吊顶上部,且山墙上侧设有通风口,有效保温空间由外墙、外窗、地面和吊顶 4 个部分围合而成,模拟时将坡屋顶简化为平屋面。

(2) 内部空间简化。乡村民居的保温性能主要由外围护结构承担,通常未进行分室温度调节,且内部空间一般只设置具有分隔作用的隔墙或隔断,各房间的供暖性能具有一致性,因此模拟时将整个建筑定义为一个热区。

2.模拟边界条件

(1) 室外计算参数。采用典型气象数据模拟时,直接调用 EnergyPlus 模拟引擎自带的中国标准气象数据库(CSWD) 的气象数据,包括冬季、夏季设计气候及典型气象年资料;以不同概率低温的气象数据模拟时,采用第 2 章生成的 5 种工况的 EPW 格式气象数据。哈尔滨地区的采暖期为 10 月 20 日 — 翌年 4 月 20 日,约 183 d。

(2) 室内计算参数。室内计算温度依据《农村居住建筑节能设计标准》(GB/T 50824—2013) 的规定以及室内热舒适调研得出的舒适温度区间。标准规定冬季室内计算温度为 14 ℃,热舒适调查得出的舒适温度区间为[16,18],取 16 ℃ 和 18 ℃2 个值,故室内计算参数设定为 14 ℃、16 ℃、18 ℃ 3 种工况;换气次数设置为固定值 0.5 ac/h。

(3) 房间内扰设置。鉴于研究重点在于乡村民居设计要素对采暖能耗的影响规律,为保证模拟结果的差异性源于设计要素变化,统一设置房间内扰。参照乡村民居调研结果和相关标准,具体设定如下:建筑人员密度 0.04 人/m^2、人体新陈代谢率 0.9、冬季平均服装热阻 1.27 clo,室内照明功率 4 W/m^2,开启时间 6:00—8:00 和 17:00—22:00,忽略其他使用率较低的非采暖设备影响。

(4) 围护结构构造。围护结构构造及材料依据东北严寒地区乡村民居实际情况,以及模拟研究时不同工况下需要设定的构造参数。

(5) 供暖系统设置。根据东北严寒地区乡村民居实际运行状况,目前主要供暖方式为火炕和土暖气结合的形式,燃料以煤炭和植物秸秆为主,设定供暖设备平均运行效率为 0.6,运行时间结合乡村居民采暖特点和生活规律设定。

3.2　建筑朝向与能耗的量化关系

3.2.1　理论与实测分析

太阳辐射是影响乡村民居能耗和室内热环境的重要因素之一，但太阳辐射强度具有各向异性的特征。以哈尔滨、漠河 2 个纬度不同的地区为例，根据《中国建筑热环境分析专用气象数据集》的典型气象年资料，分别对 4 个朝向建筑外表面的单位面积太阳总辐射强度进行统计，如图 3.1 所示。哈尔滨地区建筑南立面的全年及采暖期太阳辐射强度最大，东、西立面的太阳辐射强度仅相差 9 393.2 W/m^2，北立面接受的太阳辐射强度最少；同样，漠河地区也是南立面的太阳辐射强度最大，北立面最小，但西立面的全年太阳辐射强度高于东立面 397 624.4 W/m^2，采暖期太阳辐射强度相差 235 685.1 W/m^2。分析表明，南立面冬季接受的太阳辐射最多；东、西立面次之，但不同纬度的地区相差较大；北立面最少。

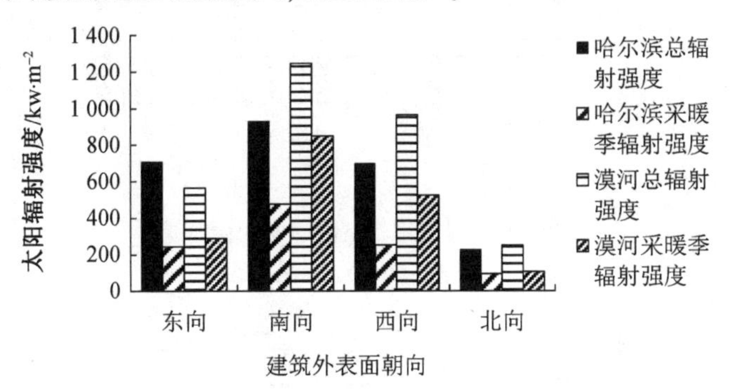

图 3.1　哈尔滨、漠河不同朝向建筑外表面的单位面积太阳辐射强度

基于乡村民居实测数据分析不同朝向空间的热环境特征。测试时间为 2 月 25 日—27 日，测试期间无人居住且未供暖，对室内热环境产生影响的主要因素是太阳辐射，消除了其他因素干扰。测点布置如图 3.2 所示。

筛选出 2 月 26 日的完整数据进行分析，以空气温度作为评价指标，设置 2 个对比组：对比组 1——一层主卧室和一层厨房，主卧室位于南侧，厨房位于北侧；对比组 2——二层次卧室和二层书房，2 个房间位于同一侧，次卧室为南侧开窗，书房为北侧开窗，各房间温度变化曲线如图 3.3 和图 3.4 所示。

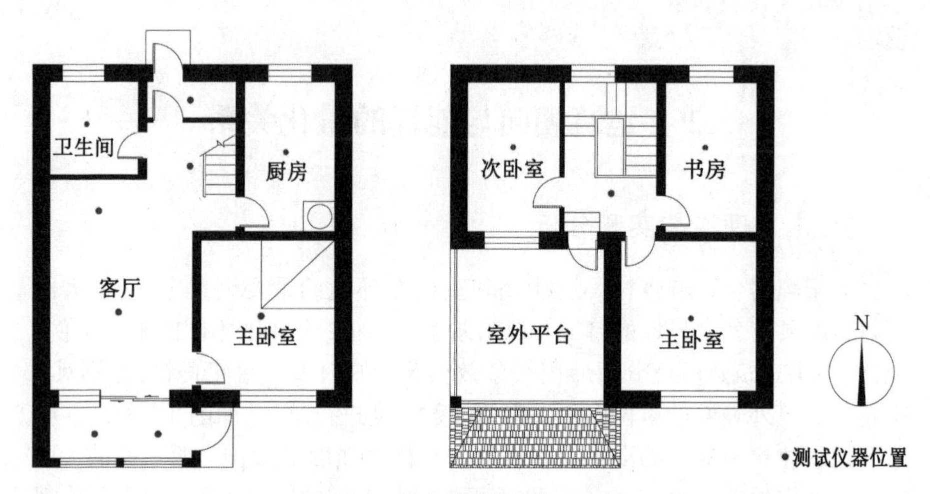

图 3.2　室内热环境测点布置图

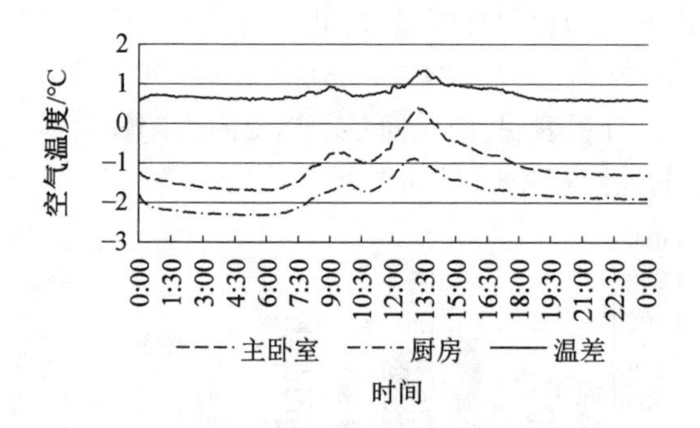

图 3.3　对比组 1 室内温度变化曲线

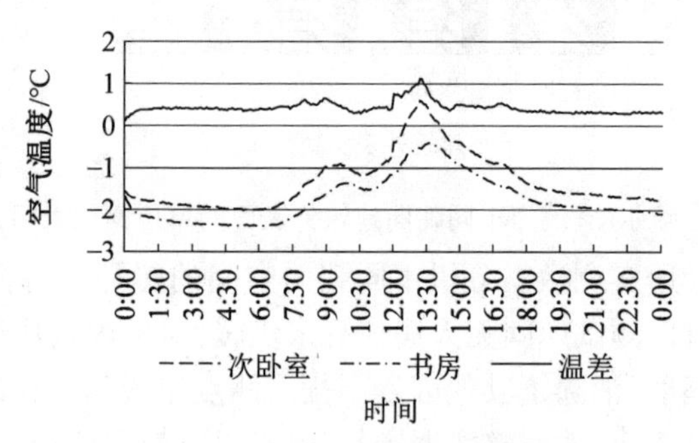

图 3.4　对比组 2 室内温度变化曲线

关于对比组 1，主卧室（南向）的平均温度为 -1.07 ℃、最高温度 0.40 ℃、最低温度 -1.70 ℃，厨房（北向）的平均温度为 -1.82 ℃、最高温度 -0.88 ℃、最低温度 -2.32 ℃，2 个房间的平均温差 0.75 ℃、最高温差 1.28 ℃、最低温差 0.62 ℃。关于对比组 2，次卧室（南向开窗）的平均温度为

-1.31 ℃、最高温度 0.60 ℃、最低温度 -2.01 ℃,书房(北向开窗)的平均温度为 -1.74 ℃、最高温度 -0.40 ℃、最低温度 -2.40 ℃,2 个房间的平均温差 0.43 ℃、最高温差 1.00 ℃、最低温差 0.39 ℃。整个测试期间,12:00—14:00 时段,2 个对比组的房间温差均达到最大值,其余时间的温差处于相对稳定水平。分析表明,太阳辐射对空气温度具有一定提升作用,合理的房间(开窗)朝向有利于冬季室内热环境营造,同时对节约采暖能源也具有积极作用。

3.2.2　模拟变量的设置

基于理论和实测分析,以建筑朝向作为主变量,分别结合围护结构热工性能、室外计算参数、室内计算参数和正立面窗墙面积比 4 个辅助变量进行模拟研究。通过改变各因素的参数,得出不同工况下的采暖能耗,其中建筑朝向设定 0° 为正南向,顺时针旋转每 15° 设置一个模型;正立面窗墙面积比设置 7 个值,由 0.2 增加到 0.8,每 0.1 设置一个模型,背立面窗墙面积比参照乡村民居基准模型设定为固定值 0.3。模拟变量及参数设置见表 3.3。

表 3.3　模拟变量及参数设置

建筑朝向	室外计算参数	室内计算参数	正立面窗墙面积比	围护结构热工性能/[W/(m²·K)]					
				外墙	屋面	外窗	外门	地面	参考依据
0°	典型气象数据	14 ℃	0.2	1.58	0.93	4.70	3.50	3.00	A 乡村民居基准模型
15°	$P_{0.2}$ 气象数据	16 ℃	0.3	0.50	0.45	2.20	2.00	0.30	B 农村居住建筑节能设计标准
30°	$P_{0.1}$ 气象数据	18 ℃	0.4	0.30	0.25	1.80	1.50	0.14	C 严寒和寒冷地区居住建筑节能设计标准
45°	$P_{0.05}$ 气象数据		0.5	0.10	0.10	1.00	1.00	0.10	D 德国被动房设计标准
60°	$P_{0.02}$ 气象数据		0.6						
75°	$P_{0.01}$ 气象数据		0.7						
90°~345°			0.8						

模拟结果将统计乡村民居冬季采暖能耗、空气温度等参数，并以绝对值和相对值2种方式进行数据处理和对比分析。其中以相对值比较时，设定某工况的能耗值为1，其他工况的能耗值采用相对百分比的方式表示。

3.2.3 模拟结果的分析

1.围护结构热工性能和建筑朝向交互作用

以典型气象数据、室内计算温度14 ℃和窗墙面积比0.4作为边界条件，分析围护结构热工性能和建筑朝向交互作用下乡村民居采暖能耗的变化规律，能耗变化曲线如图3.5所示。

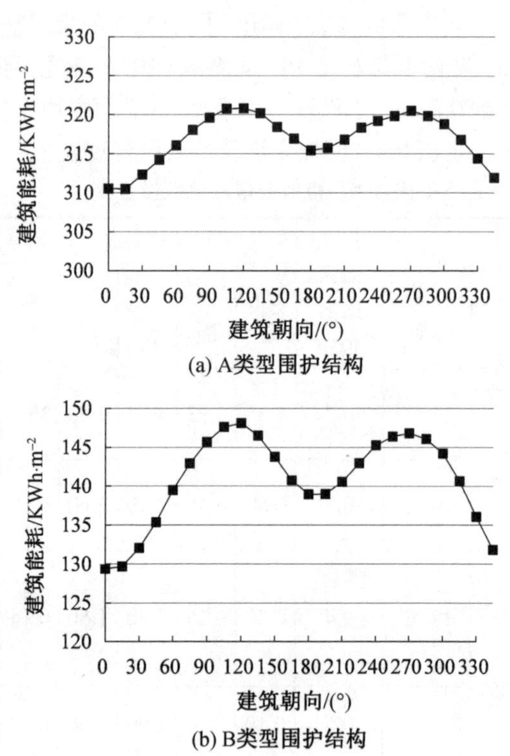

(a) A类型围护结构

(b) B类型围护结构

图3.5　4种类型围护结构下能耗绝对值随朝向的变化曲线

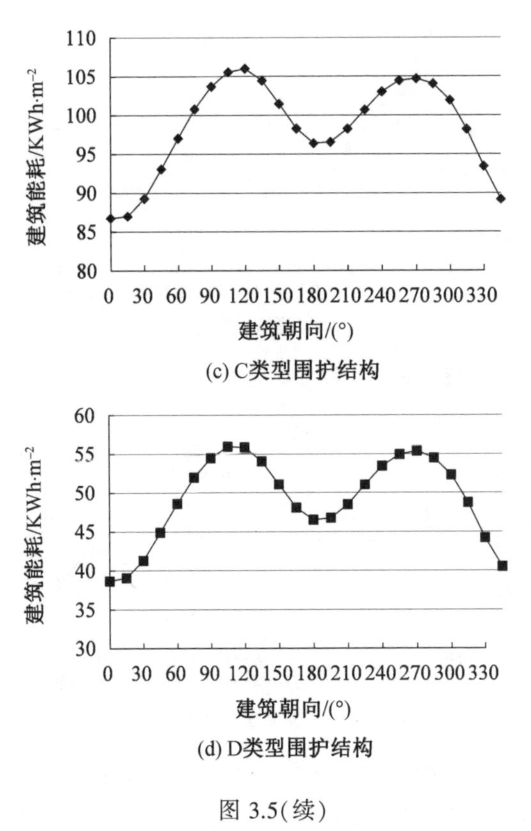

(c) C类型围护结构

(d) D类型围护结构

图 3.5(续)

由图 3.5 可知,当建筑朝向为 0°(正南向)时能耗绝对值最低,随着朝向 0° ~360° 顺时针旋转,建筑能耗值呈现“低 — 高 — 低 — 高 — 低”的波动规律。如图 3.6 所示,当建筑朝向东、西向时,太阳辐射得热最少,建筑能耗最高。需要说明的是,分析朝向对建筑能耗影响时,参照基准模型将背立面窗墙面积比设定为0.3。当乡村民居正立面朝北时,背立面朝正南向,但其窗墙面积比小于正立面,故太阳辐射得热少于正立面朝南时,因而建筑朝北向(180°)时的能耗处于中间水平。由图 3.7 可知,当北侧窗墙面积比为 0 时,各朝向建筑能耗的变化趋势基本一致,但曲线中间的低谷值明显提高。

总体上看,4 种类型围护结构下各朝向建筑能耗的变化规律基本相同,但随着围护结构热工性能改变,各朝向能耗的变化率并不相同。采用相对值表示各朝向能耗的变化情况,设定建筑朝向正南的能耗值为 1,其他朝向的能耗用相对比值表示。由图 3.8 可知,随着围护结构热工性能提高,各朝向能耗相对值的差异增大。例如,采用 A 类型围护结构时,北向能耗是南向的 1.02 倍,而采用 D 类型围护结构时,这一相对值增长到 1.2 倍,表明建筑朝

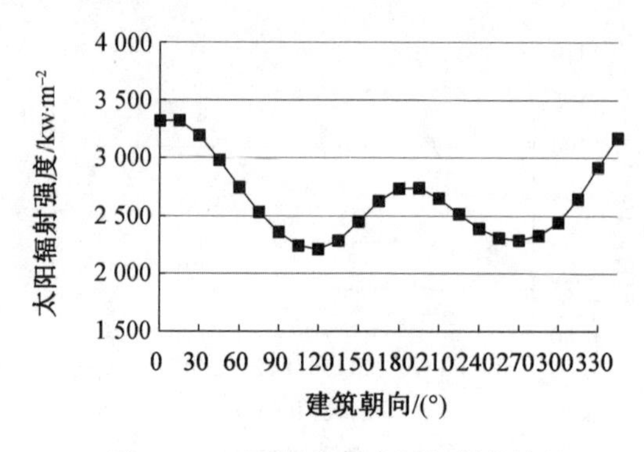

图 3.6　不同朝向的太阳辐射得热量

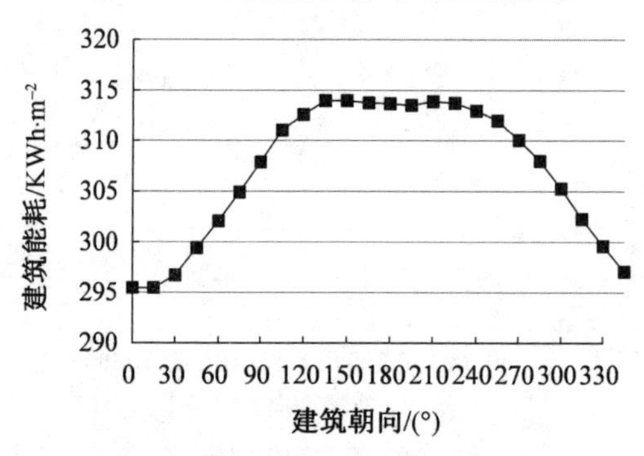

图 3.7　北侧无窗时的各朝向能耗变化

向改变对能耗变化率的影响增大。因此,当采用高性能围护结构时,乡村民居注重朝向的节能效果更显著。

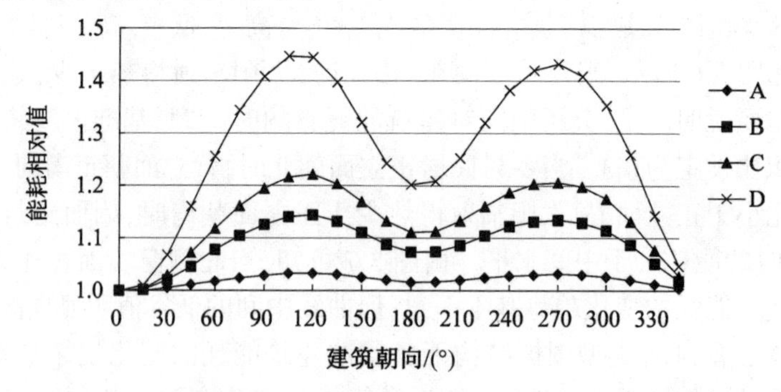

图 3.8　4 种类型围护结构下能耗相对值随朝向的变化曲线

4 种围护结构热工性能下室内温度随朝向的变化规律如图 3.9 所示,随着围护结构性能提高,空气温度逐渐升高,但不同工况下空气温度随朝向的波动规律不同。例如,采用 D 类型围护结构的空气温度最高,但不同朝向的温差明显,数据标准差0.36,朝向对室内温度有显著影响;而A类型围护结构的空气温度最低,但各朝向的温度基本一致,数据标准差0.009,朝向对室内温度影响甚微,这也印证了围护结构性能越高更应注重建筑朝向。

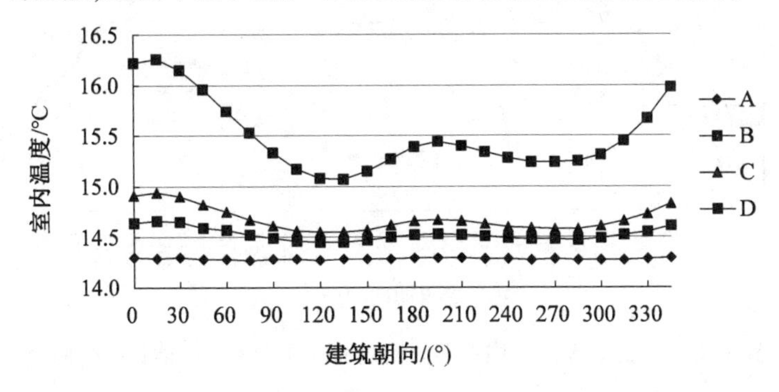

图3.9　4种类型围护结构下室内温度随朝向的变化曲线

2.窗墙面积比和建筑朝向交互作用

以典型气象数据和室内计算温度14 ℃作为边界条件,分析不同围护结构热工性能时,窗墙面积比和建筑朝向交互作用下的能耗变化规律。从图3.10可以看出,A类型围护结构下当建筑朝向不同时,能耗随窗墙面积比的变化幅度不同。建筑朝向位于60°～315°时,能耗随窗墙面积比增大而升高,其中朝向为180°(北向)时,能耗变化幅度最大,此时当窗墙面积比由0.2增加到0.8时,建筑能耗增加24.98 KWh/m^2;而朝向为90°时,这一值仅增加14.54 KWh/m^2。主要由于该朝向范围的太阳辐射得热量较小,且外窗传热系数高于外墙,不足以弥补窗墙面积比增大造成的热损失(图3.11)。

建筑朝向位于315°～60°时,建筑能耗随窗墙面积比增大的变化情况较复杂,如图3.12所示,以窗墙面积比为横坐标,绘制出8个朝向能耗随窗墙面积比的变化曲线。朝向为0°、30°、45°和330°时,窗墙面积比由0.2增加到0.6,建筑能耗逐渐增加,随着窗墙面积比继续增大,建筑能耗有所降低,其中朝向为0°和30°时,降低幅度较大;朝向为15°和345°时,随着窗墙面积比由0.2增加到0.5,建筑能耗逐渐增加,窗墙面积比继续增加时,建筑能耗则呈降低趋势。出现上述情况的主要原因:当窗墙面积比达到某一比例时,太阳辐射得热可以弥补外窗尺度增大造成的热损失,因此随着窗墙面积比增加,建筑能耗减少,但各朝向太阳辐射得热不同,其能耗减少幅度也不相同。此外,建筑朝向位于345°～30°时,虽然窗墙面积比对建筑能耗产生影响,但变化幅度较小。

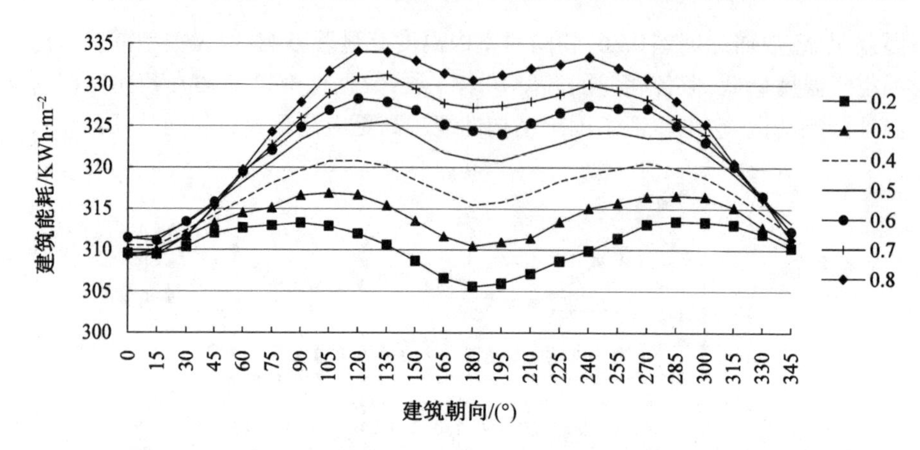

图 3.10　A 类型围护结构下不同窗墙面积比的各朝向能耗变化曲线

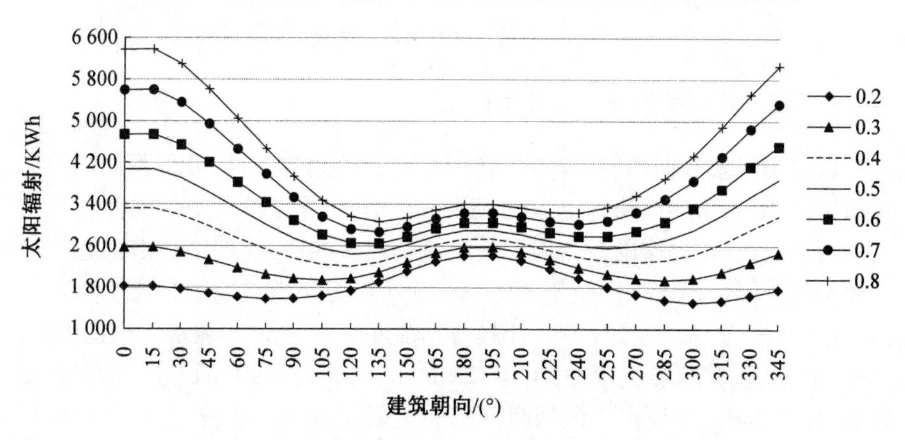

图 3.11　不同窗墙面积比下各朝向太阳辐射得热变化曲线

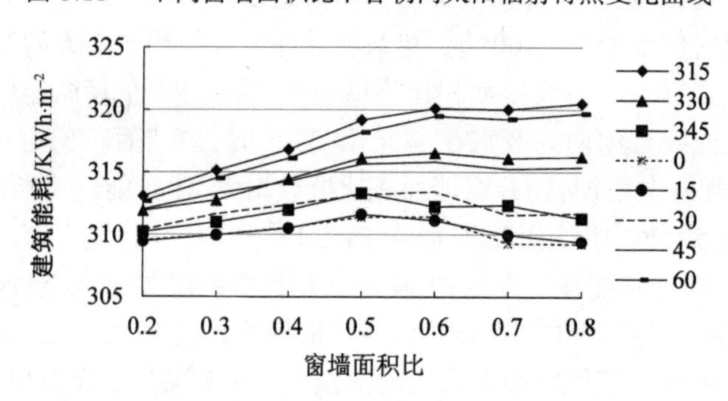

图 3.12　不同窗墙面积比下各朝向建筑能耗变化曲线

图 3.13 至图 3.15 为 B、C、D 类型围护结构下 7 种窗墙面积比的各个朝向能耗变化曲线。不同于 A 类型围护结构，随着窗墙面积比增加，建筑能耗增

加的朝向区间改变，B、C 类型围护结构下，这一区间为 90° ~ 285°；D 类型围护结构下为 90° ~ 270°，范围较 A 类型围护结构下减小。产生这种情况的主要原因：外窗传热系数提高之后，窗墙面积比增大造成的热损失减少，而太阳辐射得热量相同，从而使不利的朝向范围缩小。同样，在此朝向范围内，建筑朝向 180°（正北向）时，建筑能耗随窗墙面积比的变化幅度最大。

建筑朝向位于285°（270°）~ 90° 时，相比 A 类型围护结构下的复杂变化情况，B、C、D 类型围护结构下的变化趋势明确，建筑能耗均随窗墙面积比增大而降低。建筑朝向为 0°（正南向）时的能耗降低幅度最大，窗墙面积比由 0.2 增大到 0.8 时，建筑能耗依次降低 28.37 KWh/m^2、25.76 KWh/m^2 和 24.81 KWh/m^2。

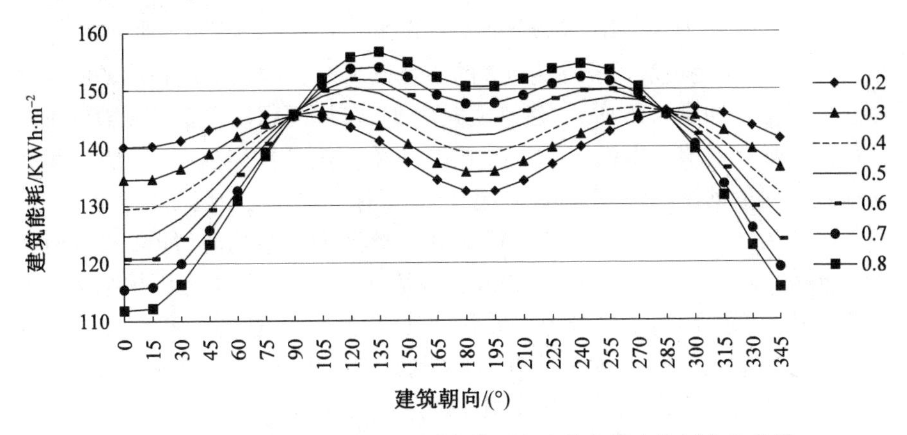

图 3.13　B 类型围护结构下不同窗墙面积比的各朝向能耗变化曲线

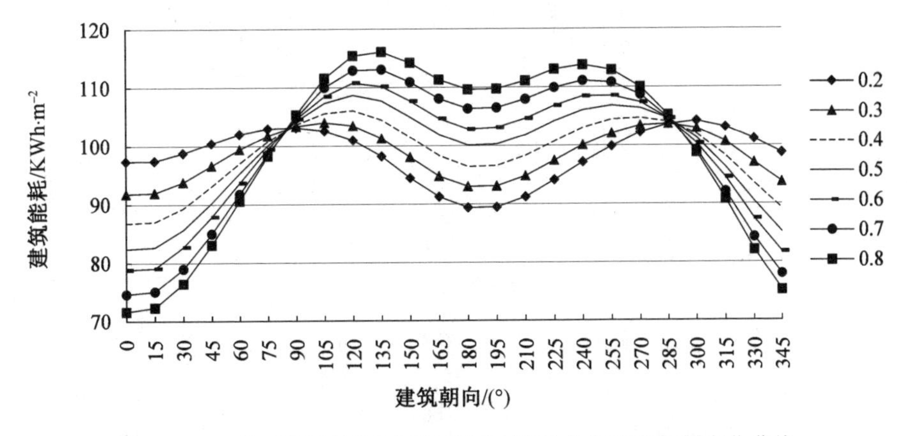

图 3.14　C 类型围护结构下不同窗墙面积比的各朝向能耗变化曲线

选择 4 种类型围护结构下朝向为 0°、90°、180°、270° 时的建筑能耗相对

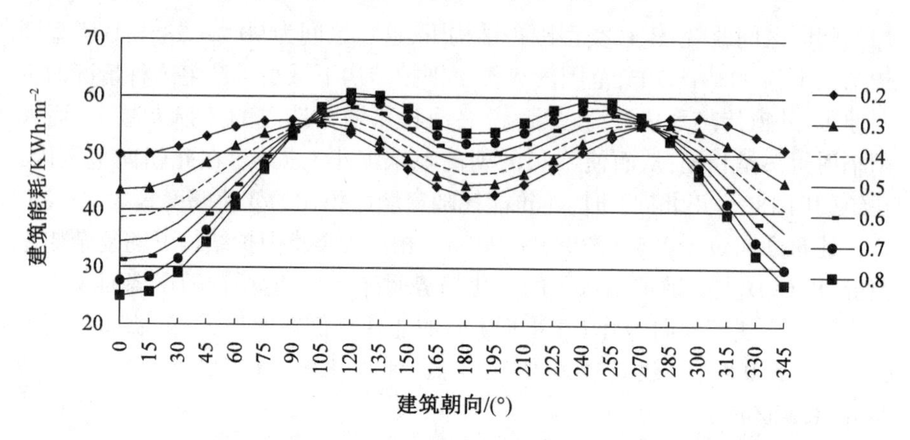

图 3.15　D 类型围护结构下不同窗墙面积比的各朝向能耗变化曲线

值进行分析，设定窗墙面积比为 0.2 的能耗值为 1，其他窗墙面积比的能耗用相对值表示。如图 3.16 所示，建筑朝向 0° 时，窗墙面积比改变对 A 类型围护结构的能耗相对值基本无影响。随着围护结构热工性能提高，窗墙面积比对能耗相对值的影响增大，例如采用 B 类型围护结构时，窗墙面积比 0.8 的能耗相对值为 0.8，能耗降低 20%；而采用 D 类型围护结构时，能耗相对值为 0.5，能耗降低 50%。建筑朝向 180° 时，窗墙面积比对 4 种类型围护结构下的建筑能耗均产生影响。随着围护结构热工性能提高，窗墙面积比对能耗相对值的影响增大，但小于朝向为 0° 的情况。建筑朝向 90° 和 270° 时，窗墙面积比对能耗相对值的影响较小，且影响趋势有所不同。

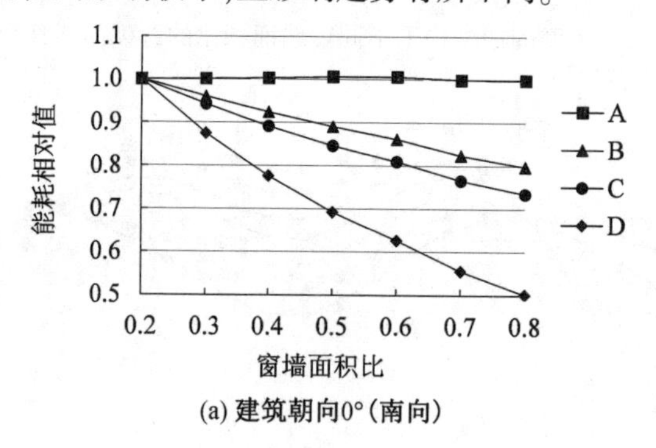

(a) 建筑朝向0°(南向)

图 3.16　4 个朝向能耗相对值随窗墙面积比的变化曲线

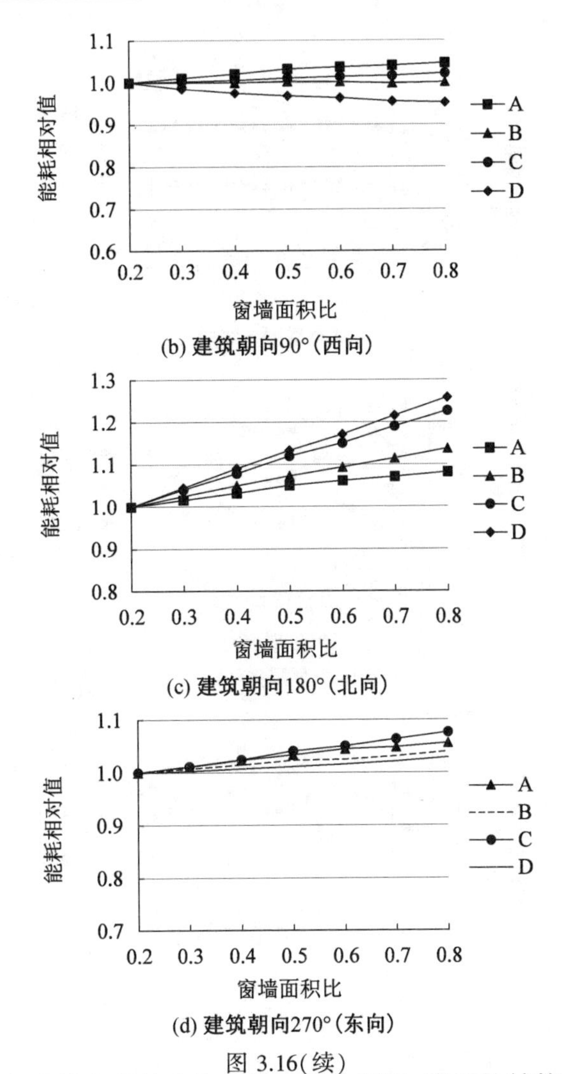

(b) 建筑朝向90°(西向)

(c) 建筑朝向180°(北向)

(d) 建筑朝向270°(东向)

图 3.16(续)

综上分析,在外窗得热和失热的双重作用下,当围护结构热工性能达到一定标准时,房间蓄热能力超过外窗散热能力,此时建筑能耗随窗墙面积比增加而降低的朝向范围有所扩展。

3.室内计算参数和建筑朝向交互作用

以典型气象数据和窗墙面积比 0.4 为边界条件,分析不同类型围护结构下室内计算温度和建筑朝向交互作用的能耗变化规律。3 种室内计算温度下的能耗变化曲线如图 3.17 所示。前文已分析围护结构热工性能的影响,这里仅探讨室内计算温度对各朝向能耗变化的影响。

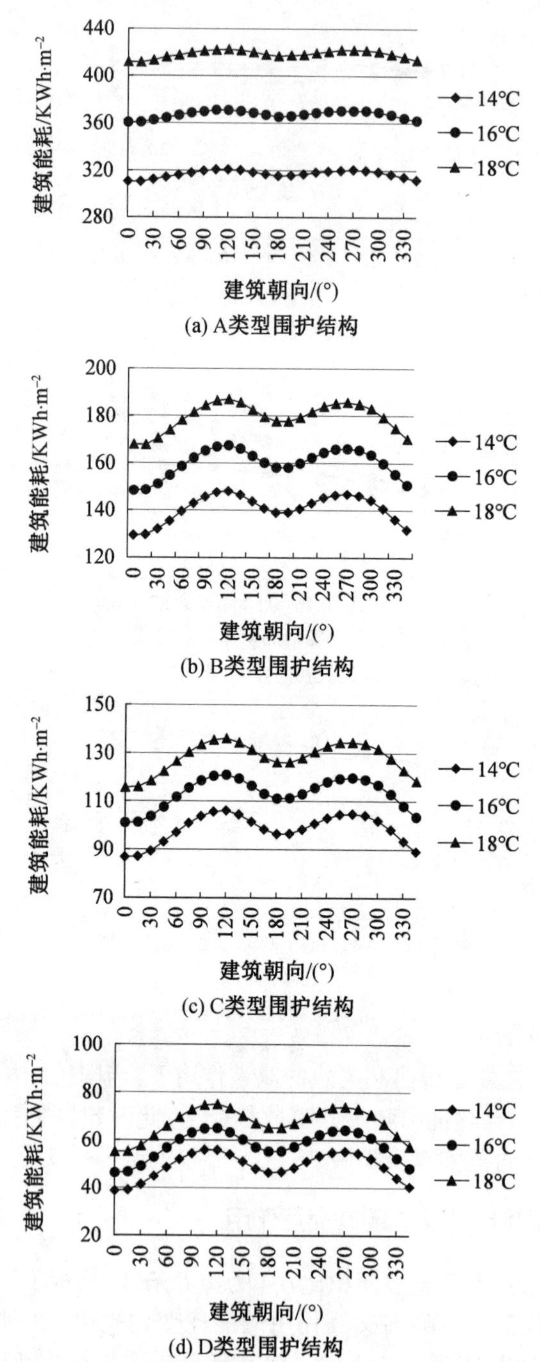

(a) A类型围护结构

(b) B类型围护结构

(c) C类型围护结构

(d) D类型围护结构

图 3.17　不同室内计算参数下建筑能耗随朝向的变化曲线

由图 3.17 可知,不同室内计算温度下各朝向能耗的变化曲线基本平行。随着围护结构热工性能提高,当室内计算温度升高时,能耗增长幅度减小,例如建筑朝向 0° 时,室内计算温度由 14 ℃ 提高到 16 ℃,4 种类型围护结构的能耗依次增加 50.20 KWh/m^2、19.29 KWh/m^2、14.67 KWh/m^2 和 8.55KWh/m^2。如图 3.18 所示,采用能耗相对值表示各朝向能耗的变化情况,设定朝向为正南的能耗值为 1,其他朝向的能耗用相对比值表示。从图中可看出,随着室内计算温度升高,各朝向的能耗相对值差异变小;对于不同类型围护结构而言,围护结构热工性能越高,室内计算温度改变对能耗相对值的影响越大。例如,采用 A 类型围护结构时,室内计算温度为 14 ℃、16 ℃、18 ℃ 时各朝向中最大能耗相对值分别为 1.033、1.029、1.026,基本无差别;而采用 D 类型围护结构时,这一值分别为 1.45、1.40、1.35。表明在围护结构热工性能提高的情况下,当采用较低室内计算温度时,更应注重乡村民居的朝向;当室内计算温度升高时,建筑朝向对能耗变化率的影响减弱。

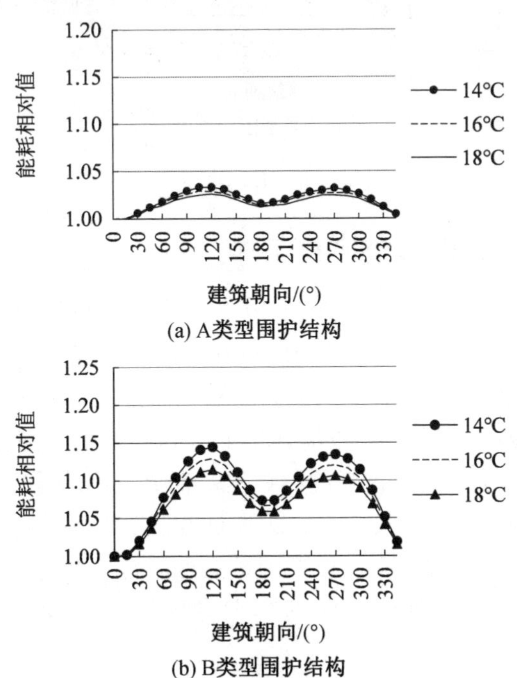

图 3.18　不同室内计算参数下能耗相对值随朝向的变化曲线

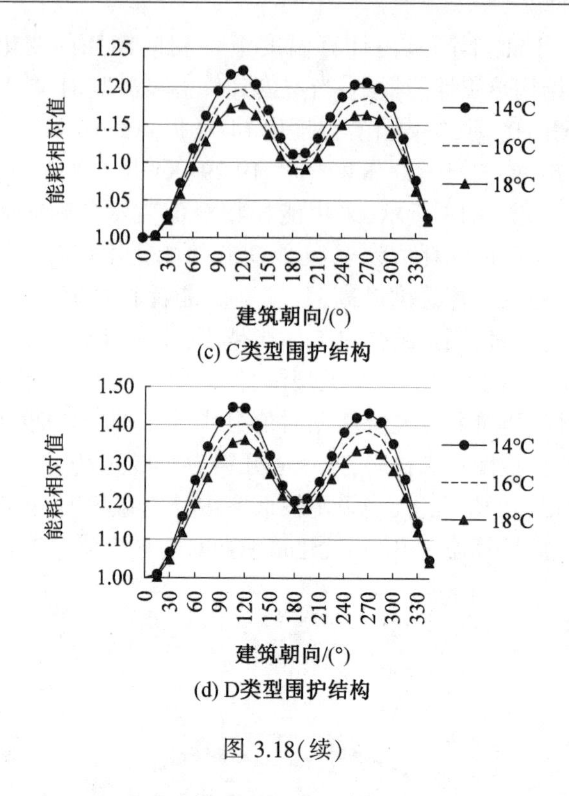

(c) C类型围护结构

(d) D类型围护结构

图 3.18(续)

4.室外计算参数和建筑朝向交互作用

以室内计算温度 14 ℃ 和窗墙面积比 0.4 作为边界条件,分析不同类型围护结构下室外计算参数和建筑朝向交互作用的能耗变化情况。如图 3.19 所示,6 种室外气象数据下各朝向能耗的变化曲线基本平行。随着概率(P)值降低(即室外温度越低),建筑能耗呈上升趋势。由于围护结构热工性能不同,室外气象数据对建筑能耗的影响程度有所差异,例如建筑朝向 0° 时,A 类型围护结构下 $P_{0.2}$ 气象数据的能耗比典型气象数据时增加 36.63 KWh/m^2;同样情况下,D 类型围护结构下能耗仅增加 9.77 KWh/m^2,表明随着围护结构热工性能提高,室外气象数据选择对能耗的影响程度逐渐减小。

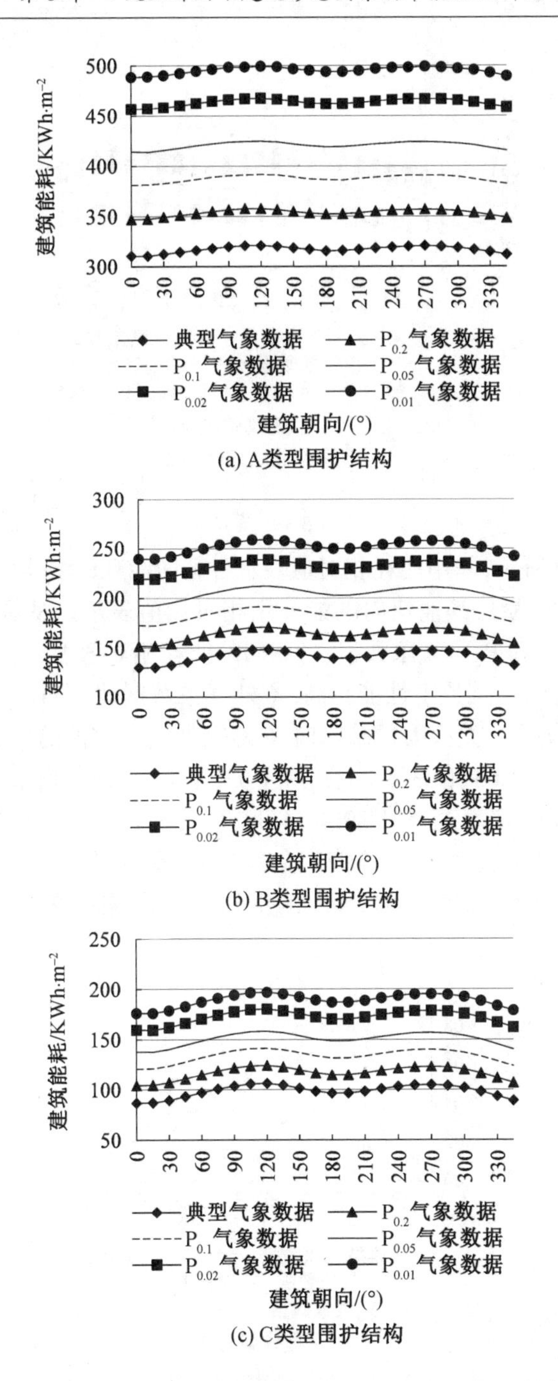

(a) A类型围护结构

(b) B类型围护结构

(c) C类型围护结构

图 3.19　不同室外计算参数下能耗随朝向的变化曲线

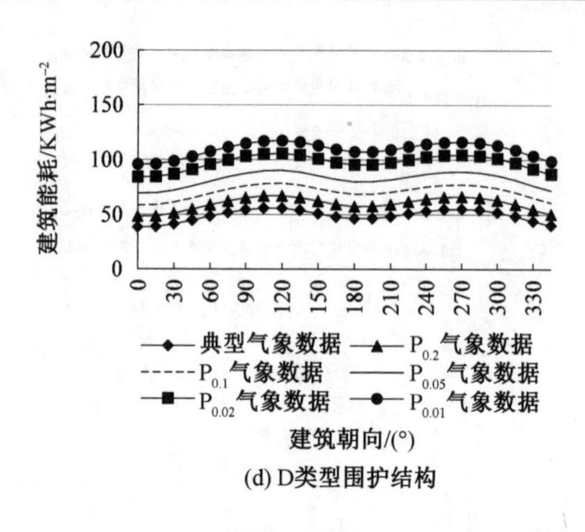

(d) D类型围护结构

图 3.19(续)

如图 3.20 所示,采用能耗相对值表示各朝向能耗的变化情况,设定朝向为正南的能耗值为 1,其他朝向的能耗用相对比值表示。从图中可以看出,由典型气象数据到 $P_{0.01}$ 气象数据,各朝向的能耗相对值差异变小;对于不同类型围护结构而言,其热工性能越高,室外气象数据改变对能耗相对值的影响越大,例如采用 A 类型围护结构时,6 种室外气象数据的各朝向中最大能耗相对值为 1.03、1.03、1.03、1.03、1.02、1.02,基本无影响;而采用 D 类型围护结构时,这一值分别为 1.45、1.39、1.34、1.29、1.25、1.22。表明在围护结构热工性能提高的情况下,当选择典型气象数据时,更应注重乡村民居朝向;而采用概率(P) 值较小(即温度较低) 的室外气象数据时,朝向对能耗变化率的影响减小。

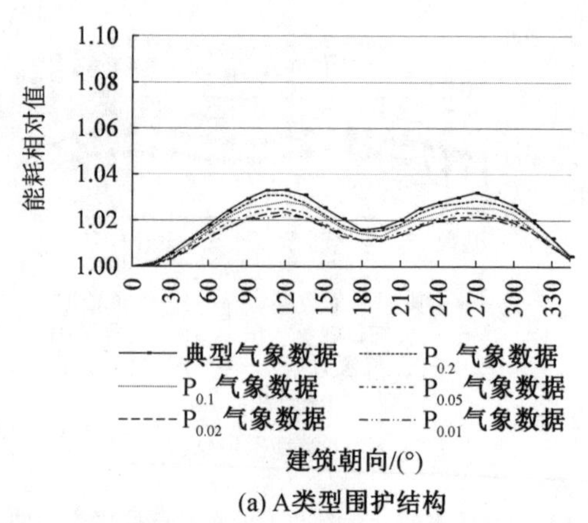

(a) A类型围护结构

图 3.20　不同室外计算参数下各朝向建筑能耗相对值变化曲线

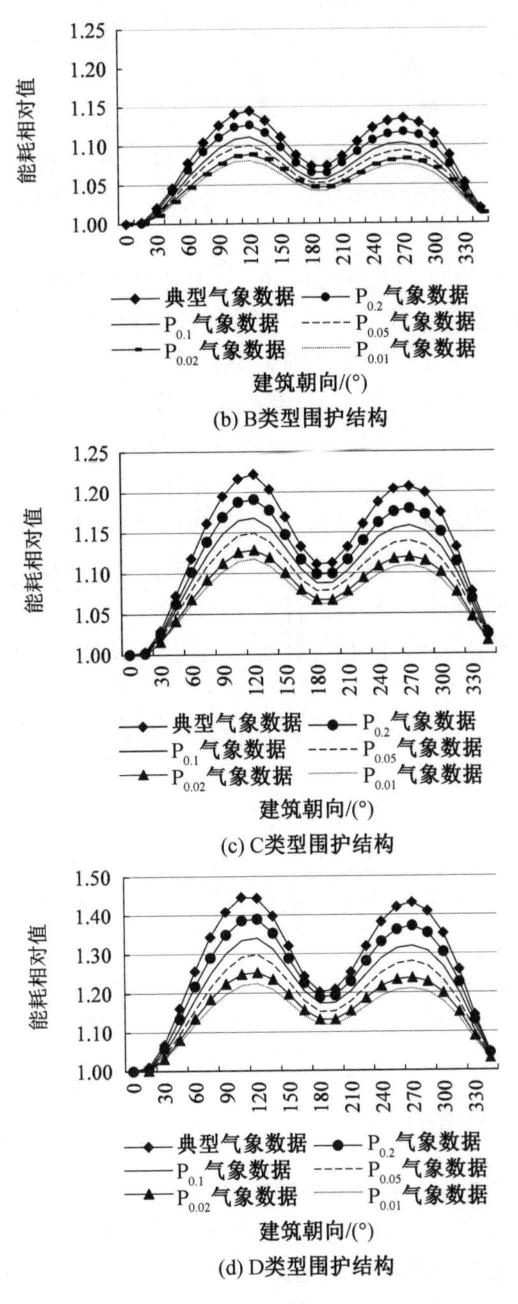

(b) B类型围护结构

(c) C类型围护结构

(d) D类型围护结构

图 3.20(续)

本节通过模拟测算,分析了围护结构热工性能、窗墙面积比、室内计算参数和室外计算参数等因素与建筑朝向交互作用下的能耗变化规律：

(1) 随着围护结构热工性能提高，建筑朝向对采暖能耗和室内温度的影响增大，乡村民居朝向南向范围的节能效果更显著。

(2) 外窗得热和失热双重作用下，随着围护结构热工性能提高，窗墙面积比增大对部分朝向的能耗影响由不利变为有利，建筑能耗随窗墙面积比增大而降低的朝向范围扩大。

(3) 随着围护结构热工性能提高，室内计算参数改变对能耗的影响减弱；随着室内计算温度升高，各朝向能耗相对值的差异变小，且围护结构热工性能越高，变化越明显。表明在围护结构热工性能提高的情况下，采用较低室内计算温度时，更应注重乡村民居朝向；反之，朝向对能耗变化率的影响减小。

(4) 随着围护结构热工性能提高，室外计算参数的改变对能耗影响减小；从典型气象数据到 $P_{0.01}$ 气象数据，各朝向的能耗相对值差异变小，且围护结构热工性能越高，变化越明显。表明在围护结构热工性能提高的情况下，采用典型气象数据进行节能设计时，更应注重乡村民居朝向；当采用概率(P) 值较小的气象数据时，朝向对能耗变化率的影响减小。

3.3 建筑体型与能耗的量化关系

建筑体型是指乡村民居的平面尺度及形状、建筑高度、剖面形状等，能够反映建筑形体特征。体形系数通常作为控制建筑能耗的指标之一，随着体形系数增大，单位空间散热面积增加，建筑能耗升高。但相关研究已对体形系数与节能的关系提出质疑，且从建筑设计角度，体形系数并不能直观指导乡村民居设计。因此，根据建筑体型的构成要素，将其分解为建筑长度(开间方向)、建筑宽度(进深方向) 和室内净高，分别探求各维度变化与能耗的映射关系。

3.3.1 模拟变量的设置

既有研究通常选用特定的围护结构热工性能和窗墙面积比，仅分析特定情况下(如满足节能率要求) 体形系数对能耗的影响规律，但当特定的辅助条件发生变化时，建筑能耗相差很大。此外，在建筑面积相同的情况下，平面尺度仍可以由不同的开间、进深组合，从空间组合的角度，大进深被认为能够节约土地；从建筑节能的角度，不同建筑体型有不同的南向集热面积及南、北向散热面积。因此，辅助条件或建筑体型改变时，均会对建筑能耗产生影响。

下面以建筑体型作为主变量，分别结合围护结构热工性能、室内计算参数和室外计算参数 3 个辅助变量开展研究，分析交互作用下建筑体型与能耗的量化关系。模拟时分为 2 组实验：

1.模拟组 1

不限定建筑面积，分别改变乡村民居长度、宽度和室内净高 3 个分项的参数进行模拟研究，具体设置如下：

(1) 研究建筑宽度与能耗的定量关系时，建筑长度、室内净高的取值参照乡村民居基准模型，宽度的取值范围 6.0 ~ 13.2 m，步长 0.6 m。

(2) 研究建筑长度与能耗的定量关系时，建筑宽度、室内净高的取值参照乡村民居基准模型，长度的取值范围 6.0 ~ 13.2 m，步长 0.6 m。

当建筑体型发生变化时，窗墙面积比通常也会随之改变，由此产生的能耗变化则无法辨别出是由何种因素造成。因此，以上 2 种工况模拟分析时，将南向窗墙面积比分别设定为 0(无窗)、0.4、0.6 进行模拟研究。

(3) 研究室内净高与能耗的定量关系时，建筑长度和宽度的取值参照乡村民居基准模型，室内净高的变化步长 0.2 m。当室内净高发生变化时，外窗高度同样也会随之改变。因此，将南向外窗面积设定为固定值和无窗 2 种工况进行对比研究。具体变量及参数设置见表 3.4。

表 3.4　模拟组 1 的变量及参数设置

建筑宽度	建筑长度	室内净高	室外计算参数	室内计算参数	围护结构热工性能/[W/(m²·K)]				
					外墙	屋面	外窗	外门	地面
6.0	6.0	2.5	典型气象数据	14 ℃	1.58	0.93	4.70	3.50	3.00
6.6	6.6	2.7	$P_{0.2}$ 气象数据	16 ℃	0.50	0.45	2.20	2.00	0.30
7.2	7.2	2.9	$P_{0.1}$ 气象数据	18 ℃	0.30	0.25	1.80	1.50	0.14
7.8	7.8	3.1	$P_{0.05}$ 气象数据		0.10	0.10	1.00	1.00	0.10
8.4	8.4	3.3	$P_{0.02}$ 气象数据						
9.0 ~ 13.2	9.0 ~ 13.2		$P_{0.01}$ 气象数据						

2.模拟组 2

限定建筑面积为固定值,改变长度和宽度的比例(即长宽比)进行模拟研究,长宽比的取值范围0.6 ~ 2.2,步长0.2;建筑面积、室内净高的取值参照乡村民居基准模型。同样,当长宽比发生变化时,窗墙面积比通常也会改变。因此,将南向窗墙面积比分别设定为0(无窗)、0.4、0.6进行对比研究。具体变量及参数设置见表3.5。

表3.5　模拟组2的变量及参数设置

长宽比	南向窗墙面积比	室外计算参数	室内计算参数	围护结构热工性能/[W/(m²·K)]				
				外墙	屋面	外窗	外门	地面
0.6	0.0	典型气象数据	14 ℃	1.58	0.93	4.70	3.50	3.00
0.8	0.4	$P_{0.2}$ 气象数据	16 ℃	0.50	0.45	2.20	2.00	0.30
1.0	0.6	$P_{0.1}$ 气象数据	18 ℃	0.30	0.25	1.80	1.50	0.14
1.2		$P_{0.05}$ 气象数据		0.10	0.10	1.00	1.00	0.10
1.4		$P_{0.02}$ 气象数据						
1.6 ~ 2.2		$P_{0.01}$ 气象数据						

3.3.2　模拟结果的分析

1.模拟组1结果分析

(1)围护结构热工性能和建筑体型交互作用。以典型气象数据和室内计算温度14 ℃作为边界条件,分析围护结构热工性能和建筑体型交互作用下的能耗变化规律。

首先,分析建筑宽度与能耗的量化关系。当南向窗墙面积比分别为0、0.4和0.6时,4种类型围护结构下能耗随建筑宽度的变化曲线如图3.21所示。

由图3.21可知,当窗墙面积比为0(仅受空间尺度影响)时,随着建筑宽度增大,建筑能耗呈降低态势。结合图3.22可知,建筑宽度增大时,体形系数减小,与体形系数对能耗的作用规律相同。可见,排除外窗影响之后,建筑能耗随体形系数减小而降低,与已有研究成果一致。采用能耗相对值表示各宽度的能耗变化规律,设定宽度为6.0 m时的能耗值为1,其他宽度的能耗用相对比值表示。如图3.23所示,随着围护结构热工性能提高,各宽度的

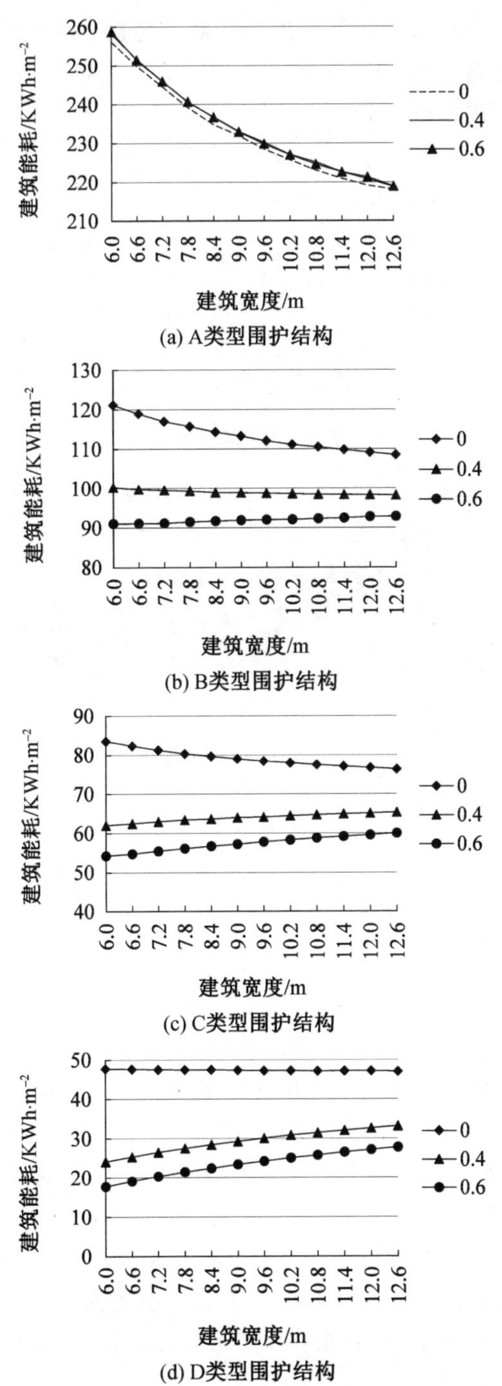

(a) A类型围护结构

(b) B类型围护结构

(c) C类型围护结构

(d) D类型围护结构

图 3.21　不同窗墙面积比下建筑能耗随宽度的变化曲线

能耗相对值差异变小,表明建筑宽度改变对能耗基本无影响,例如采用 A 类型围护结构时,建筑宽度 12.6 m 的能耗相对值为 0.85;而采用 D 类型围护结构时,这一相对值提高到 0.99。

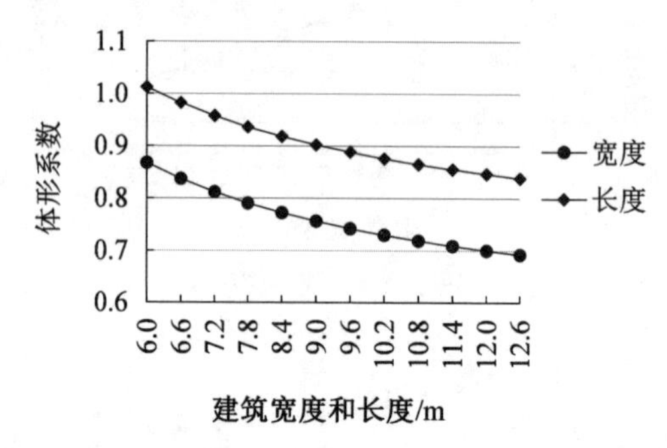

图 3.22　建筑宽度和长度与体形系数的关系

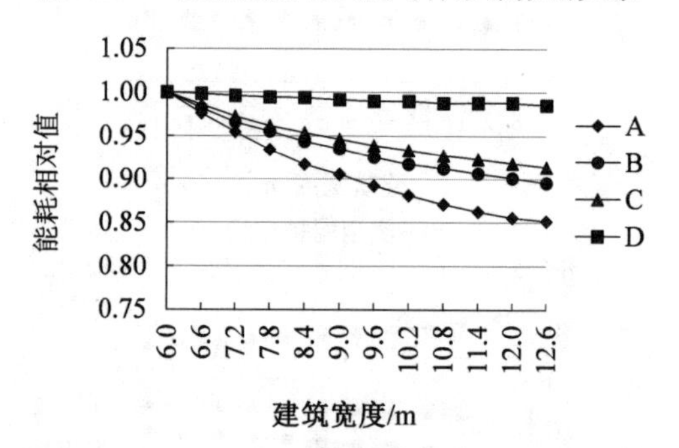

图 3.23　能耗相对值随宽度的变化曲线

当受到外窗影响时,建筑能耗随宽度的变化趋势发生改变,围护结构热工性能不同,也存在一定差异性。当窗墙面积比为 0.4 时,A 类型围护结构下能耗变化规律与无窗时一致;B 类型围护结构下能耗变化趋势和无窗时一致,但降低幅度明显减小;C、D 类型围护结构下呈反向趋势,即随着宽度增加能耗增长,恰好与体形系数对能耗的作用规律相反。当窗墙面积比为 0.6 时,A 类型围护结构下各宽度能耗的变化规律保持不变;而其余 3 种类型围护结构下能耗均随宽度增大而增加,且围护结构热工性能越高,能耗增长率越大,例如宽度由 6.0 m 增大到 12.6 m 时,B 类型围护结构下能耗仅增加 1.82 KWh/m^2,而 D 类型围护结构下能耗增加 10.02 KWh/m^2。

其次,分析建筑长度与能耗的量化关系。南向窗墙面积比分别为 0、0.4 和 0.6 时,4 种类型围护结构下能耗随建筑长度的变化曲线如图 3.24 所示。

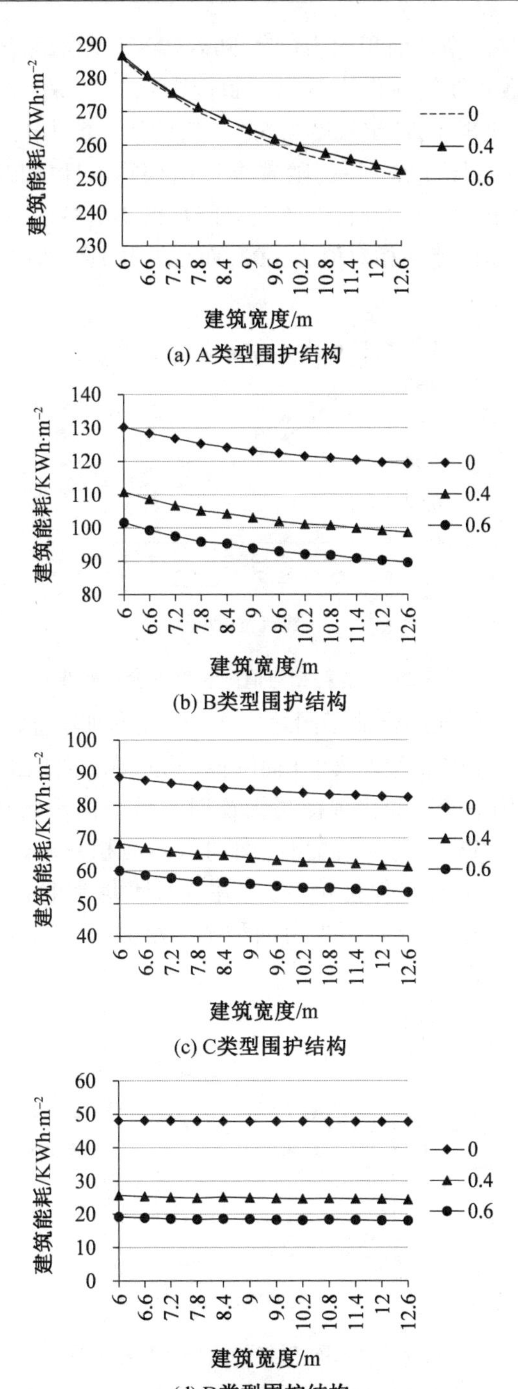

(a) A类型围护结构

(b) B类型围护结构

(c) C类型围护结构

(d) D类型围护结构

图 3.24　不同窗墙面积比下建筑能耗随长度的变化曲线

由图3.24可知，窗墙面积比为0时，随着建筑长度增加，建筑能耗呈降低态势，与体形系数对能耗的作用规律一致(图3.22)。采用能耗相对值表示各长度的能耗变化规律，设定长度为6.0 m时的能耗值为1，其他长度的能耗用相对比值表示，如图3.25所示，随着围护结构热工性能提高，各长度的能耗相对值差异变小，表明建筑长度改变对能耗的影响减弱，例如A类型围护结构下长度12.6 m的能耗相对值为0.92；而D类型围护结构下这一相对值提高到0.99。

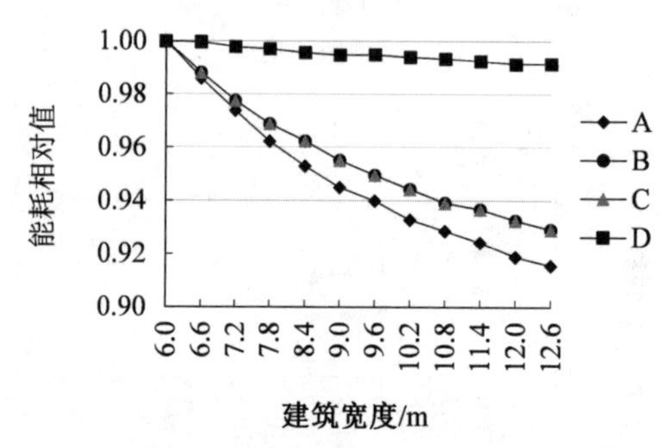

图3.25　能耗相对值随长度的变化曲线

与建筑宽度对能耗影响的不同之处在于，当受到外窗影响时，建筑能耗仍然随着长度增加(体形系数减小)而降低，例如窗墙面积比为0.4和0.6时，4种类型围护结构下能耗变化规律与无窗时一致。出现这种情况主要与太阳辐射得热有关，当建筑宽度增加时，南向得热面积并未改变，因而在宽度增大过程中太阳辐射得热保持不变；当建筑长度增加时，南向外墙面积增加，在窗墙面积比固定的条件下外窗面积随之增大，使获取的太阳辐射得热也不断增加(图3.26)。

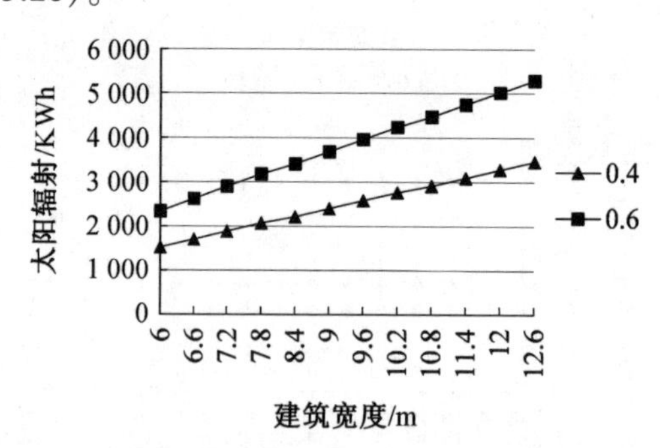

图3.26　太阳辐射得热随长度的变化曲线

再次，分析室内净高与能耗的量化关系。南向窗墙面积比为0和固定面积(2.4 m×1.5 m)时,4种类型围护结构下能耗随室内净高的变化曲线如图3.27所示。

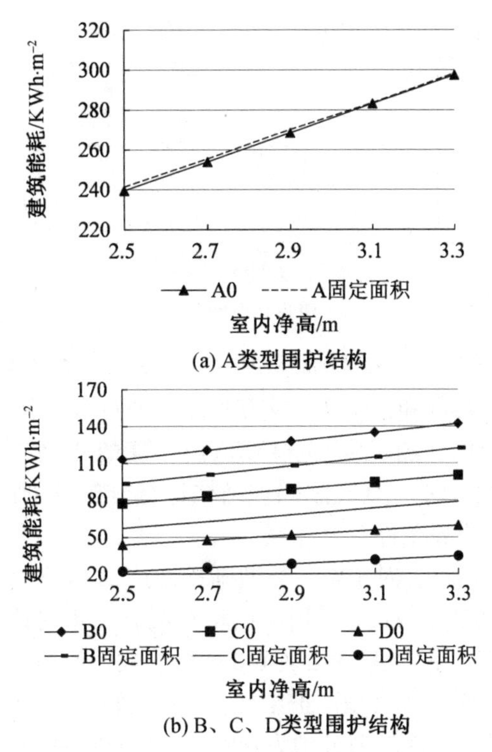

图3.27　不同类型围护结构下能耗随室内净高的变化曲线

从图3.27可以看出,当窗墙面积比为0时,随着室内净高增大,建筑能耗呈线性上升趋势,而此时建筑体形系数是减小的。因此,当建筑面积固定,只改变室内净高时,体形系数与能耗的关系并不适用。从理论上分析,建筑物耗热量指标是指建筑能耗与建筑面积的比值(F/A),室内净高增大时,室内散热面积增加,必然导致能耗增加,但建筑面积未改变,因此耗热量指标增大;而体形系数是建筑外围护结构表面积与体积的比值(F/V),室内净高增大时,体形系数减小,F/A和F/V二者之间并非同步变化。因此,单纯地说建筑能耗随体形系数减小而降低并不合理,在室内净高一定的前提下,"体形系数越小,单位面积对应的外表面积越小,建筑能耗越低"这一说法成立。在设有外窗的情况下,能耗随室内净高的变化规律与无窗时一致,这与长度的影响规律相似。

采用能耗相对值表示各室内净高的能耗变化情况,设定室内净高为2.5 m时的能耗值为1,其他室内净高的能耗用相对比值表示。如图3.28所示,随着围护结构热工性能提高,能耗相对值的差异变大,表明室内净高改变对节能率的影响增加。例如,室内净高由 2.5 m 增加到 3.3 m 时,4 种类型围护结构下能耗相对值依次为 1.24、1.26、1.30、1.36。

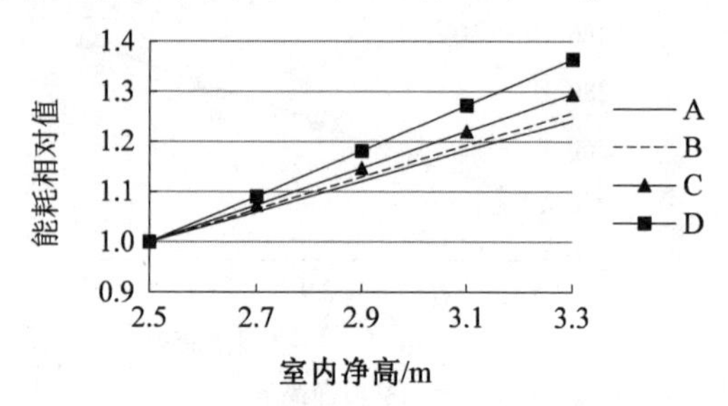

图 3.28　能耗相对值随室内净高的变化曲线(无窗)

(2) 室内计算参数和建筑体型交互作用。通过数据分析表明,不同室内计算温度下的建筑能耗随长度、宽度或室内净高的变化规律基本一致。选择热工性能差异较大的 A、D 类型围护结构进行分析,以典型气象数据和窗墙面积比 0.4 作为边界条件。

从图 3.29 可以看出,对于同一类型围护结构,3 种室内计算温度下建筑能耗随长度的变化趋势一致。采用能耗相对值分析室内计算温度改变对各长度的能耗变化率影响,设定长度为 6.0 m 时的能耗值为 1,其他长度的能耗用相对比值表示。对于 A 类型围护结构,室内计算温度为 14 ℃、16 ℃、18 ℃时,长度 12.6 m 的能耗相对值分别为 0.88、0.89、0.90;D 类型围护结构下,这一相对值分别为 0.95、0.96、0.96,相差甚微,可见采用不同的室内计算温度时,各长度的能耗相对值基本一致,即改变长度对能耗的影响程度基本相同。

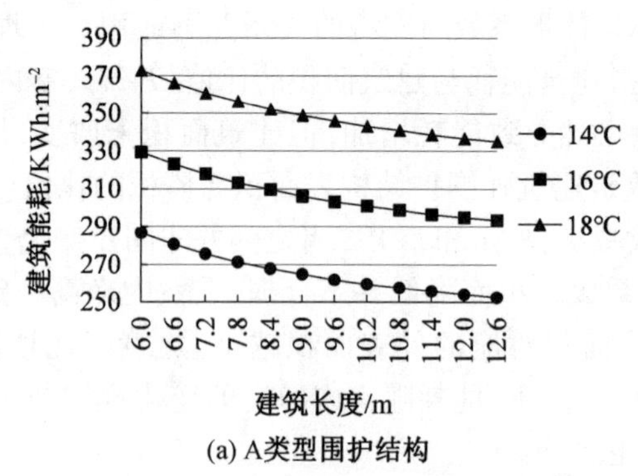

图 3.29　不同室内计算参数下能耗随长度的变化曲线

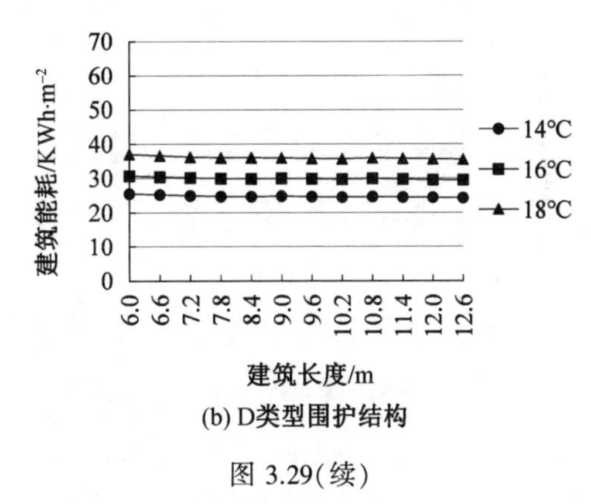

(b) D类型围护结构

图 3.29(续)

(3) 室外计算参数和建筑体型交互作用。数据分析表明,不同室外气象数据下能耗随长度、宽度或室内净高的变化趋势一致。同样,选择热工性能差异较大的 A、D 类型围护结构进行分析,以室内计算温度 14 ℃ 和窗墙面积比 0.4 作为边界条件。

由图 3.30 可以看出,对于同一类型围护结构,6 种室外气象数据下建筑能耗随长度的变化趋势相同。采用能耗相对值分析室外气象数据改变对各长度能耗变化率的影响,设定长度为 6.0 m 时的能耗值为 1,其他长度的能耗用相对比值表示。对于 A 类型围护结构,6 种室外气象数据下,长度12.6 m 的能耗相对值均为 0.88;D 类型围护结构下,这一相对值分别为 0.95、0.96、0.96、0.96、0.97、0.98,亦相差甚微。可见,采用不同类型的室外气象数据时,各长度的能耗相对值也基本一致,即改变长度对能耗的影响程度基本相同。

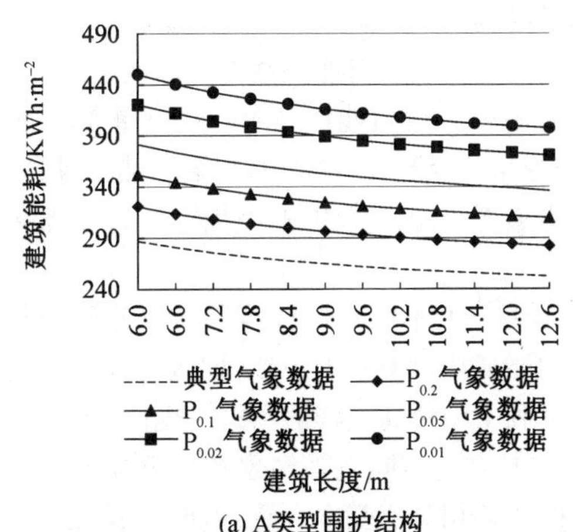

(a) A类型围护结构

图 3.30　不同室外计算参数下能耗随长度的变化曲线

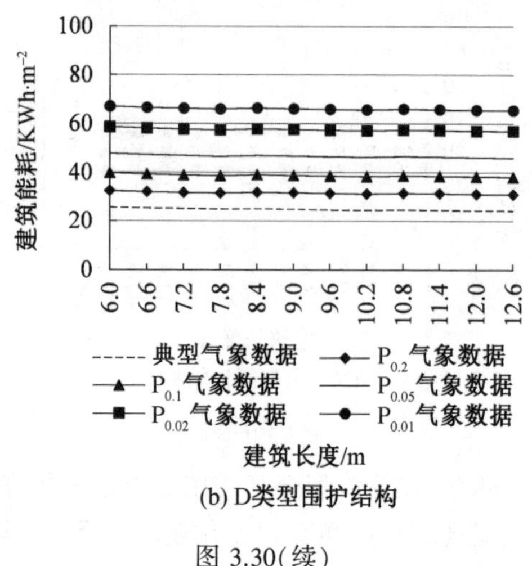

(b) D类型围护结构

图 3.30(续)

通过模拟测算,分析并得出围护结构热工性能、窗墙面积比、室内计算参数、室外计算参数等因素与建筑体型交互作用下的能耗变化规律:

① 建筑长度为固定值时,无外窗情况下,建筑能耗随宽度增大而降低;随着围护结构热工性能的提高,能耗变化率减小,表明采用较高性能的围护结构时,改变宽度对能耗基本无影响。有外窗的情况下,A 类型围护结构不受窗墙面积比影响,能耗随宽度的变化规律和无窗时一致;其余 3 种类型围护结构下呈相反变化趋势,即能耗随宽度增大而增加,能耗变化率随着围护结构热工性能提高而增加。

② 建筑宽度为固定值时,有无外窗的情况下,建筑能耗均随建筑长度增加而降低;随着围护结构热工性能提高,能耗变化率减小,表明采用热工性能较高的围护结构时,改变长度对能耗基本无影响。

③ 有无外窗的情况下,建筑能耗均随着室内净高增加而上升,与体形系数对能耗的作用规律呈相反趋势;随着围护结构热工性能提高,能耗变化率逐渐增大,表明采用热工性能较高的围护结构时,改变室内净高对能耗的影响较大。

④ 同一类型围护结构,不同室内计算参数下建筑能耗随长度的变化趋势相同,且各长度的能耗相对值基本一致,即改变长度对能耗变化率的影响程度基本相同,宽度和室内净高同样适用这一规律。

⑤ 同一类型围护结构,不同室外气象数据下建筑能耗随长度的变化趋势一致,且各长度的能耗相对值基本一致,即改变长度对能耗变化率的影响程度基本相同,宽度和室内净高同样适用这一规律。

2.模拟组 2 结果分析

(1) 围护结构热工性能和长宽比交互作用。以典型气象数据和室内计算温度 14 ℃ 作为边界条件,分析围护结构热工性能和长宽比交互作用下建筑能耗的变化规律。当南向窗墙面积比分别为 0、0.4 和 0.6 时,4 种类型围护结构下建筑能耗随长宽比的变化曲线如图 3.31 所示。

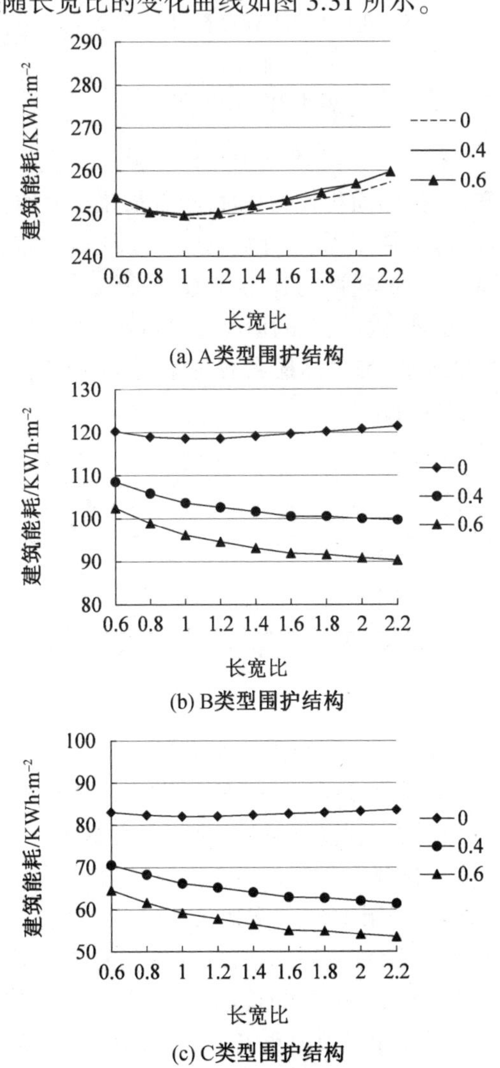

(a) A类型围护结构

(b) B类型围护结构

(c) C类型围护结构

图 3.31　不同类型围护结构下能耗随长宽比的变化曲线

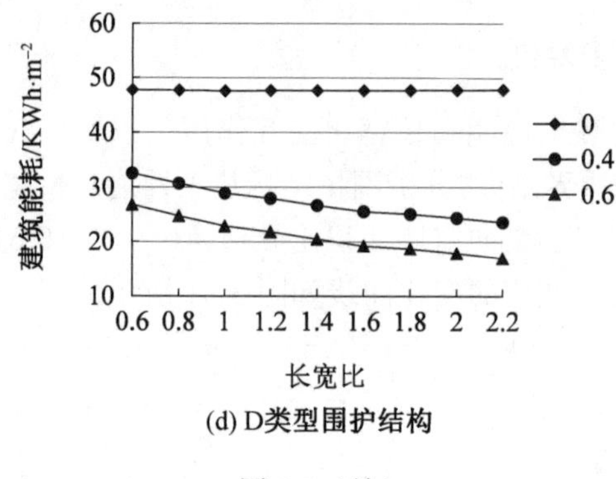

(d) D类型围护结构

图 3.31(续)

由图3.31可知,当窗墙面积比为0时,随着长宽比增加,建筑能耗呈现先降低后增加的趋势,这与体形系数的变化规律一致(图3.32)。其中采用A类型围护结构时,能耗变化规律与体形系数相关性最高。但随着围护结构性能提高,长宽比改变对建筑能耗的影响逐渐减小,达到D类型围护结构时,能耗变化曲线基本呈水平状态,体形系数与能耗的相关性较差。

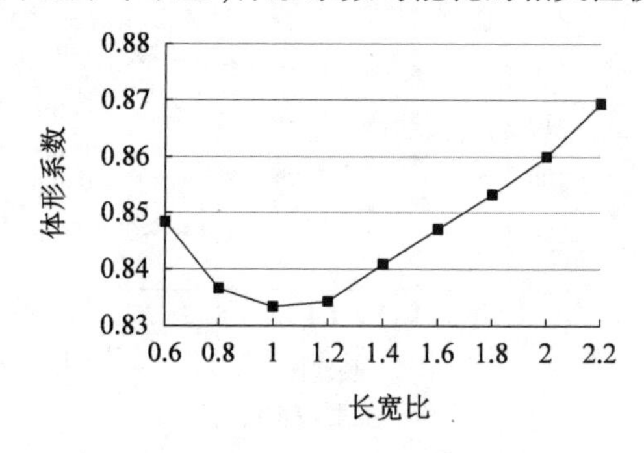

图 3.32　长宽比与体形系数的关系

当乡村民居南侧开设外窗时,能耗随体形系数减小而降低的趋势则发生变化,但也依赖于围护结构热工性能。例如当窗墙面积比为0.4时,A类型围护结构下能耗的变化规律和程度均与无窗时一致;其余3种类型围护结构下能耗均随着长宽比增大而降低,长宽比为1.0 ~ 2.2时,与体形系数变化呈相反趋势。出现这种情况主要与太阳辐射得热有关,随着长宽比增加,南立面的面积增加,在窗墙面积比不变的情况下,外窗面积随之增加,从而获得更多太阳辐射。采用能耗相对值分析B、C、D类型围护结构下各长宽比的能耗变化率,设定长宽比为0.6时的能耗值为1,其他长宽比的能耗用相对比值表示(图3.33)。随着围护结构性能提高,各长宽比的能耗相对值差异变大,例如B、C、D类型围护结构下长宽比为2.2的能耗相对值依次为0.92、0.87、

0.73,表明长宽比改变对能耗变化率影响增大。

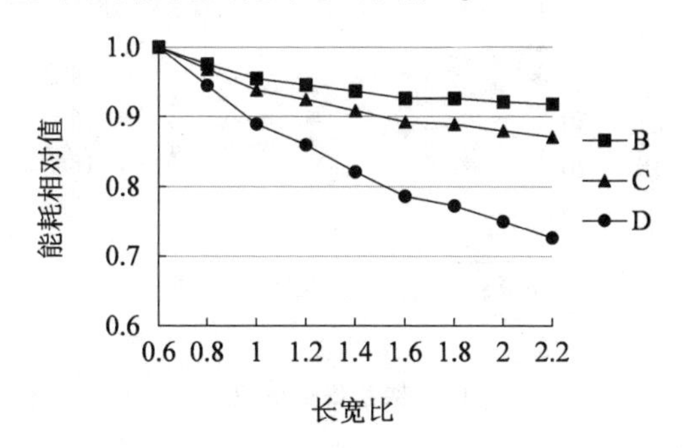

图 3.33　B、C、D 类型围护结构下能耗相对值变化曲线(窗墙面积比 0.4)

(2) 室内计算参数和长宽比交互作用。通过数据分析表明,不同室内计算参数下建筑能耗随长宽比的变化趋势一致。选择热工性能差异较大的 A、D 类型围护结构进行分析。以典型气象数据和窗墙面积比 0.4 作为边界条件。

由图 3.34 可知,对于同一类型围护结构,3 种室内计算温度下能耗随长宽比的变化趋势一致。采用能耗相对值分析室内计算温度改变对各长宽比的能耗变化率影响,设定长宽比为 0.6 时的能耗值为 1,其他长宽比的能耗用相对比值表示。对于 A 类型围护结构,室内计算温度为 14 ℃、16 ℃、18 ℃时,长宽比 2.2 的能耗相对值均为 1.02;D 类型围护结构下,能耗相对值分别为 0.73、0.73 和 0.75,相差甚微。可见,采用不同室内计算温度时,各长宽比的能耗相对值基本一致,即改变长宽比对能耗变化率的影响程度基本相同。

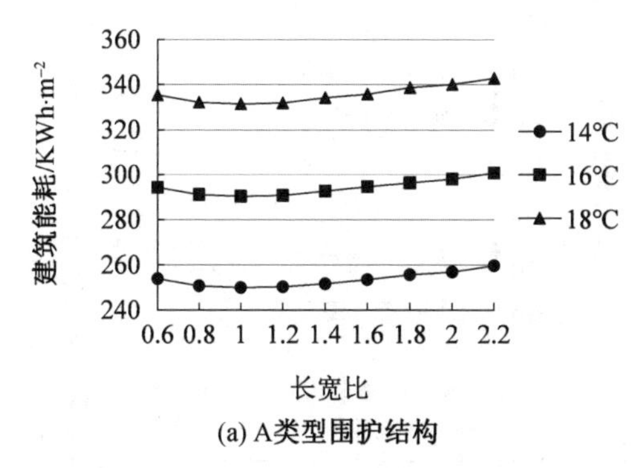

图 3.34　不同室内计算参数下能耗随长宽比的变化曲线

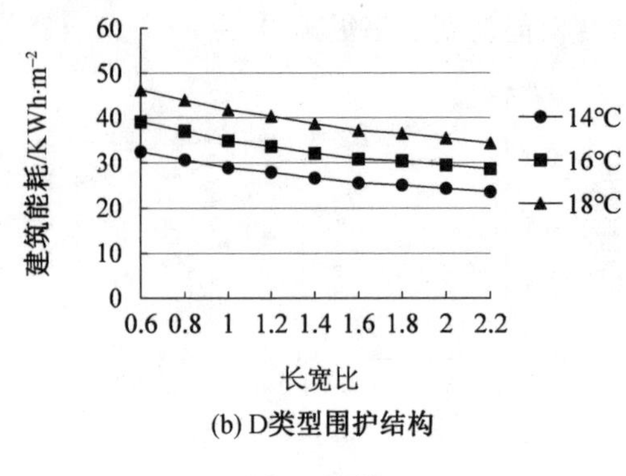

(b) D类型围护结构

图 3.34(续)

(3) 室外计算参数和长宽比交互作用。数据分析表明,不同室外计算参数下建筑能耗随长宽比的变化趋势一致。同样,选择 A、D 类型围护结构进行分析,以室内计算温度 14 ℃ 和窗墙面积比 0.4 作为边界条件。

从图 3.35 中可以看出,对于同一类型围护结构,6 种室外气象数据下建筑能耗随长宽比的变化趋势一致。采用能耗相对值分析室外气象数据改变对各长宽比能耗变化率的影响,设定长宽比为 0.6 时的能耗值为 1,其他长宽比的能耗用相对比值表示。对于 A 类型围护结构,6 种室外气象数据下,长宽比 2.2 的能耗相对值分别为 1.02、1.03、1.03、1.03、1.04、1.04,相差很小。如图 3.36 所示,对于 D 类型围护结构,这一相对值分别为 0.73、0.74、0.76、0.79、0.82、0.85。可见采用较高热工性能的围护结构,由典型气象数据到 $P_{0.01}$ 气象数据变化时,各长宽比的能耗相对值差异变小,即改变长宽比对能耗的影响程度减小。

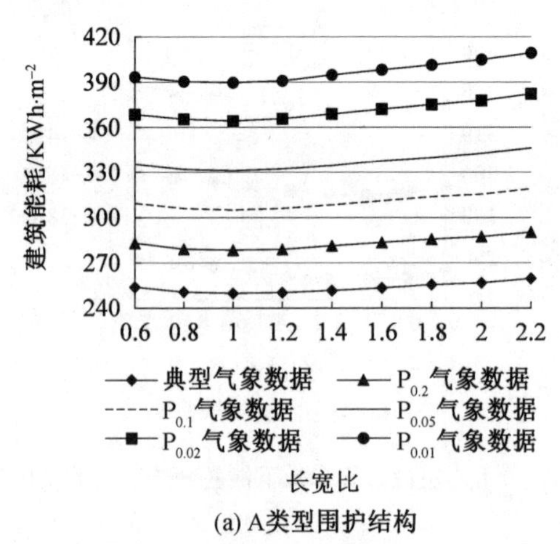

(a) A类型围护结构

图 3.35 不同室外计算参数下能耗随长宽比的变化曲线

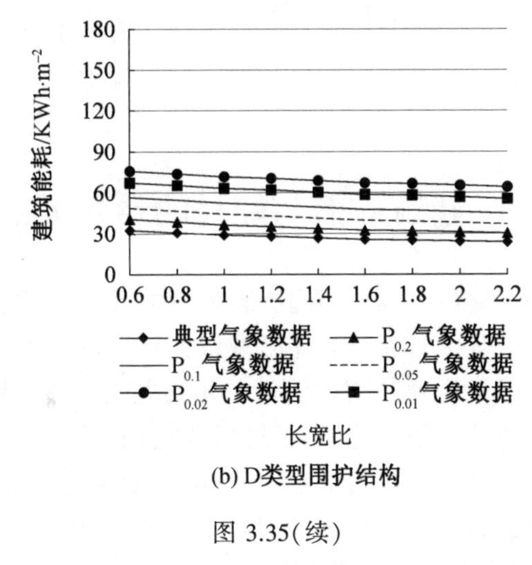

(b) D类型围护结构

图 3.35(续)

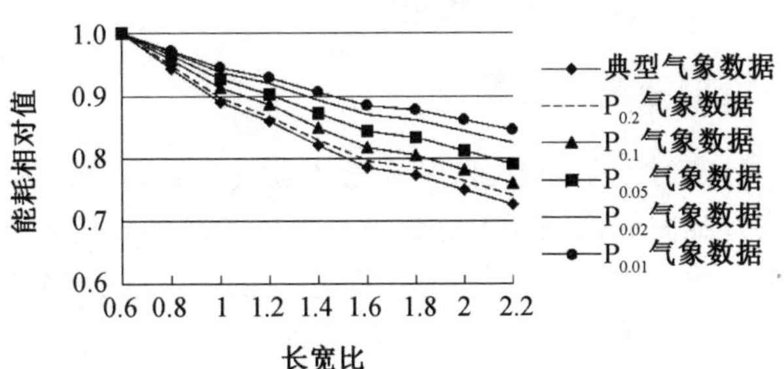

图 3.36　D 类型围护结构下能耗相对值随长宽比变化曲线

通过模拟测算,分析并得出围护结构热工性能、窗墙面积比、室内计算参数、室外计算参数等因素与建筑体型(长宽比)交互作用下的能耗变化规律:

① 无外窗时,建筑能耗随长宽比增大呈现先降低后增加的趋势,与体形系数的变化规律一致,但随着围护结构热工性能提高,长宽比改变对能耗的影响减小。有外窗时,A 类型围护结构不受影响,能耗随长宽比的变化规律和无窗时一致;其余 3 种类型围护结构下能耗均随着长宽比增大而降低,且随着围护结构热工性能提高,长宽比改变对能耗变化率的影响增加。

② 同一类型围护结构,不同室内计算参数下建筑能耗随长宽比的变化趋势相同,且各长宽比的能耗相对值基本一致,即改变长宽比对能耗变化率的影响程度基本一致。

③ 同一类型围护结构,不同室外计算参数下建筑能耗随长宽比的变化

趋势一致;随着围护结构热工性能提高,边界条件由典型气象数据到 $P_{0.01}$ 气象数据变化时,各长宽比的能耗相对值差异变小,即改变长宽比对能耗变化率的影响程度减小。

3.4 建筑界面与能耗的量化关系

建筑界面是指乡村民居围护结构所表现出的外在形式,如立面形式、屋面形式、外窗尺度等,其中对建筑能耗影响较大且可调节的部分主要是窗墙面积比。窗墙面积比作为建筑节能设计的重要指标之一,是指某一朝向外窗洞口总面积与墙体总面积的比值,其对采暖能耗的影响有利有弊:一方面可以获取更多太阳辐射,改善冬季室内热环境;另一方面外窗热工性能薄弱,易导致采暖能耗增加。因此,需要依据性能要求和气候条件,在满足采光通风前提下,确定适宜的窗墙面积比。

3.4.1 模拟变量的设置

不同朝向外窗对太阳辐射、自然采光及通风的影响特性具有差异性,需要对乡村民居各朝向的窗墙面积比分别分析。窗墙面积比模拟研究的前提是满足室内采光要求,参照《住宅设计规范》(GB 50096—2011)相关规定,“卧室、起居室(厅)、厨房的采光洞口的窗地面积比不应低于 1/7”,由此测算出乡村民居基准模型满足采光要求的最小窗墙面积比为 0.2。

围护结构热工性能提高到一定标准时,外窗得热能力超过散热能力,采暖能耗会出现随窗墙面积比增加而降低的情况。研究表明,乡村住宅外窗由单层玻璃木质窗改造为双层玻璃铝合金窗之后,各朝向采暖能耗由增长变为下降趋势,窗墙面积比对建筑能耗的作用机制受到外窗热工性能的影响。因此,有必要对围护结构热工性能和窗墙面积比交互作用下的能耗变化规律进行研究。

下面以窗墙面积比作为主变量,分别结合围护结构热工性能、室外计算参数、室内计算参数和外窗传热系数 4 个辅助变量进行研究,定量分析窗墙面积比对建筑能耗的作用机制。单向窗模拟分析,即对东、西、南、北 4 个朝向的窗墙面积比分别模拟研究,当某一朝向的窗墙面积比作为变量时,其他朝向的窗墙面积比设定为 0,具体参数设置见表 3.6。

表 3.6　单项窗模拟变量及参数设置

窗墙面积比	室外计算参数	室内计算参数	外窗传热系数/[W/(m²·K)]	围护结构热工性能/[W/(m²·K)]				
				外墙	屋面	外窗	外门	地面
0.2	典型气象数据	14 ℃	4.7	1.58	0.93	4.70	3.50	3.00
0.3	$P_{0.2}$ 气象数据	16 ℃	4.0	0.50	0.45	2.00	2.00	0.30
0.4	$P_{0.1}$ 气象数据	18 ℃	3.0	0.30	0.25	1.80	1.50	0.14
0.5	$P_{0.05}$ 气象数据		2.0	0.10	0.10	1.00	1.00	0.10
0.6	$P_{0.02}$ 气象数据		1.0					
0.7	$P_{0.01}$ 气象数据							
0.8								

此外，东北严寒地区乡村民居多为独立式建筑，南、北 2 个朝向均可设置外窗，因此增设一组模拟实验，对南、北两侧同时开窗的情况进行交叉模拟研究，探讨双向外窗作用下的建筑能耗变化规律，变量及参数设置见表3.7。

表 3.7　双向窗模拟变量及参数设置

南向窗墙面积比	北向窗墙面积比	室外计算参数	室内计算参数	围护结构热工性能/[W/(m²·K)]				
				外墙	屋面	外窗	外门	地面
0.2	0.2	典型气象数据	14 ℃	1.58	0.93	4.70	3.50	3.00
0.3	0.3	$P_{0.2}$ 气象数据	16 ℃	0.50	0.45	2.00	2.00	0.30
0.4	0.4	$P_{0.1}$ 气象数据	18 ℃	0.30	0.25	1.80	1.50	0.14
0.5	0.5	$P_{0.05}$ 气象数据		0.10	0.10	1.00	1.00	0.10
0.6	0.6	$P_{0.02}$ 气象数据						
0.7	0.7	$P_{0.01}$ 气象数据						
0.8	0.8							

3.4.2　单向窗模拟结果

1.围护结构热工性能和窗墙面积比交互作用

以典型气象数据和室内计算温度 14 ℃ 作为边界条件，分析围护结构热工性能和窗墙面积比交互作用下的建筑能耗变化规律。

首先,分析乡村民居能耗随各朝向窗墙面积比的变化规律。如图 3.37 所示,A 类型围护结构下,建筑能耗随东向、西向和北向窗墙面积比增大而增加,当窗墙面积比达到 0.5 之后,能耗增长幅度降低;而随着南向窗墙面积比增大呈先升高后降低的趋势,当窗墙面积比为 0.5 时,能耗值达到最高,4 个朝向中能耗随北向窗墙面积比的变化幅度最大。

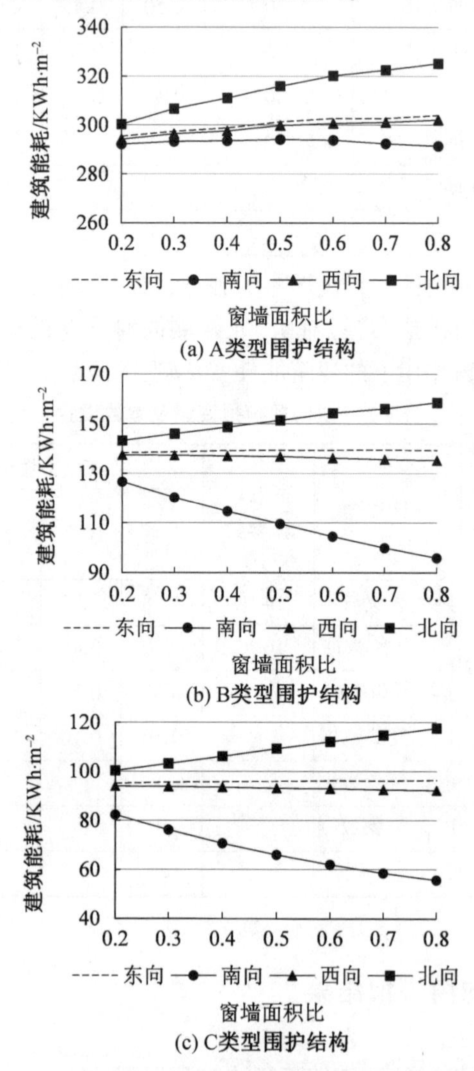

(a) A类型围护结构

(b) B类型围护结构

(c) C类型围护结构

图 3.37 不同类型围护结构下能耗随各朝向窗墙面积比的变化曲线

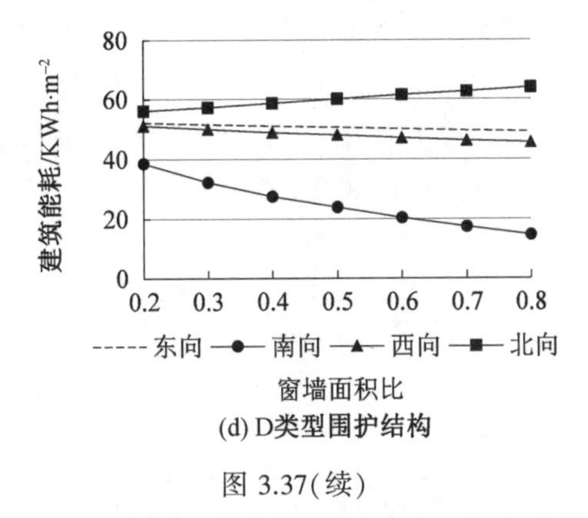

图 3.37(续)

B、C 类型围护围护结构下，建筑能耗随东向、北向窗墙面积比增大而增加，东向的能耗增长幅度较小，窗墙面积比达到 0.4 之后能耗变化曲线基本趋于平直；建筑能耗随西向、南向窗墙面积比增大而降低，西向的能耗降低幅度较小，窗墙面积比达到 0.4 之后变化曲线也趋于水平，4 个朝向中能耗随南向窗墙面积比的变化幅度最大。D 类型围护结构下，建筑能耗仅随北向窗墙面积比增大而升高，而随着东向、西向和南向窗墙面积比增大而降低，其中能耗随南向窗墙面积比的变化幅度最大，东向、西向则变化较平缓。

综合对比分析：

(1) 建筑能耗均随着北向窗墙面积比增大而升高，随着围护结构热工性能提高，能耗增长幅度下降，但对能耗变化率的影响增加。例如窗墙面积比从 0.2 扩大到 0.8 时，A 类型围护结构下能耗由 300.27 KWh/m^2 上升到 325.26 KWh/m^2，增加了 24.99 KWh/m^2，增长率为 8.3%；而 D 类型围护结构下能耗由 56.19 KWh/m^2 增加到 63.97 KWh/m^2，增加了 7.78 KWh/m^2，增长率为 13.8%。

(2) 建筑能耗随东向、西向和南向窗墙面积比的变化规律依赖于围护结构性能。对于东向，当围护结构热工性能提升到 D 类型时，转变为能耗随窗墙面积比增大而降低；对于西向，当围护结构热工性能提升到 B 类型，转变为能耗随窗墙面积比增大而降低。但能耗随这 2 个朝向窗墙面积比的变化率较小，表明不同类型围护结构下东向、西向窗墙面积比变化对能耗影响较小。对于南向，仅在 A 类型围护结构下能耗随窗墙面积比增大呈先增加后降低的趋势，其他类型围护结构下能耗均随着窗墙面积比增大而降低，且随着围护结构热工性能提高，能耗降低幅度减少，同样对能耗变化率的影响增加。例如窗墙面积比从 0.2 扩大到 0.8 时，B 类型围护结构下能耗由 126.66 KWh/m^2 减少到 95.92 KWh/m^2，降低了 30.74 KWh/m^2，变化率为 24.3%；而 D 类型围护结构下能耗由 38.56 KWh/m^2 减少到 14.72 KWh/m^2，降低了23.84 KWh/m^2,变化率为61.8%。

其次,分析围护结构性能(除外窗之外)一定的情况下,能耗随各朝向窗墙面积比和外窗传热系数交互作用下的变化规律。选择热工性能差别较大的A、D类型围护结构进行分析,如图3.38所示。

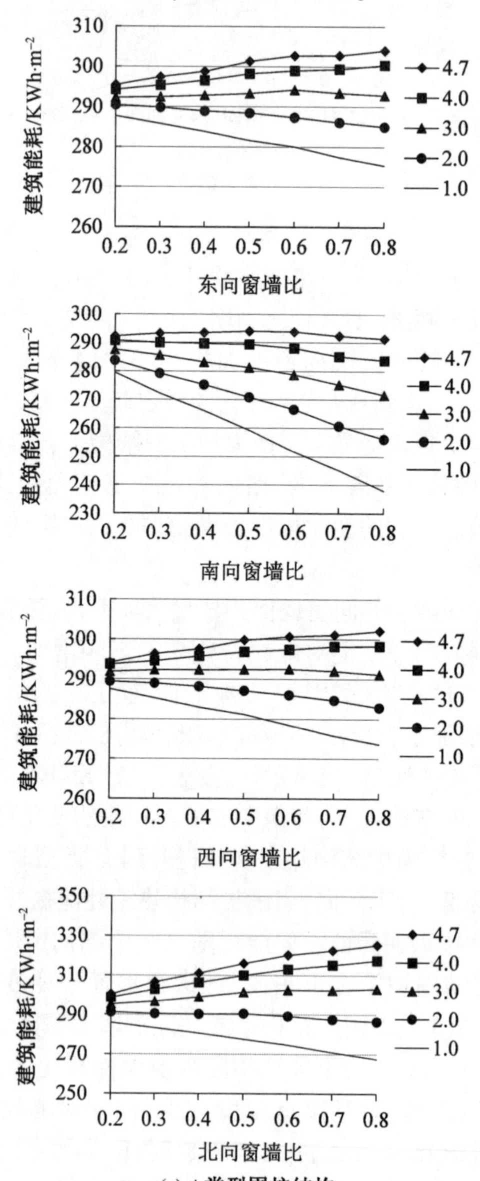

(a) A类型围护结构

图 3.38 能耗随窗墙面积比和外窗传热系数的变化曲线

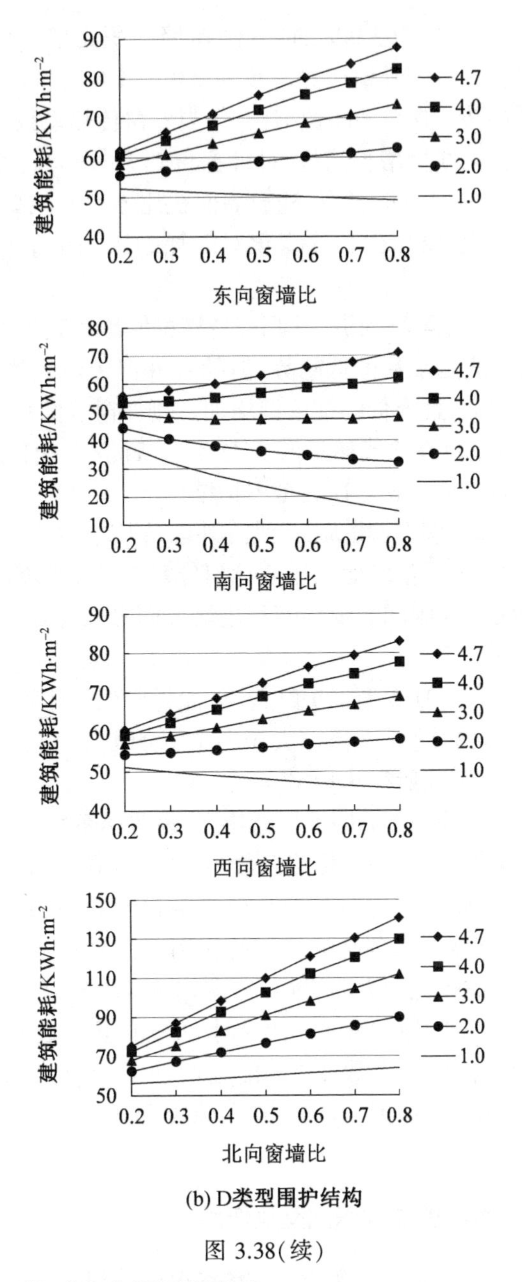

(b) D类型围护结构

图 3.38(续)

通过图 3.38 的对比分析可以得出：

(1) 东向外窗。A 类型围护结构下，当外窗传热系数为 4.0 或 4.7 时，能耗随着窗墙面积比增大而增加，窗墙面积比达到 0.5 之后，能耗变化曲线趋于平缓；当外窗传热系数为 3.0 时，能耗随窗墙面积比增大呈先增加后降低趋势，但变化幅度较小；当外窗传热系数为 2.0 或 1.0 时，能耗随窗墙面积比增大呈线性降低趋势。D 类型围护结构下，当外窗传热系数大于 2.0 时，能耗随窗墙面积比增大呈线性增长趋势，且外窗传热系数越高，能耗降低幅度越大；当外窗传热系数为 1.0 时，能耗随窗墙面积比增大而减少。分析表明，随着外窗传热系数增大，窗墙面积比变化对能耗的影响由不利逐渐转变为有利。

（2）南向外窗。A 类型围护结构下，当外窗传热系数为 4.7 时，能耗随着窗墙面积比增大呈先增加后降低趋势，但随着外窗传热系数减小，能耗随窗墙面积比增大而降低，且降低幅度逐渐增加。例如窗墙面积比从 0.2 扩大到 0.8 时，外窗传热系数 1.0 的能耗降低了 41.49 KWh/m^2，而传热系数为 4.0 时能耗仅下降了 6.94 KWh/m^2。D 类型围护结构下，当外窗传热系数为 4.7 或 4.0 时，能耗随着窗墙面积比增大而增加；外墙传热系数为 3.0 时，能耗变化曲线处于平直状态，表明窗墙面积比变化对能耗基本无影响；当外窗传热系数为 2.0 或 1.0 时，能耗则随着窗墙面积比增大而降低，传热系数越小能耗降低幅度越大。

（3）西向外窗。A、D 类型围护结构下，能耗变化规律和东向基本一致。不同之处在于：东向的能耗增长率大于西向，而西向的能耗降低率高于东向，主要缘于西向太阳辐射得热量略高于东向。

（4）北向外窗。对于 A 类型围护结构，外窗传热系数不小于 3.0 时，能耗随窗墙面积比增大而增加；外窗传热系数为 2.0 或 1.0 时，能耗则随着窗墙面积比增大而降低，主要由于此时外窗传热系数已经接近或高于外墙热工性能，从而增大外窗尺度会起到降低能耗的作用。D 类型围护结构下，各工况的能耗均随着窗墙面积比增大而增加，外窗热工性能越优良，能耗增加幅度越小。例如窗墙面积比从 0.2 扩大到 0.8 时，外窗传热系数 1.0 的能耗增加了 7.79 KWh/m^2；而外窗传热系数 4.7 的能耗增加了 65.29 KWh/m^2。分析表明，当北向外窗传热系数达到一定标准时，窗墙面积比改变对节能的不利影响降低。

2.室内计算参数和窗墙面积比交互作用

以典型气象数据作为边界条件，研究室内计算温度和窗墙面积比交互作用下的能耗变化规律。根据前文分析，各工况下东、西向窗墙面积比均对能耗影响较小，因此以南向、北向窗墙面积比为研究对象，选择热工性能差别较大的 A、D 类型围护结构进行分析，能耗变化曲线如图 3.39 所示。

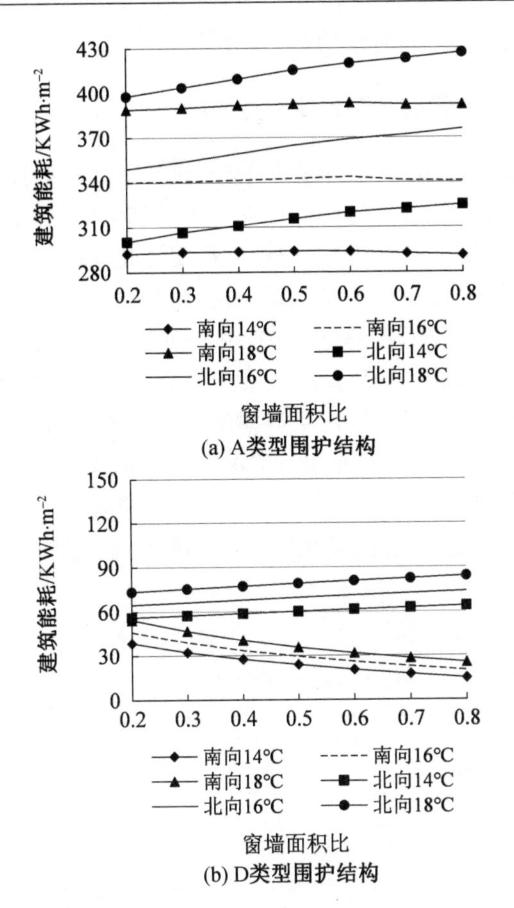

图 3.39　不同室内计算参数下能耗随窗墙面积比的变化曲线

从图 3.39 可以看出，对于同一类型围护结构，3 种室内计算温度下建筑能耗随着窗墙面积比的总体变化趋势一致。但采用 A 类型围护结构时，对于南向外窗，当室内计算温度提高到 16 ℃ 时，建筑能耗达到峰值所对应的窗墙面积比由 0.5 提高到 0.6。采用能耗相对值观测能耗变化率随窗墙面积比的改变情况，设定窗墙面积比为 0.2 时的能耗值为 1，其他窗墙面积比的能耗用相对比值表示。对于 A 类型围护结构，室内计算温度为 14 ℃、16 ℃、18 ℃ 时南向窗墙面积比为 0.8 的能耗相对值均为 1.01，北向窗墙面积比为 0.8 的能耗相对值分别为 1.08、1.08、1.07。D 类型围护结构下，这一值分别为 0.38、0.43、0.47 和 1.14、1.14、1.15。分析表明，不同室内计算温度下，改变北向窗墙面积比对能耗变化率基本无影响；而南向窗墙面积比对能耗变化率的影响取决于围护结构热工性能，围护结构性能越高，影响越明显，且随着室内计算温度提升,能耗相对值的差异变小。

3.室外计算参数和窗墙面积比交互作用

以室内计算温度 14 ℃ 作为边界条件,研究室外计算参数和窗墙面积比交互作用下的能耗变化规律。同样,以南向、北向窗墙面积比作为研究对象,选择 A、D 类型围护结构进行分析,能耗变化曲线如图 3.40 所示。

由图 3.40 可知,对于 A 类型围护结构,典型气象数据下能耗随南向窗墙比的增大呈先增加后降低趋势;而当采用不同室外气象数据时,这一趋势则逐渐发生改变,例如以 $P_{0.05}$、$P_{0.02}$ 或 $P_{0.01}$ 气象数据作为边界条件时,能耗则随着窗墙面积比增大而增加,表明 A 类型围护结构对室外气候的应变能力较弱,当采用 P 值较小的气象数据时,南向窗墙面积比变化对能耗的影响由有利转变为不利;能耗随北向窗墙面积比的变化趋势均一致。对于 D 类型围护结构,不同室外气象数据下,能耗随南向或北向窗墙面积比的变化趋势均一致。

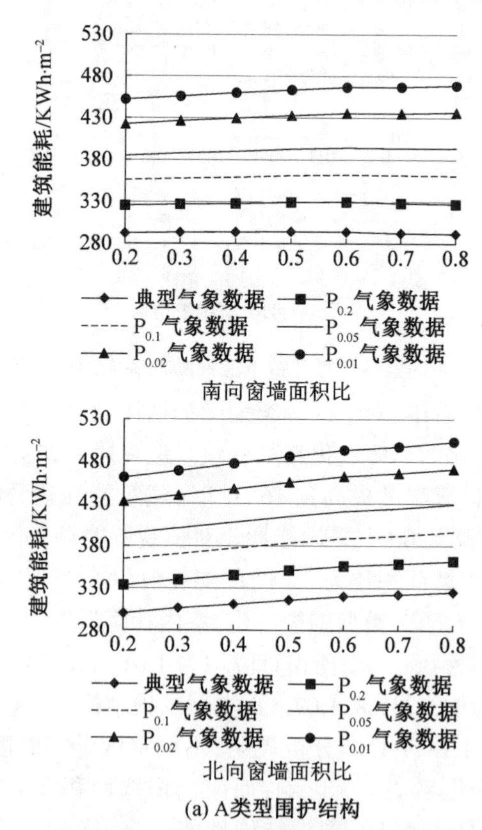

图 3.40　不同室外计算参数下能耗随窗墙面积比的变化曲线

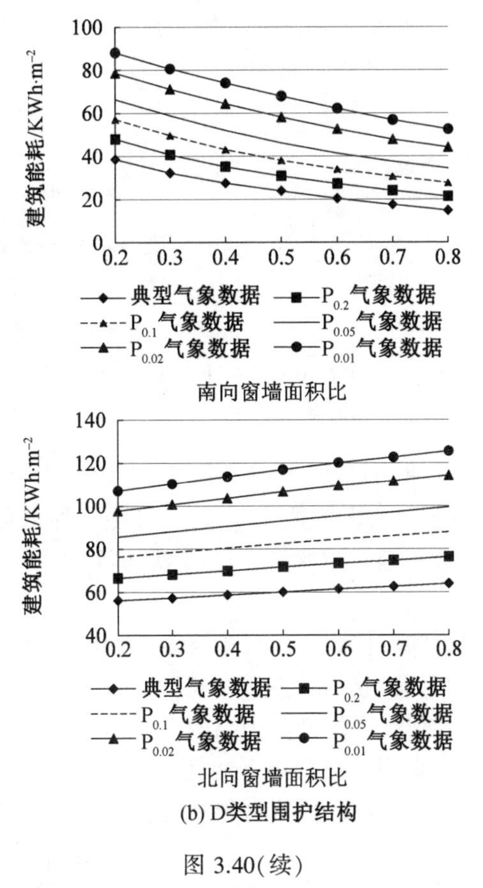

(b) D类型围护结构

图 3.40(续)

采用能耗相对值评估各工况的能耗变化率,设定窗墙面积比为0.2时的能耗值为1,其他窗墙面积比的能耗值用相对比值表示。对于A类型围护结构,6种室外气象数据下,南向窗墙面积比0.8的能耗相对值分别为1.00、1.00、1.01、1.02、1.03、1.04,当能耗随窗墙面积比的变化趋势转变之后,能耗变化率才略有差异,但相差很小;北向窗墙面积比0.8的能耗相对值分别为1.08、1.09、1.09、1.09、1.09、1.09,能耗变化率基本一致,表明对于A类型围护结构,南向或北向窗墙面积比改变对能耗变化率基本无影响。D类型围护结构下,南向差异比较明显,如图3.41所示,由典型气象数据到$P_{0.01}$气象数据(P值减小),各窗墙面积比的能耗相对值差异变小,例如窗墙面积比0.8时,典型气象数据下的能耗相对值为0.38,$P_{0.01}$气象数据下提高到0.6,能耗变化率明显减小。而对于北向,窗墙面积比0.8的能耗相对值分别为1.14、1.15、1.15、1.16、1.17、1.17,差异较小。分析表明,不同室外气象数据下,改变北向窗墙面积比对能耗变化率的影响很小；南向窗墙面积比的影响依赖于围护结构性能，热工性能越高，其影响越明显，且随着 P 值减小，能耗相对值的差异变小。

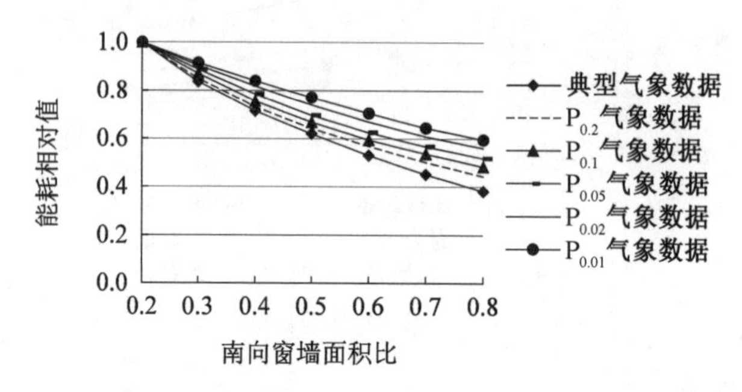

图 3.41　不同室外计算参数下能耗相对值变化曲线(D 类型)

通过模拟测算，分析并得出围护结构热工性能、外窗传热系数、室内计算参数、室外计算参数等因素与建筑界面（窗墙面积比）交互作用下的能耗变化规律：

(1) 东向、西向窗墙面积比变化对建筑能耗的影响较小。能耗均随着北向窗墙面积比增大而升高，且随着围护结构热工性能提高，对能耗变化率的影响增加。对于南向，仅在 A 类型围护结构下能耗随着窗墙面积比增大呈先增加后降低趋势，其他类型围护结构下能耗均随着窗墙面积比增大而降低，且随着围护结构热工性能提高，同样对能耗变化率的影响增加。

(2) 对于东向、西向和南向外窗，随着外窗热工性能提升，窗墙面积比变化对能耗的不利影响逐渐转变为有利趋势，但是发生转变时的外窗传热系数值不同。而对于北向外窗，当围护结构热工性能达到较高标准时，即使外窗热工性能提升，其对能耗的作用效果仍为增长趋势，只是增长幅度减小。

(3) 不同室内计算参数下，北向窗墙面积比的改变对能耗变化率基本无影响；南向窗墙面积比对能耗变化率的影响与围护结构热工性能相关，围护结构热工性能越高，其影响越明显，且随着室内计算温度提升，能耗相对值的差异变小。

(4) 不同室外计算参数下，北向窗墙面积比改变对能耗变化率的影响很小；南向窗墙面积比的影响依赖于围护结构性能，热工性能越高，其影响越显著，且随着室外气象数据的概率值 P 减小，能耗相对值的差异变小。

3.4.3　双向窗模拟结果

前文分析了乡村民居单一朝向窗墙面积比变化对能耗的作用规律，考虑到乡村民居南、北两侧同时开窗的情况，下面以典型气象数据和室内计算温度 14 ℃ 作为边界条件，对双向外窗协同作用下的能耗变化规律进行研究，能耗随窗墙面积比的变化曲线如图 3.42 所示。

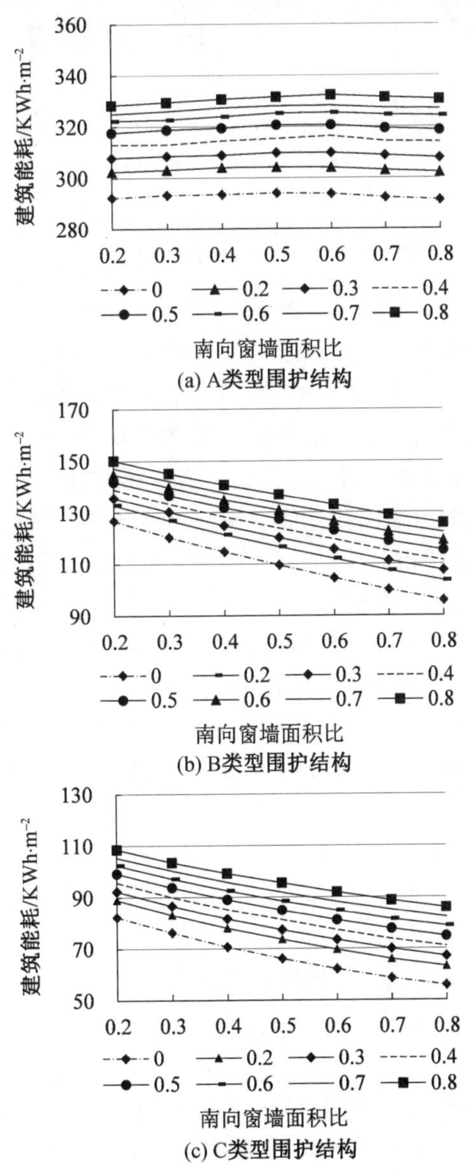

(a) A类型围护结构

(b) B类型围护结构

(c) C类型围护结构

图 3.42　南向和北向外窗协同作用下的能耗变化曲线

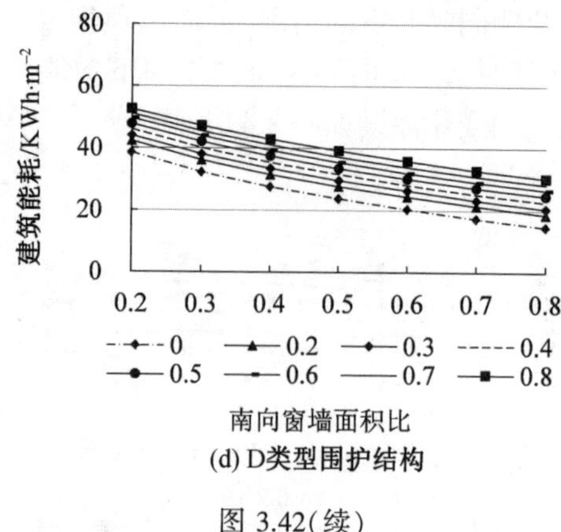

(d) D类型围护结构

图 3.42(续)

由图 3.42 可知,各类型围护结构下,能耗随窗墙面积比的变化趋势基本一致。不同之处在于,A 类型围护结构下,在北向窗墙面积比增大时,能耗随南向窗墙面积比变化直至出现最高值的位置后移,例如北向窗墙面积比 ≤ 0.3 时,南向窗墙面积比 0.5 的能耗为最高值;而北向窗墙面积比 > 0.3 时,能耗最高值出现在南向窗墙面积比为 0.6 时。能耗变化率则取决于围护结构热工性能,故采用能耗相对值和空间三维图探讨能耗随围护结构热工性能及双向窗墙面积比的变化规律。

首先,分析同一类型围护结构下能耗随窗墙面积比的变化特征。从图 3.42 和图 3.43(a) 可以看出,A 类型围护结构下,北向窗墙面积比固定时,南向窗墙面积比变化对能耗的影响较小;南向窗墙面积比固定时,北向窗墙面积比改变对能耗的影响则相对较大,双向窗墙面积比共同作用下,三维空间图呈单向趋势。B、C、D 类型围护结构下,能耗随双向窗墙面积比的空间变化趋势一致,只是变化幅度不同,结合图 3.43(b) 可以看出,三维空间图呈双向趋势,即无论南向或北向窗墙面积比为固定值,另一个朝向窗墙面积比变化时,都会对能耗产生相对较大影响。

选择 D 类型围护结构进行能耗相对值分析,设定窗墙面积比为 0.2 时的能耗值为 1,其他窗墙面积比的能耗用相对比值表示,变化曲线如图 3.44 所示。

从图 3.44 可以看出:① 随着北向窗墙面积比增大,各南向窗墙面积比的能耗相对值差异变小,例如北向窗墙面积比为 0.2 时,南向窗墙面积比 0.8 的能耗相对值为0.44,降低率 56%;而北向窗墙面积比为 0.8 时,这一值增加到 0.58,降低率 42%,表明当北向窗墙面积比较大时,南向窗墙面积比增大所产生的节能效果减弱。② 随着南向窗墙面积比增大,各北向窗墙面积比的能

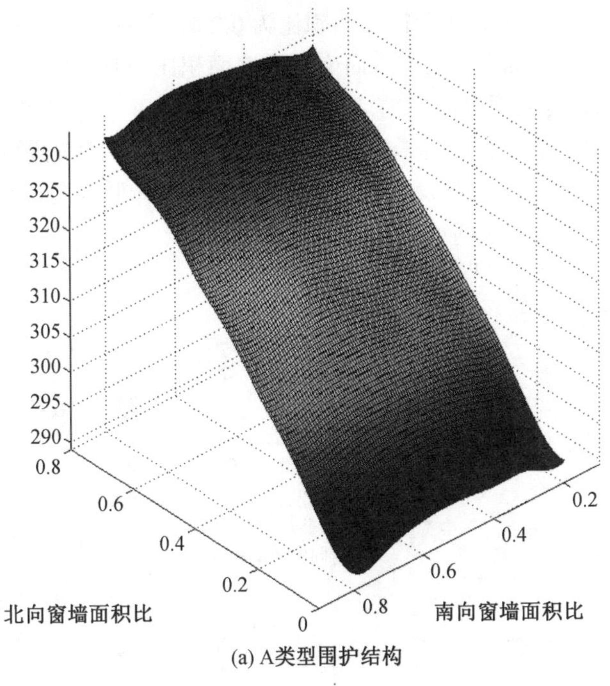

(a) A类型围护结构

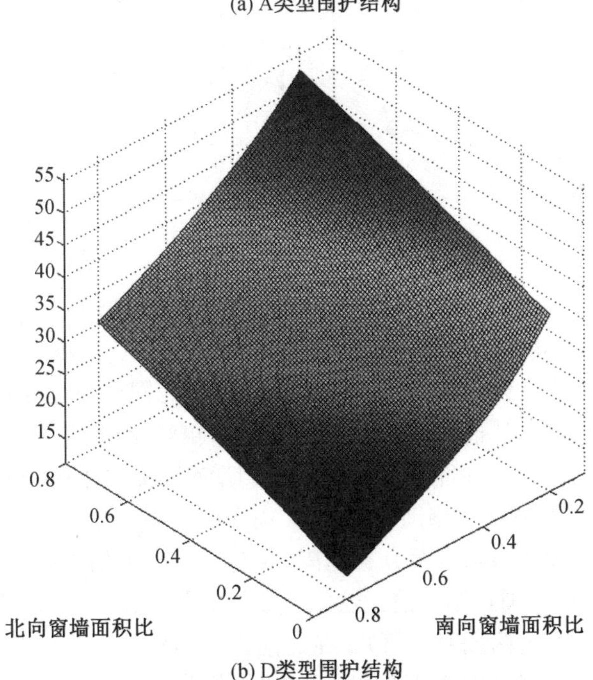

(b) D类型围护结构

图 3.43　建筑能耗随双向窗墙面积比的三维变化

耗相对值差异变大,例如南向窗墙面积比为0.2时,北向窗墙面积比0.8的能耗相对值为1.24,增加长率24%;而南向窗墙面积比为0.8时,这一值增加到1.62,增长率62%,表明当南向窗墙面积比较大时,北向窗墙面积比增大所造成的不利影响增强。可见,南向和北向窗墙面积比对能耗的影响作用相互制约,当乡村民居南向需要设置较大外窗时,应尽量降低北向窗墙面积比。

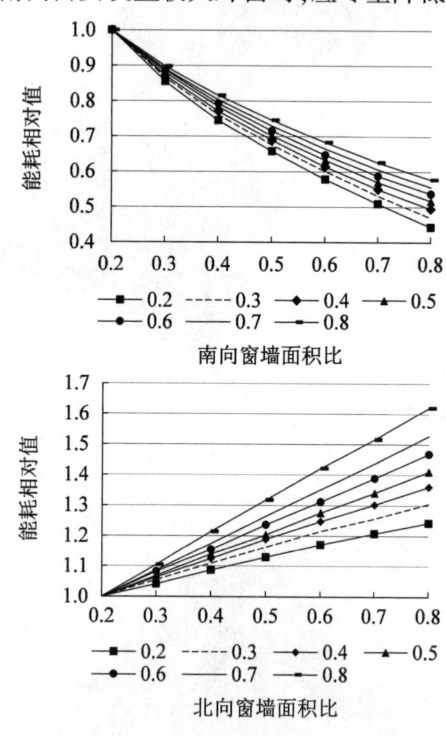

图 3.44　建筑能耗相对值随窗墙面积比的变化曲线(D类型)

其次,比较不同类型围护结构下能耗随窗墙面积比的变化规律。选择北向窗墙面积比为0.2和0.8的2种工况进行分析,同样设定窗墙面积比为0.2时的能耗值为1,其他窗墙面积比的能耗用相对比值表示,如图3.45所示。随着围护结构热工性能提高,各南向窗墙面积比的能耗相对值差异变大,例如图3.45(a)中B类型围护结构下,南向窗墙面积比0.6的能耗相对值为0.84,能耗降低率为16%;而D类型围护结构下,这一值下降到0.58,能耗降低率为42%,表明围护结构热工性能较高的情况下,南向窗墙面积比增加提高了节能率。通过两图对比可知,在北向窗墙面积比增大的情况下,南向窗墙面积比增加而提高的节能率有所减少,例如图3.45(b)中采用D类型围护结构时,南向窗墙面积比0.6的能耗相对值为0.68,能耗降低率为32%。

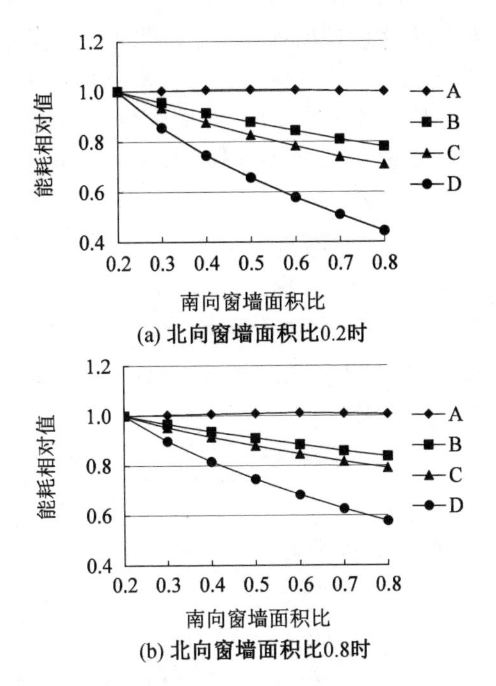

图 3.45　建筑能耗相对值随窗墙面积比的变化曲线

3.5　建筑形态要素的敏感性研究

前文探析了建筑形态各要素对能耗的影响趋势及变化规律,当各要素综合作用时,每个要素对能耗影响的重要性程度不同,因此需要对其进行敏感性研究,在设计过程中理清主要矛盾和次要矛盾。对于两因素或三因素参与的试验,其因素数量少,试验设计、搭建与实施都相对简单和容易。但建筑形态要素对乡村民居能耗的影响,需要综合考虑建筑朝向、建筑体型、建筑界面等多要素的影响,由于涉及的因素多,若进行全面试验,则试验规模和工作量将很大,因此选择一种科学的处理方法至关重要。正交试验法能够有效解决多因素多水平的复杂试验问题,并可进行各因素的敏感性分析,其核心思想是根据一定的规则从全面的试验组合中选出具有代表性的样本进行试验,是一种高效率、快速、经济的试验设计方法。

3.5.1　正交试验参数及水平取值

正交试验法中包含 2 个基本参数:因素与水平。因素是指参与试验并对其结果有影响的要素或对象;水平是指因素的变化状态或用量。遵循典型性和适用性原则，根据前文模拟研究结果，从建筑朝向、建筑体型、建筑界面3类建筑形态要素中选择8个分项作为试验因素，包括：建筑朝向、建筑长度、建筑宽度、室内净高、南向窗墙面积比、北向窗墙面积比、东向窗墙面积比、西向窗墙面积比，各因素编码依次为A、B、C、D、E、F、G、H，每个影响因素设置4个水平，见表3.9。由前文分析可知，采用不同室内外计算参数时，建筑形态要素对能耗的作用规律并不是全部发生变化，有些设计要素的作用效果不受室内外计算参数改变的影响；而围护结构热工性能对能耗随建筑形态要素的变化规律则产生较大影响。因此，模拟研究时将典型气象数据和室内计算温度14 ℃作为边界条件，重点关注不同围护结构类型下建筑形态要素对采暖能耗的敏感性程度。

表3.9　正交试验的因素及水平取值

设计因素	水平			
	水平1	水平2	水平3	水平4
A(建筑朝向)	0°	90°	180°	270°
B(建筑长度)	9.0	10.2	11.4	12.6
C(建筑宽度)	6.0	7.2	8.4	9.6
D(室内净高)	2.5	2.7	2.9	3.1
E(南向窗墙面积比)	0.2	0.4	0.6	0.8
F(北向窗墙面积比)	0	0.2	0.4	0.6
G(东向窗墙面积比)	0	0.2	0.4	0.6
H(西向窗墙面积比)	0	0.2	0.4	0.6

3.5.2　正交试验方案生成

正交试验目的是寻找各因素综合影响下建筑形态要素对能耗的敏感性，以东北严寒地区乡村民居冬季采暖能耗作为评价指标。正交表是进行正交试验方案设计的基本工具，它是根据全面兼顾、均衡分布的思想，运用组合数学理论构建的一种表格。本试验选择$L_{32}(4^8)$型正交表，即包括8个因素，每个因素设定4个水平，共安排32个试验方案，研究过程中不考虑因素之间的交互影响与作用，各因素随机安排在表中各列即可，见表3.10。

表 3.10　正交试验方案及极差分析结果(A 类型围护结构)

编码	因素								建筑能耗
	A	B	C	D	E	F	G	H	/KWh · m^{-2}
01	0°	9.0	6.0	2.5	0.2	0	0	0	274.51
02	0°	10.2	7.2	2.7	0.4	0.2	0.2	0.2	236.66
03	0°	11.4	8.4	2.9	0.6	0.4	0.4	0.4	251.68
04	0°	12.6	9.6	3.1	0.8	0.6	0.6	0.6	262.11
05	90°	9.0	6.0	2.7	0.4	0.4	0.4	0.6	276.01
06	90°	10.2	7.2	2.5	0.2	0.6	0.6	0.4	239.57
07	90°	11.4	8.4	3.1	0.8	0	0	0.2	251.45
08	90°	12.6	9.6	2.9	0.6	0.2	0.2	0	278.28
09	180°	9.0	7.2	2.9	0.8	0	0.2	0.4	280.34
10	180°	10.2	6.0	3.1	0.6	0.2	0	0.6	295.10
11	180°	11.4	9.6	2.5	0.4	0.4	0.6	0	218.86
12	180°	12.6	8.4	2.7	0.2	0.6	0.4	0.2	273.64
13	270°	9.0	7.2	3.1	0.6	0.4	0.6	0.2	356.35
14	270°	10.2	6	2.9	0.8	0.6	0.4	0	294.05
15	270°	11.4	9.6	2.7	0.2	0	0.2	0.6	216.28
16	270°	12.6	8.4	2.5	0.4	0.2	0	0.4	210.10
17	0°	9.0	9.6	2.5	0.8	0.2	0.4	0.2	224.53
18	0°	10.2	8.4	2.7	0.6	0	0.6	0	226.84
19	0°	11.4	7.2	2.9	0.4	0.6	0	0.6	316.14
20	0°	12.6	6.0	3.1	0.2	0.4	0.2	0.4	271.19
21	90°	9.0	9.6	2.7	0.6	0.6	0	0.4	252.38
22	90°	10.2	8.4	2.5	0.8	0.4	0.2	0.6	288.68
23	90°	11.4	7.2	3.1	0.2	0.2	0.4	0	249.58
24	90°	12.6	6.0	2.9	0.4	0	0.6	0.2	248.29
25	180°	9.0	8.4	2.9	0.2	0.2	0.6	0.6	266.88
26	180°	10.2	9.6	3.1	0.4	0	0.4	0.4	312.92
27	180°	11.4	6.0	2.5	0.6	0.6	0.2	0.2	255.76

续表

编码	因素								建筑能耗
	A	B	C	D	E	F	G	H	/KWh·m^{-2}
28	180°	12.6	7.2	2.7	0.8	0.4	0	0	244.61
29	270°	9.0	8.4	3.1	0.4	0.6	0.2	0	275.35
30	270°	10.2	9.6	2.9	0.2	0.4	0	0.2	235.42
31	270°	11.4	6.0	2.7	0.8	0.2	0.6	0.4	325.91
32	270°	12.6	7.2	2.5	0.6	0	0.4	0.6	226.50
均值 1	257.96	275.79	280.10	242.31	253.38	254.64	259.96	257.76	
均值 2	260.53	266.16	268.72	256.54	261.79	260.88	262.82	260.26	
均值 3	268.51	260.71	255.58	271.39	267.86	267.85	263.61	268.01	
均值 4	267.50	251.84	250.10	284.26	271.46	271.13	268.10	268.46	
极差	10.56	23.95	30.01	41.94	18.08	16.48	8.14	10.70	

3.5.3 正交试验结果分析

正交试验结果的分析方法包括极差分析法和方差分析法等，这里选择简单直观、计算量小的极差分析法对正交试验得到的数据进行处理。极差值可以反映出各因素的水平对试验结果的影响程度，极差越大，表明该因素对试验结果的影响越大，为主要因素；极差越小，则说明对试验结果的影响越小。以 A 类型围护结构的乡村民居为例，试验结果见表 3.10。限于篇幅，其他类型围护结构下正交试验方案的建筑能耗结果不一一列出，仅列出各因素的极差值，见表 3.11。

表 3.11 不同类型围护结构的正交试验极差值

围护结构类型	极差值							
	A	B	C	D	E	F	G	H
A	10.56	23.95	30.01	41.94	18.08	16.48	8.14	10.70
B	17.98	14.54	15.88	24.18	12.10	8.44	5.73	6.95
C	18.45	12.43	14.27	21.36	13.96	8.32	5.41	6.80
D	15.55	7.30	7.86	14.38	8.16	3.74	5.75	4.29

注：A（建筑朝向）、B（建筑长度）、C（建筑宽度）、D（室内净高）、E（南向窗墙面积比）、F（北向窗墙面积比）、G（东向窗墙面积比）、H（西向窗墙面积比）。

根据表3.11中各因素的极差值，得出不同类型围护结构下各因素的敏感性排序，见表3.12。

表3.12　不同类型围护结构下各因素的敏感性排序

围护结构类型	因素敏感性排序(由大到小)
A	D > C > B > E > F > H > A > G
B	D > A > C > B > E > F > H > G
C	D > A > C > E > B > F > H > G
D	A > D > E > C > B > G > H > F

由表3.12可知，当东北严寒地区乡村民居采用不同热工性能的围护结构时，建筑形态各要素对能耗的敏感性程度并不相同。采用A类型围护结构时，室内净高、建筑宽度、建筑长度、南向窗墙面积比等对能耗的影响程度较大；随着围护结构热工性能提高，采用B或C类型围护结构时，室内净高、建筑朝向、建筑宽度、建筑长度、南向窗墙面积比等对建筑能耗的影响程度较大；当围护结构热工性能提高到D类型时，建筑朝向、室内净高、南向窗墙面积比和建筑宽度则对能耗影响较大。可见，针对不同类型围护结构时，建筑形态要素对能耗的敏感性排序有较大差异，例如A类型围护结构下，建筑朝向的影响程度较弱，8个因素中排在倒数第2位；而D类型围护结构下，凭借乡村民居自身性能就可以维持室内温度达到较高水平，建筑朝向转变为影响程度最大的因素，排在第1位。分析表明，正交试验得出的各要素敏感性与前文分析结果一致，也印证了研究的准确性。建筑形态要素的优化主要针对新建民居，应结合各因素对能耗的作用规律和敏感性排序综合确定合理的参数。

第 4 章　成本导控下围护结构要素的节能优化研究

围护结构要素是节能设计的必要条件，其热工性能直接制约着乡村民居能耗和室内热环境，且会对成本会产生较大影响，这也是阻碍节能设计在乡村推广的重要因素之一。根据乡村民居能耗影响因素，本章从成本导控的角度，首先，确定建筑经济性评价方法，构建全寿命周期成本函数，基于性能优化软件和能耗模拟软件构建 GenOpt – EnergyPlus 节能优化平台。其次，以围护结构要素作为主变量，分别结合全寿命周期年限、室内计算参数、室外计算参数等辅助变量，运用优化平台得出全寿命周期成本最小时围护结构要素的最优化参数，并探究与各变量之间的响应关系。最后，基于正交试验法研究围护结构要素对能耗的敏感性。

4.1　建筑经济性评价方法的选择

本书研究的乡村民居节能优化，除从能耗角度考虑之外，还充分考虑了节能措施在实施过程中的经济性（即成本）问题，如果仅将运行能耗作为单一评价指标，容易引起资源能源过度消耗。东北严寒地区的乡村经济基础薄弱，且多为自筹自建房，经济性是乡村居民关注的重点之一。前文调查结果表明，若采用节能措施造成的成本增额超出居民预期或经济承受范围，即使达到明显的节能效果，也很难实施。因此，经济性是乡村居民是否采用节能设计措施的重要因素。

4.1.1　经济分析方法确定

通过对不同设计方案的费用效益进行经济分析是决策的主要依据。费用效益分析（cost-benefit analysis）是由法国人 Jules DuBuit 提出的，它是目前国际上常用的经济评价方法，是经济学的重要理论之一。其本质就是通过权衡项目的投资成本和获得收益来评价经济性。其基本原理和步骤：针对拟定或预期达到的目标,提出一系列能够满足该目标的设计方案,然后计算出每个方案的投资成本和效益,通过对比并遵循一定的约束原则,选出最优决策方案。该方法首先应用于水资源方面的评价,随着经济发展和政策性需求,应用范围覆盖城市规划、环境质量、交通运输等多个领域。建筑经济分析的难点在于确定何种情况下费用效益最好,常用的方法包括投资回收期法、建筑运行费用分析法和全寿命周期成本分析法等。

1.投资回收期法

投资回收期法是一种对建筑物短期费用进行评估的相对容易的方法,它根据每年节约的费用相比于初投资额,计算投资回收期,以判断设计方案优劣。投资回收期最短或少于规定回收期限的项目为最佳项目,表明该方案在经济上可行,这一指标在国家发展和改革委员会、原建设部发布的《建设项目经济评价方法与参数(第三版)》中被确定为建设项目财务评价的重要参数之一。但它仅是初步判断方案是否可行的简单工具,通常适用于将单一方案与基准方案进行比较,若出现投资回收期相同的多个方案时,则很难评判其优劣。同时,该方法没有考虑到不同方案的使用寿命,评判时所有方案被视为相同运行周期,忽略了投资回收期后可能产生的费用和出现的能耗节余,未考虑建筑全寿命周期的投资收益水平。

2.建筑运行费用分析法

建筑运行费用分析法是一种把不同设计方案的年运行费用进行比较,以评判哪个设计方案运行费用较低的方法。通过计算建筑物每年的能源消耗来比较不同设计方案的年能源消耗费用,为了得到准确计算结果,并对设计要素变化带来的影响做出评价,需要借助建筑能耗模拟软件进行辅助计算与分析。但该方法未考虑到投资成本,由于节能建筑的初投资相对较高,必须考虑运行费用降低而节约的成本是否能够弥补增额的初投资。

3.全寿命周期成本分析法

全寿命周期成本(LCC)是指产品在有效使用时间内产生的与该产品相关的全部成本,包括设计、制作、运输、使用、维护及废弃处理等各个阶段的成本之和。该方法源起于美国军方,主要用于军事物资研发和采购,之后在美国广泛应用,美国政府明确规定对于联邦能源管理计划项目需要采用这种方法来进行评估。对于建筑物,该方法是一种实现建筑全寿命周期,包括项目前期设计、生产建造、运营维护及拆除回收等各个阶段总成本最小化的理论体系,是为了从设计方案中筛选出全寿命周期成本最佳的方案,而对设计方案进行技术经济评价的过程,体现了建筑在时间维度上的总价值(图4.1)。因此,建筑经济性评价不仅要关注建造成本,还应引入全寿命周期成本的理念,考虑建筑全寿命周期的成本总和,既不能过度控制一次性投资而不顾后期大量投入,也不能一味追求绿色技术,导致建造成本显著增加。

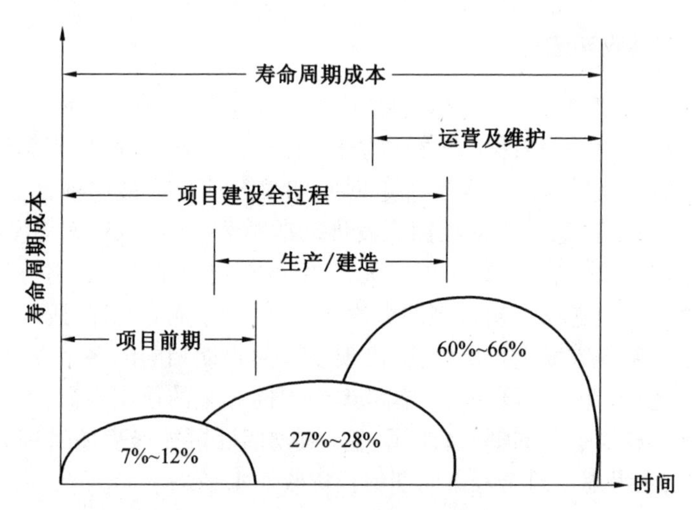

图 4.1　全寿命周期成本的构成

综合考虑3种建筑经济性评价方法的特点及适用情况,选用乡村民居全寿命周期成本作为判断设计要素参数组合的评价指标,全寿命周期成本最小时的参数组合即是最优设计方案。

4.1.2　全寿命周期成本函数构建

东北严寒地区乡村民居的性能优化问题,其本质就是对构建的目标函数进行极值求解。全寿命周期成本考虑的是乡村民居整个寿命周期内消耗的建造成本、运行成本和维护更新成本等折算到现值之和减去可回收成本现值,即:全寿命周期成本 = 建造成本 + 运行成本 + 维护更新成本 - 剩余残值,LCC 计算公式如下:

$$LCC = IC + OC + MC - RC \tag{4.1}$$

式中:LCC—— 建筑全寿命周期成本;

IC—— 建造成本的现值,包括材料购置费、安装费、人工费等;

OC—— 运行成本的现值,包括照明、采暖、炊事等耗煤或耗电量等;

MC—— 维护更新成本现值,包括使用过程中维修费用、构件更新费用等;

RC—— 建筑全寿命周期结束时可回收的剩余残值的现值。

通常情况下,采用节能措施的乡村民居和基准模型在主体结构及材料、围护结构构造、建造技术等方面均具有相同部分。要分析乡村民居采用何种设计参数组合的全寿命周期成本最低,并不需要计算成本绝对值。因此,重点关注二者的成本差值,当差值达到最小时即得出最优参数组合,全寿命周期成本差值的计算公式如下:

$$dLCC = dIC + dOC + dMC - dRC \tag{4.2}$$

式中:dLCC—— 建筑全寿命成本差值;

dIC—— 采用节能措施的建筑与基准模型的建造成本现值的差值;

dOC—— 建筑能耗产生的运行成本现值的差值,采取节能措施之后,同等条件下建筑能耗会降低,从而节约运行过程中的费用;

dMC—— 维护和更新成本现值的差值;

dRC—— 剩余残值现值的差值。

根据东北严寒地区乡村民居实际情况,对公式做简化处理:① 采用的保温材料基本无回收价值,不考虑可回收剩余残值的现值;② 乡村民居的更新和维护与全寿命周期年限有关,通常情况下基本无维护和更新。由图 4.1 可知,建造成本和运行成本在全寿命周期成本中占有很大比重,因此重点关注乡村民居的初始建设成本和运行成本(能耗),根据全寿命周期年限,兼顾维护和更新成本,从而优选出最佳参数组合。

综上,东北严寒地区乡村民居全寿命周期成本的简化公式如下:

$$dLCC = dIC + dOC + dMC \tag{4.3}$$

公式(4.3) 中各项参数的计算方法如下:

(1)dIC 的计算。采用节能措施的乡村民居与基准模型建造成本现值的差值按照公式(4.4) 计算。

$$dIC = \gamma \sum_{i=1}^{i} dIC_i = \gamma \sum_{i=1}^{i} S_i \times dP_i \tag{4.4}$$

式中:dIC_i—— 围护结构各部位的建造成本差额;

S_i—— 围护结构各部位采取节能措施的面积;

dP_i—— 围护结构各部位采用材料的单位价格差值;

γ—— 建造期的成本变动率。

(2)dOC 的计算。东北严寒地区冬季寒冷漫长,采暖期长达半年,夏季凉爽,以自然通风为主,基本不采用空调等制冷设备。因此,运行成本的差值源于冬季采暖能耗的减少，由此产生的运行成本现值的差值按公式(4.5)计算。

$$dOC = ae_p dE\alpha/e \tag{4.5}$$

式中：a—— 考虑通货膨胀因素和能源价格上涨的折减系数；

e_p—— 能源价格，乡村民居冬季采暖以燃煤为主，单位：元/t；

dE—— 采用节能措施的民居与基准模型的采暖耗煤量差值，模拟软件输出结果的单位为 KWh，计算时需要将其转换为 t，和能源价格保持一致，$1\ \text{KWh} = 0.123 \times 10^{-3}\ \text{t}$；

α—— 实际节能效率；

e—— 采暖设备运行效率，燃煤锅炉取 0.6。

(3)dMC 的计算。维护和更新成本现值的差值需要根据全寿命周期年限来判断是否纳入全寿命周期成本函数，计算公式如下：

$$dMC = \sum_{i=1}^{i=n} dMCi = dMi(1+r)^{-k} \tag{4.6}$$

式中：dMi—— 维护和更新部位造成的成本差值；

n—— 全寿命周期期限；

k—— 维护或更新资金流量开始发生的年限，即发生在第 k 年。

4.1.3　全寿命周期成本计算假定

东北严寒地区乡村民居在全寿命周期内存在诸多不确定因素，如经济、技术等方面的参数往往存在可变性。因此，需要对这些参数做出合理假定，以保证计算结果的合理性和相对准确性。

1.全寿命周期年限 n

全寿命周期年限是影响全寿命周期成本的重要指标之一，本书所指的全寿命周期年限主要是保温系统使用年限，而不是乡村民居使用年限。我国根据建筑物的结构形式、重要程度、使用功能等因素，规定了建筑物的设计使用年限。相关规范中对不同类型建筑的设计使用年限也做出规定，如《住宅建筑规范》(GB 50368—2005)中规定：住宅结构的设计使用年限不应少于 50 年。设计使用年限所表示的是设计规定的一个时期，在这一时期内只需要进行正常的维护而不需大修就能按预期目的使用，完成预定功能。关于建筑保温系统年限的规定，不同类型保温系统有所差别，如《外墙外保温工程技术规程》(JGJ 144—2004)中要求保温系统的使用年限应不少于 25 年。东北严寒地区乡村民居多为自建房，尚无统一规范明确其使用年限。

为了分析全寿命周期年限对成本的影响,同时考虑到乡村民居的施工质量、建造方式以及乡村经济技术水平等远低于城市住宅。研究过程中将全寿命周期年限设定3种工况:$n = 10$、20、30;外窗的全寿命周期限设定为20年,即$n = 30$的工况下,全寿命周期内需要更换一次外窗,即$dMC \neq 0$;$n = 10$或$n = 20$时,全寿命周期内无须更换外窗,即$dMC = 0$。

2.折现率 r

折现率是指将未来有限期的预期收益折算成现值的一个比率,反映了货币的时间价值。折现率是影响全寿命周期成本的关键因素,包括实际利率r和名义利率i。名义利率是指央行或其他资金借贷机构公布的未调整通货膨胀因素的利率,即利息货币额与本金货币额的比率;实际利率是考虑物价因素后的利息率,更具有现实意义,二者的差距在于通货膨胀率f,计算公式如下:

$$r = (i - f)/(1 + f) \tag{4.7}$$

式中:r—— 实际利率;

i—— 名义利率;

f—— 通货膨胀率。

参考既有研究的相关取值,名义利率i取7%,通货膨胀率f取2%,计算得出实际利率$r = 4.9\%$。

3.能源价格 e_p 及上涨系数 e

东北严寒地区乡村民居冬季采暖以煤炭为主,以秸秆等生物质燃料为辅。受经济条件限制,每户采用的燃煤类型和热值各异,计算时以标准煤的热值为基准,取平均价格为600元/t。同时,在全寿命周期经济评价中还应考虑能源价格上涨的因素,参照已有研究成果,能源价格上涨系数e取1%。

4.折减系数 a

折减系数综合考虑了通货膨胀因素和能源价格上涨率的影响,计算公式如下:

$$a = [1 - (1 + r_e)^{-n}]/ r_e \tag{4.8}$$

式中:r_e—— 包括电力能源价格上涨因素的实际利率。

$r_e = (r - e)/(1 + e)$,将能源价格上涨系数$e = 1\%$和折现率$r = 4.9\%$代入公式得出$r_e = 3.86\%$;将设定的3种全寿命周期年限代入上式,计算得出$n = 10$、20、30时,折减系数分别为8.17、13.76、17.59。

5.建造期成本变动率 γ

乡村民居建造时间远少于其运行使用年限，材料费的变化很小，可忽略不计，故建造期的成本变动率 γ 取 100%。

6.实际节能效率 α

设定乡村民居的实际节能效率 $\alpha = 100\%$，但实际运行过程中，由于运行模式、供暖时间及乡村民居使用年数增加等因素影响，实际节能效率可能会发生一些变化。

4.2 乡村民居节能优化平台构建

优化平台是实施乡村民居性能优化的载体，可实现通过建立物理模型进行建筑能耗、室内热环境等性能模拟分析，并根据设定的目标函数及评价指标从系列设计方案中筛选出最优方案。其本质为：数学模型求解的迭代过程，通过反复迭代计算达到目标函数要求。结合前文确定的模拟软件、目标函数等，采用模拟与优化软件结合的方法，建立基于全寿命周期成本的乡村民居节能优化平台，即通过编写程序将能耗模拟软件与优化软件结合，实现“能耗模拟—优化搜索—结果反馈”的循环计算与优化搜索过程，从而得出最佳设计参数组合，实施原理如图 4.2 所示。

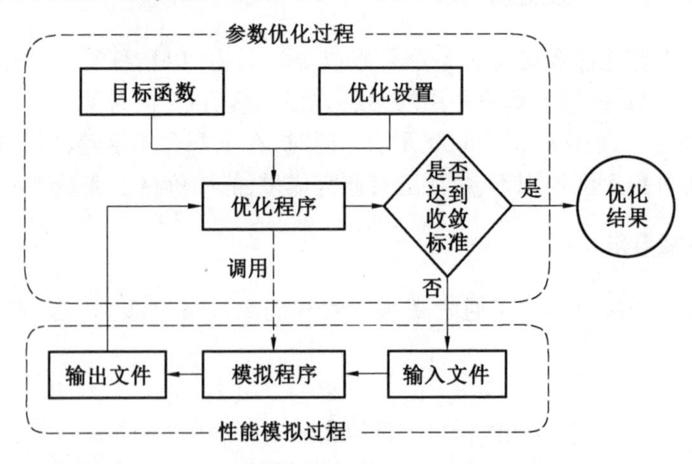

图 4.2　节能优化平台实施原理

4.2.1　性能优化软件选择

优化软件能够采用合适的优化算法,以降低或增加目标函数值为目标,将能耗模拟和设计过程结合,自动地对设计方案进行计算、比较、判定,得出最优设计参数组合。与优化软件结合的模拟程序需要选择能够输入和输出文本格式文件的能耗模拟软件,EnergyPlus能耗模拟引擎满足需求。目前,可用于性能优化及分析的软件较多,见表4.1。通过对多种优化软件的主要功能进行比较,结合本书研究问题的优化需求,并参考已有研究案例,选择GenOpt专用软件包作为研究工具。

表4.1　自定义和通用类优化软件

优化工具名称		Q1	Q2	Q3	Q4	Q5
自定义	Opt - E - Plus	是	否	否	否	否
	GENE_ARCH	是	是	否	否	否
	BEopt™	是	否	否	否	否
	TRNOPT	否	是	否	否	是
	MultiOpt2	否	是	是	?	是
	jEPlus + EA	否	是	否	是	否
通用类	GenOpt	是	否	否	是	是
	Model - Center	否	是	是/否	是	否
	modeFRONTIER	否	是	是	是	是
	DAKOTA	是	是	是	是	是
	iSIGHT	否	是	是	否	是
	MOBO	是	是	是	是	是

注:Q1:是否免费软件? Q2:是否包括多目标算法? Q3:是否能够自动约束处理? Q4:是否可以并行计算? Q5:是否可以同时处理离散和连续变量?"是/否"表示该项指标对一些算法可以,对另外一些算法不可以。

GenOpt是由美国劳伦斯伯克利国家实验室2004年研发的一款免费通用优化程序,主要用于由建筑模拟确定的目标函数优化,在能耗模拟、设计优化等方面已经有了一定应用,而且对复杂的系统设计和分析能够提供很大帮助。GenOpt是一个单纯的数学软件,基于Java平台开发,能够与任意可以识别文本输入输出(I/O)的模拟程序耦合,且不需要重新编辑任何程序,只需要在它提供的平台下,采用规范化语言编程就可以完成和能耗软件的链接,从而建立模拟及优化运算的操作界面。软件可以自动调用和改变需要优化的参数,实现迭代运算过程,当达到优化算法所设定的收敛值时,运算终止。软件本身还含有优化算法库,具体优化时可以从中选择合适的优化算法对目标函数进行计算,且能够处理连续变量和离散变量,并可在多核计算机上平行计算。

4.2.2 智能优化算法确定

智能优化算法是一种按照某种规则或思想进行搜索的过程,用以得到满足使用者需求的问题的解,这种算法具有缜密的理论依据和严谨的逻辑,而不是凭借个人经验,从理论上讲,能够在一定时间内探寻到最优解或接近最优解的值,优化算法的本质就是求解极值的问题。为了简化实验次数,一般采用的是单变量控制实验法,即每次只有一个因素变化,其他因素保持不变,计算出一系列数据,然后逐个改变需要观察的变量,得出相应的数据。若因素的数量较多且需要全部考虑,由于变量之间的耦合关系,计算量较大,优化算法可以大大简化计算过程;不足之处在于,优化算法虽然可以快速得到最优解,但过程解集并不连续。单变量控制法的优势在于能够观测出每个因素所引起的作用效果及过程变化,二者各有利弊。智能优化算法种类较多,如遗传算法、模拟退火算法、禁忌搜索算法、蚁群算法、粒子群优化算法、蜂群算法、布谷鸟搜索算法、虎克 - 捷夫算法等,各种优化算法适用范围及特点见表 4.2。

表 4.2 智能优化算法适用范围及特点

优化算法名称	适用范围及特点
遗传算法	把决策变量的编码作为运算对象,进行整体空间的并行搜索,能够以很大概率找到全局最优解,不易陷入局部极值,适合于维数较高、环境复杂、问题结构不十分清楚的情况
模拟退火算法	描述简单、使用灵活、运行效率高、受初始条件限制少,适用于大规模优化问题,在生产调度、控制工程、机器学习等领域得到广泛应用,但返回一个高质量的近似解的时间较长
禁忌搜索算法	能够避免局部邻域搜索陷入局部最优,具有较高求解质量和效率,但对初始解依赖性较强,迭代搜索过程是串行的
蚁群算法	利用信息素相互传递信息来实现路径优化的机理,具有较强的鲁棒性,但生成初始解的速度过慢,搜索时间较长,易出现停滞现象

续表

优化算法名称	适用范围及特点
粒子群优化算法	模仿鸟类在觅食迁徙中个体与群体协调一致的机理,通过群体最优方向、个体最优方向和惯性方向的协调来求解优化问题
蜂群算法	解决多维和多模的优化问题,采用协同工作机制,有较好的鲁棒性和广泛适用性,但在接近全局最优解时,存在搜索速度变慢、种群多样性减少、陷入局部最优解等缺点
布谷鸟搜索算法	基于布谷鸟的巢寄生繁殖机理和莱维飞行搜索原理,与遗传算法和粒子群优化算法相比,算法简单、参数少、易于实现,但收敛速度偏慢,收敛精度不够高
虎克 - 捷夫算法	程序简单,在变量个数较少时比较有效,适应性较强,能够处理多变量、非线性问题,适合对模拟程序计算的数值结果进行优化

从表 4.2 可以看出,每种算法都有其特点及适用范围,关键是针对不同的优化问题,如可行解变量的取值(连续还是离散)、目标函数和约束条件的复杂程度(线性还是非线性)等选择适合的算法。本书对乡村民居开展性能优化,基本思想是基于合适的优化算法,在大量设计要素组合中寻找全寿命周期成本最小的参数组合。根据优化变量的数量,选择 2 种优化算法:① 对于变量较少的围护结构要素优化问题,采用虎克 - 捷夫算法(Hooke - Jeeves Algorithm);② 对于变量较多、耦合关系复杂的设计要素综合优化问题,采用改进的混合粒子群 - 虎克 - 捷夫算法(GPSPSOCCHJ),该算法由粒子群优化算法(PSO)和虎克 - 捷夫算法协同工作,前者的全局搜索能力较强,后者的局部搜索能力占优势,二者互补对优化变量是连续变量的目标函数具有很好的全局、局部搜索能力和较快的收敛速度。

4.2.3　节能优化平台构建(GenOpt - EnergyPlus)

实现基于目标函数和优化变量的乡村民居节能优化,最重要的是构建能够自动调用与搜索的优化平台,运用 Java 语言编写程序完成 GenOpt 优化软件和 EnergyPlus 能耗模拟软件耦合,建立 GenOpt - EnergyPLus 节能优化平台。GenOpt 需要的文件包括 ini 文件、command 文件、cfg 文件和 template 文件,程序耦合及优化运算时需要对 4 个文件进行配置。

(1)ini 文件(初始化文件)。负责整个流程文件的声明和定义,包括 GenOpt 优化所需文件的保存路径、能耗模拟软件的启动路径;设定需要优化的目标函数,目标函数能够读取能耗模拟软件 output file 中输出的变量值。

(2)command 文件(命令文件)。定义每个优化变量的属性,包括变量名称、表示符号、变化范围、初始值和变化步长等;设置所选择的优化算法及相关的优化参数,如最大迭代次数等。

(3)cfg 文件(配置文件)。负责 EnergyPlus 能耗模拟软件后台启动程序的设置,包括启动模拟软件的路径和命令行要求。当采用同一台计算机和能耗模拟软件对不同问题进行优化时,cfg 文件是唯一的,不需要再次更改。

(4)template 文件(输入文件模板)。EenergyPlus 能耗模拟软件的文本输入文件,在文件中需要将优化变量用 command 文件中对应的标识符号替换,变量的详细定义在 command 文件中显示。

配置完成 4 个文件之后,将 ini 文件、command 文件和 template 文件放置在同一个文件夹中,cfg 文件放置在 cfg 文件夹中,运用 GenOpt 中的 file—start 命令,选择 ini 初始文件,即可实施优化运算。GenOpt 和能耗模拟程序协同优化原理如图 4.3 所示。

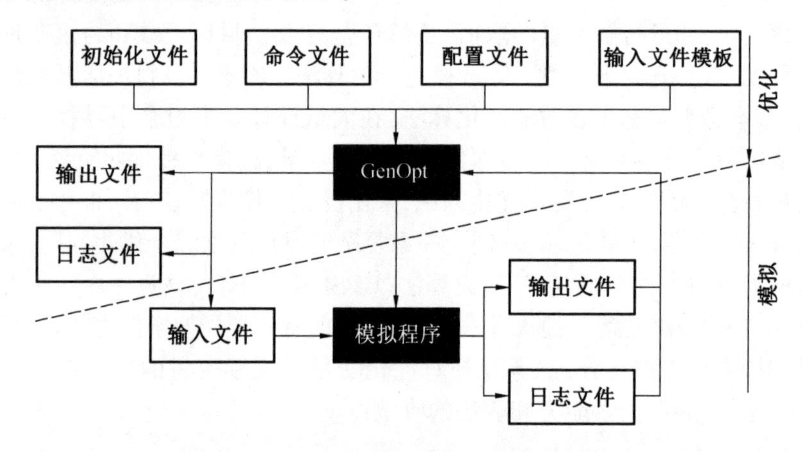

图 4.3　GenOpt 和能耗模拟程序协同优化原理

优化平台的运行流程如图 4.4 所示。首先,完成所需文件配置,设置初始参数。接着,启动 GenOpt 软件并调用 EnergyPlus 能耗模拟程序,GenOpt 读取优化变量、目标函数等参数并产生输出文件,输入 EnergyPlus 模拟程序。能耗模拟完成之后,输出数据被 GenOpt 识别产生新的目标函数值并进行判断,若达到最优,则运算停止,得出最优解;若未达到最优,GenOpt 根据预设的优化变量范围产生下一次运算的参数值,再次输入 EnergyPlus 程序进行能耗模拟,重复上一步骤。整个性能优化过程中,进行不断模拟、识别与判断,直至找到最小的目标函数值。

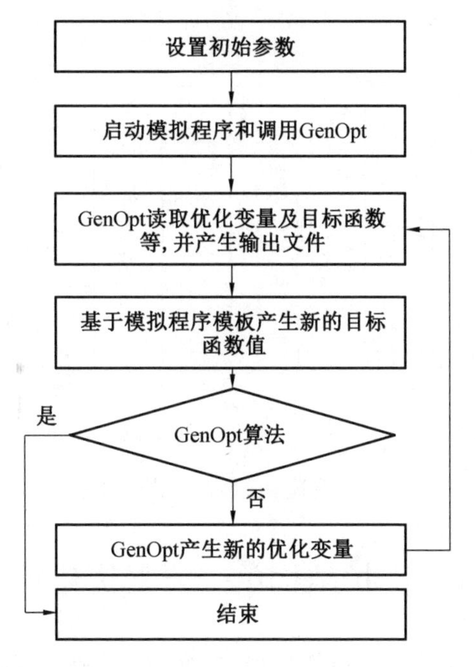

图 4.4　GenOpt - EnergyPlus 优化平台运行流程

4.2.4　优化平台运算验证

为了检验 GenOpt - EnergyPlus 优化平台运算结果的准确性，基于东北严寒地区乡村民居基准模型，以外墙保温层厚度作为优化变量进行优化计算，设定保温层厚度的寻优范围为 0 ~ 0.3 m，初始值 0.01 m，步长 0.01 m；以典型气象数据和室内计算温度 14 ℃ 作为边界条件；评价指标选择可以直观判断的冬季采暖能耗值，模拟参数设置参照 3.1 节。对于建筑能耗而言，外墙保温层越厚，采暖能耗越低，当保温层厚度到达阈值上限 0.3 m 时，采暖能耗应达到最小值，根据这一规律对优化结果准确性进行判断。GenOpt - EnergyPlus 优化平台的迭代运算过程如图 4.5 所示。

从图 4.5 可以看出，随着保温层厚度不断增加，建筑采暖能耗逐渐降低，直到保温层厚度达到寻优范围上限 0.3 m 时，迭代曲线趋于平缓，这时建筑能耗达到最低值 12 713.85 KWh，表明优化平台能够自动搜索到使目标函数满足约束条件的最优参数值。

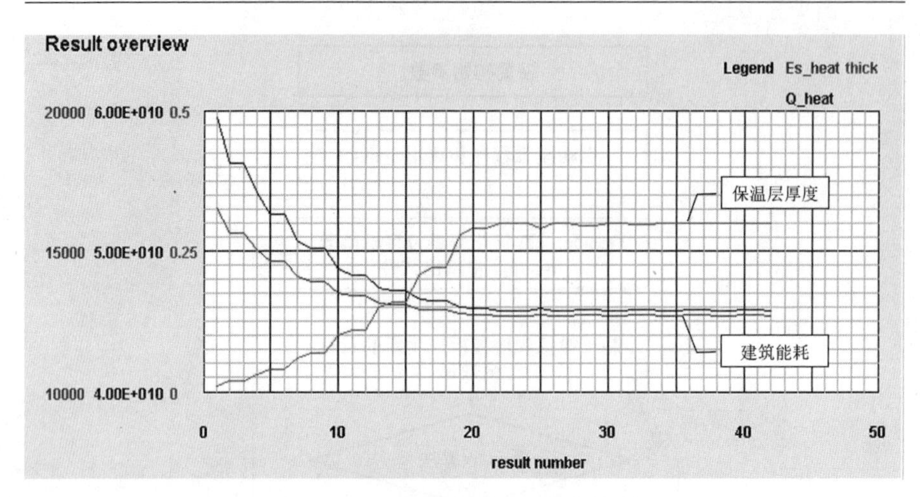

图 4.5　建筑采暖能耗优化迭代运算

4.3　围护结构单一要素优化研究

乡村民居围护结构要素包括外墙、屋面、地面和门窗等,其中门窗为定型产品,无须进行单独的构造设计,因此,本节主要研究外墙、屋面和地面 3 个要素。基于乡村民居基准模型,应用GenOpt - EnergyPlus优化平台对3个单一要素进行优化,其中以各要素的热工性能作为主变量,以全寿命周期年限、室内计算参数和室外计算参数作为辅助变量,求解各工况下全寿命周期成本最小时围护结构要素的最优参数,并探讨与各变量的响应关系。此外,单一围护结构要素优化主要针对既有乡村民居改造,也可用于新建民居,但新建民居通常进行节能综合优化(详见第 5 章)。

4.3.1　围护结构要素对能耗与成本交互影响

围护结构热工性能受传热系数、蓄热系数、太阳吸收系数等因素的综合影响。结合能耗计算理论模型和实态调研可知,影响乡村民居采暖能耗的主要因素为墙体、屋面和地面等部位的传热系数,而在构造一定的前提下,保温材料及厚度对传热系数起决定性作用。因此,重点对各部位保温层采用不同材料时的厚度进行优化和对比研究。

保温材料类型及厚度对乡村民居性能提升起到双重作用,随着保温层厚度增加,一方面,有利于建筑保温御寒,降低冬季采暖能耗;另一方面,建造投资成本也随之增长,容易造成经济性欠缺。以外墙为例,当保温材料采用膨胀聚苯板(EPS 板) 时,保温层厚度由 0 mm 增加到 400 mm。不同工况下建筑单位面积能耗和增额投资成本随保温层厚度的变化曲线如图 4.6 所示。

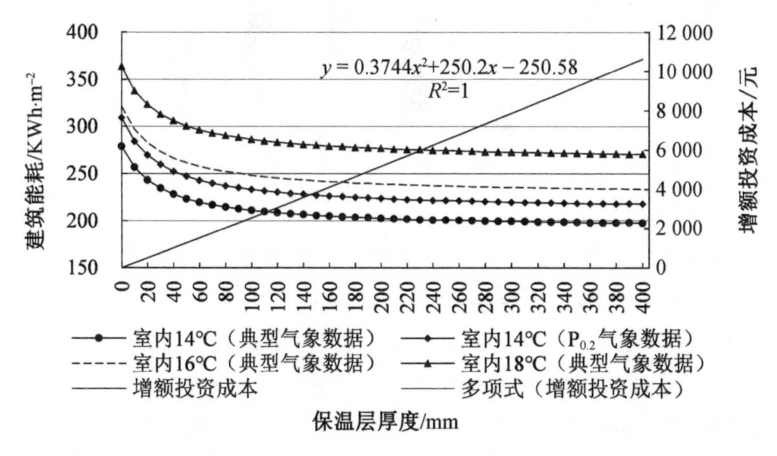

图 4.6　单位面积能耗和增额投资成本随保温层厚度的变化

在保温层厚度增加过程中,每增加 10 mm EPS 板,乡村民居的建筑节能率变化如图 4.7 所示。

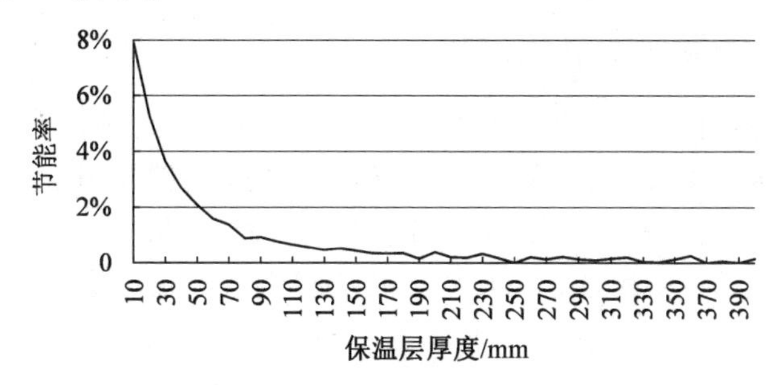

图 4.7　每增加 10 mm 保温层的节能率

由图 4.6 和图 4.7 可知,随着外墙保温层厚度增加,乡村民居能耗逐渐降低,但对节能的贡献率减少,即曲线变化率越来越小。当 EPS 板厚度为 0 ~80 mm 时,节能效果最明显;80 ~ 160 mm 时,能耗降低率变小;达到 160 mm 后再继续增加,能耗及节能率基本处于平直状态。图 4.8 为 EPS 板厚度达到 160 mm 时,围护结构各部位的热量损失。此时,外墙传热耗热量相比其他部位已经很小,再继续增加保温层厚度对降低能耗的效果并不明显。由图 4.6 可知,对于保温层厚度增加造成的增额投资成本呈近似二次方增长幅度,可见无限制地增加保温层厚度会得不偿失。

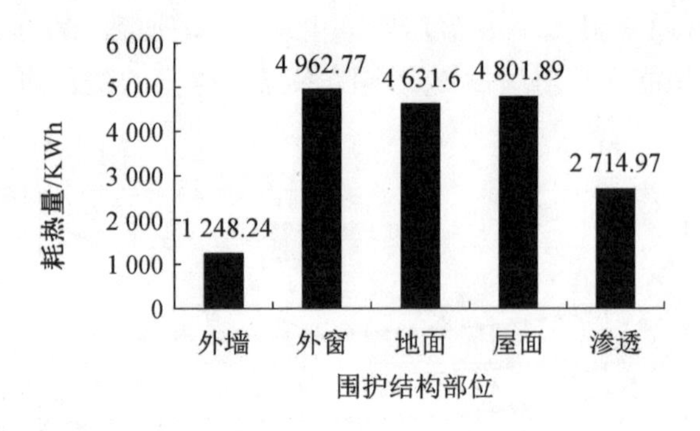

图 4.8　外墙保温层厚度 160 mm 时围护结构各部位热量损失

综上分析,围护结构要素对建筑能耗与成本的影响存在交互作用,在确定保温材料类型及其厚度时,不能单纯地关注节约能源而忽略增额投资成本,也不能只考虑减少投资成本而忽视运行能耗,需要以全寿命周期成本作为指标权衡二者的关系,寻找适宜的保温材料类型和最佳厚度,使增额投资成本达到利益最大化,即全寿命周期成本最低,但此时节能率未必达到最高。此外,不同室外气象数据和室内计算温度下,建筑能耗也存在显著差异,这时还应考量边界条件变化对全寿命周期成本的影响。

4.3.2　外墙变量优化分析

外墙作为乡村民居围护结构的重要构成要素之一,其传热耗热量约占建筑总耗热量的 40%,无论在建造成本控制还是运行效果方面,均会对能耗产生明显影响。根据前文调研结果,既有乡村民居外墙普遍缺乏保温措施,提升热工性能的主要途径是采用高效轻质材料作为保温层,形成复合墙体构造。

1.模型及参数设置

(1) 外墙构造及材料选择。根据表 4.4,基于东北严寒地区乡村资源环境特点、经济技术水平等因素,选择适合乡村民居的复合墙体构造作为研究对象。模型 b 外保温墙体的保温层采用常规保温材料,适用于新建民居及外墙改造,可保护建筑主体结构,消除热桥的不利影响,有利于冬季室内热环境稳定,同时选择 EPS 板、挤塑聚苯乙烯泡沫板(XPS 板)、珍珠岩保温板 3 种保温材料进行置换时的优化计算分析。除此之外,乡村民居还会采用一些地方性材料及构造做法,如模型 c 草板夹芯保温墙体(保温层也可采用常规保温材料)、模型 d 含空气层复合墙体,由于目前使用的草板均是标准厚度,且获取和应用受到地域、资源等因素影响，而封闭空气层提升墙体热工性能的能力有限，空气层热阻并不一定随厚度增加而增大。因此，模型 c、d 构造不纳入保温层厚度作为连续变量的优化计算分析，单独分析其与建筑能耗的关联性。

表 4.4　东北严寒地区乡村民居典型外墙构造

<table>
<tr><th>序号</th><th>名称</th><th>构造简图</th><th colspan="2">构造层次</th><th>变量</th></tr>
<tr><td>a</td><td>实心砖墙</td><td></td><td colspan="2">1— 内饰面
2—370 mm 实心砖
3— 外饰面</td><td>基准构造</td></tr>
<tr><td rowspan="5">b</td><td rowspan="5">外保温墙体</td><td rowspan="5"></td><td colspan="2">1— 内饰面
2—370 mm 实心砖
3— 水泥砂浆找平
4— 胶粘剂</td><td>—</td></tr>
<tr><td rowspan="3">5— 保温层</td><td>EPS 板</td><td>√</td></tr>
<tr><td>XPS 板</td><td>√</td></tr>
<tr><td>珍珠岩保温板</td><td>√</td></tr>
<tr><td colspan="2">6— 双层 8 mm 抗裂胶浆耐碱玻纤网格布
7— 外饰面</td><td>—</td></tr>
<tr><td rowspan="3">c</td><td rowspan="3">草板夹芯保温墙体</td><td rowspan="3"></td><td colspan="2">1— 内饰面
2—120 mm 厚实心砖
3— 防潮层</td><td rowspan="3">草板层数</td></tr>
<tr><td colspan="2">4— 草板保温层</td></tr>
<tr><td colspan="2">5— 空气层
6—240 mm 厚实心砖
7— 外饰面</td></tr>
</table>

续表

序号	名称	构造简图	构造层次	变量
d	含空气层复合墙体	内 1 2 3 4 5 外	1— 内饰面 2—240 mm 厚实心砖 3—40 mm 空气层 4—120 mm 厚实心砖 5— 外饰面	—

(2) 材料性能及价格确定。保温材料性能和价格对乡村民居能耗及成本会产生一定影响,在实际使用过程中,保温材料性能通常不变,但材料价格会随着市场调节有所浮动。在优化计算过程中,参考东北严寒地区的建筑材料性能和市场调研的平均价格,保温材料性能参数与价格见表 4.5。

表 4.5　乡村民居保温材料性能参数与价格

保温材料名称	密度 ρ /kg·m^{-3}	导热系数 λ /[W/(m^2·K)]	材料价格 /元·m^{-3}
EPS 板	18 ~ 22	0.041	360
XPS 板	25 ~ 32	0.030	480
珍珠岩保温板	200	0.070	275
60 mm 纸面草板	—	R = 0.537m^2·K/W	—
40 mm 空气间层	—	R = 0.20 m^2·K/W	—

(3) 外墙优化变量设定。以乡村民居基准模型的外墙构造作为参照(模型 a),即未采取节能措施的乡村民居外墙构造。外墙构造的优化分析模型为模型 b,即外保温墙体。根据 4.3.1 节,优化变量为外墙保温层厚度,分析时将乡村民居 4 个朝向(东向、西向、南向、北向) 外墙的保温层厚度命名为不同名称,分别赋值分析。这种保温做法也称为"非平衡保温",即各朝向外墙保温层设置成不同厚度。从体现传统乡村智慧的民居建造中发现,部分民居已采用这种保温形式,如仅在北侧或山墙设置保温层。

建筑节能优化不仅要基于现有的技术体系,还应兼顾未来发展需要,以寻求既有利于降低能耗,又达到经济性最佳的方案。优化变量的取值范围结合调研情况、现有节能标准和未来发展趋势确定,由第 3 章分析可知,外墙达到德国被动房标准时,传热系数为 0.1 W/(m^2·K),基于模型 a 的外墙构造,保温层平均厚度为 0.4 m(采用不同保温材料时有所差异),因此,优化变量的值域设定在区间[0,0.4]。优化变量的参数设置见表 4.6。

表 4.6　外墙优化变量名称、表示符号及参数设置

名称	符号	类型	最小值/m	步长/m	最大值/m	初始值/m
东向保温层厚度	e	连续变量	0.01	0.01	0.40	0.01
西向保温层厚度	w	连续变量	0.01	0.01	0.40	0.01
南向保温层厚度	s	连续变量	0.01	0.01	0.40	0.01
北向保温层厚度	n	连续变量	0.01	0.01	0.40	0.01

(4) 外墙全寿命周期成本函数。根据全寿命周期成本函数构建方法，建立外墙全寿命周期成本差值函数，包括建造成本和运行成本。

① 建造成本差值 *d*IC。即外墙建造材料的投资差额，结合保温材料价格和基准模型外墙构造，得出建造成本差值的计算公式，见表 4.7。

表 4.7　外墙建造成本差值 *d*IC 计算公式

保温材料类型	*d*IC 计算公式
EPS 板	*d*IC = 7611.12 * n + 5877.72 * s + 5803.2 * e + 5803.2 * w
XPS 板	*d*IC = 10148.16 * n + 7836.96 * s + 7737.6 * e + 7737.6 * w
珍珠岩保温板	*d*IC = 5814.05 * n + 4489.93 * s + 4433.0 * e + 4433.0 * w

② 运行成本差值 *d*OC。将采用典型气象数据和室内计算温度 14 ℃ 时的乡村民居基准模型能耗作为参照。不同全寿命周期年限的外墙运行成本现值的差值计算公式，见表 4.8。

表 4.8　外墙运行成本现值的差值 *d*OC 计算公式

全寿命周期年限	*d*OC 计算公式
$n = 10$	*d*OC = 8.17 * 600 * dE * 100%/0.6 = Q_heat * 0.0000027778 - 20228.92
$n = 20$	*d*OC = 13.76 * 600 * dE * 100%/0.6 = Q_heat * 0.00000046784 - 34069.76
$n = 30$	*d*OC = 17.59 * 600 * dE * 100%/0.6 = Q_heat * 0.00000059806 - 43552.84

③ 全寿命周期成本差值 *d*LCC。将外墙的 *d*IC 和 *d*OC 计算公式叠加，建立全寿命周期成本差值函数。以 EPS 保温材料、全寿命周期年限 $n = 10$ 为例，优化平台的 ini 文件中 Objective Function 表达如下：

```
{Name1 = Es_tot; /dLCC/
Function1 = "add (%Es_heat%, %Es_cost%)";
Name2 = Es_heat;   /dOC/
Function2 = "add (%Es_heat_1%, - 20228.92)";
Name3 = Es_cost; /dIC/
```

Function3 = "add(%Es_cost_1%,%Es_cost_2%,%Es_cost_3%,%Es_cost_4%)";

Name4 = Es_heat_1;/ 设计方案的运行成本现值 /

Function4 = "multiply (%Q_heat%, 0.00000027778)";

Name5 = Es_cost_1;

Function5 = "multiply (5803.2, %e%)";

Name6 = Es_cost_2;

Function6 = "multiply (5803.2, %w%)";

Name7 = Es_cost_3;

Function7 = "multiply (5877.72, %s%)";

Name8 = Es_cost_4;

Function8 = "multiply (7611.12, %n%)";

Name9 = Q_heat; / 采暖负荷 /

Delimiter9 = "44,";

FirstCharacterAt9 = 1 ;}

2.优化结果的分析(模型 b)

下面主要针对模型 b,即采用 3 种类型常规保温材料的外保温墙体构造的优化结果进行分析,计算结果及规律同样适用于采用常规保温材料的夹心保温墙体构造。

(1) 基于全寿命周期年限的分析。乡村民居全寿命周期年限长短对运行和建造成本的有效使用率均会产生影响,例如全寿命周期年限增长之后,运行期间因能耗降低而节约的成本增多,建造成本的使用年限增加,相应的最佳保温层厚度发生变化。因此,根据 4.1.3 节将全寿命周期年限设定为 3 种工况 $n = 10$、20、30 进行对比分析,为了避免交叉影响,以典型气象数据和室内计算温度 14 ℃ 作为边界条件。以 EPS 保温材料为例,详细解析优化过程。

① 全寿命周期年限 $n = 10$ 时,b 模型采用 EPS 保温材料的外墙变量优化过程如图 4.9 所示。

图 4.9 为外墙变量优化过程中目标函数值(Es_tot)、各朝向外墙保温层厚度、建造成本增额(Es_cost)、运行成本现值的差值(Es_heat) 等变量的迭代变化曲线。其中红线表示目标函数的迭代过程,即设计方案与基准模型的全寿命周期成本差值,e、w、s、n 分别代表东向、西向、南向、北向外墙的保温层厚度。为了清晰表达全寿命周期成本差值、建造成本增额和运行成本

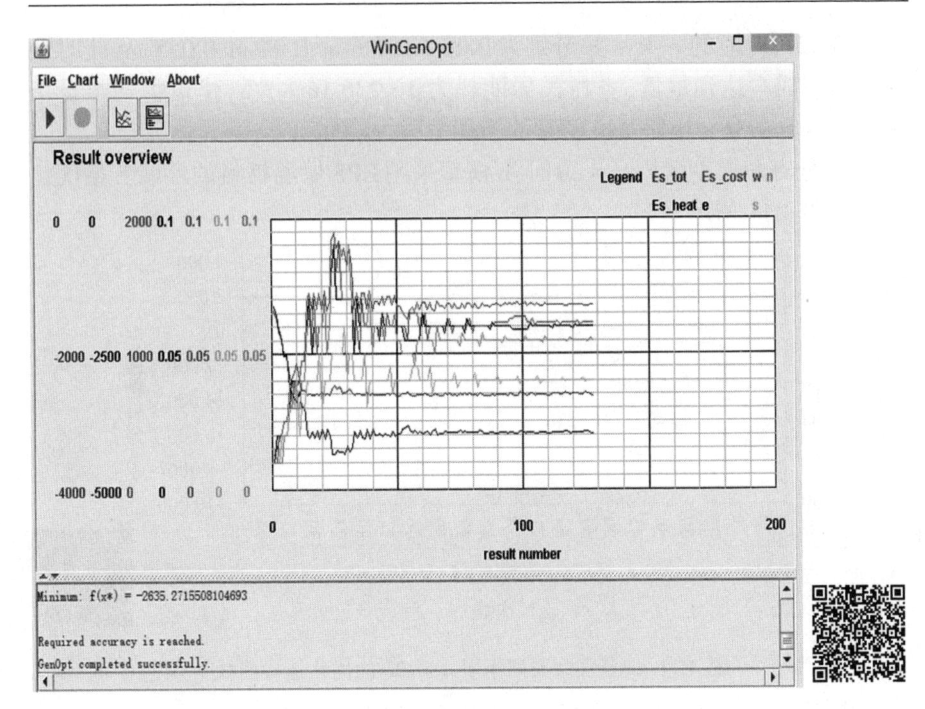

图 4.9　n = 10 时外墙保温层厚度优化过程

差值随各朝向保温层厚度的变化规律,下文分析中均提取出优化过程中各变量的数值,绘制成如图 4.10 所示的优化迭代曲线。

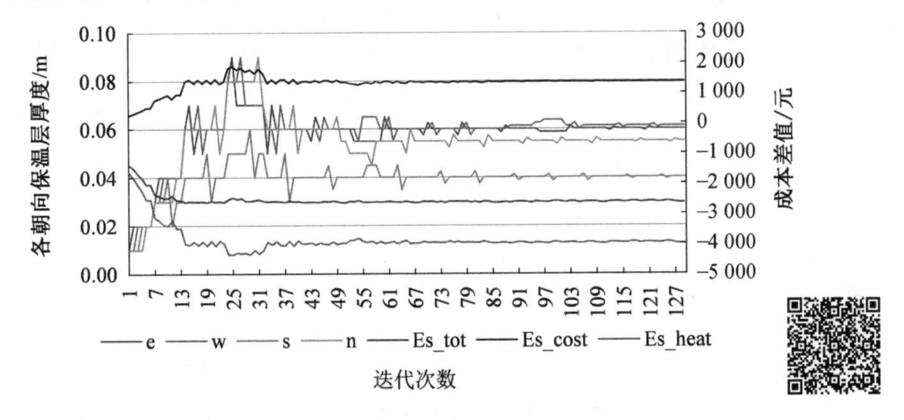

图 4.10　全寿命周期年限 n = 10 的优化迭代曲线

由图 4.10 可知,在迭代初始阶段,目标函数值下降较明显,经过长时间波动达到最小值。根据 GenOpt - EnergyPlus 优化平台的运算,迭代计算 129 次得出最优解。因此,当全寿命周期年限 n = 10 时,dLCC 最小值为

－2 635.27，对应的 e、w、s、n 分别为 0.06 m、0.06 m、0.04 m、0.055 m，此时全寿命周期成本达到最低，乡村民居能耗为 16 236.16 KWh，建筑物耗热量指标为 55.18 W/m^2，相比基准模型的节能率为 19.35%。

② 全寿命周期年限 $n=20$ 时，b 模型采用 EPS 保温材料的外墙变量优化过程如图 4.11 所示。

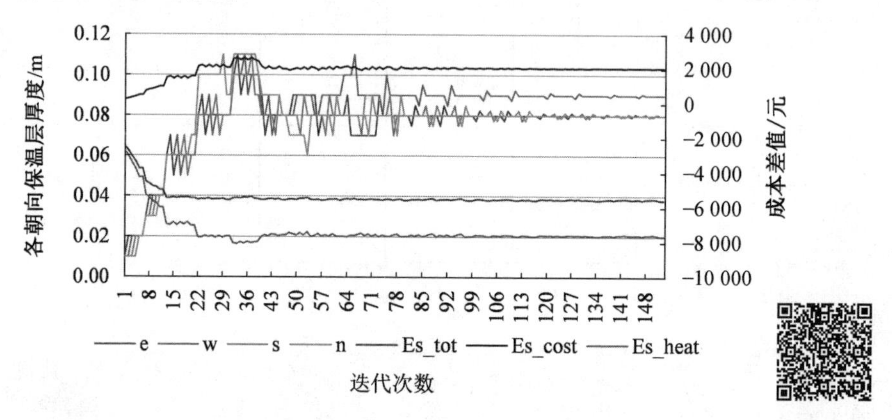

图 4.11　全寿命周期年限 $n = 20$ 的优化迭代曲线

由图 4.11 可知，当全寿命周期年限 $n=20$ 时，GenOpt－EnergyPlus 优化平台迭代运算 153 次得出最优解，dLCC 最小值为 －5 565.72，对应的 e、w、s、n 分别为 0.08 m、0.09 m、0.08 m、0.08 m，此时建筑能耗为15 697.67 KWh，建筑物耗热量指标为 53.35 W/m^2，节能率为 22.03%。

③ 全寿命周期年限 $n=30$ 时，b 模型采用 EPS 保温材料的外墙变量优化过程如图 4.12 所示。

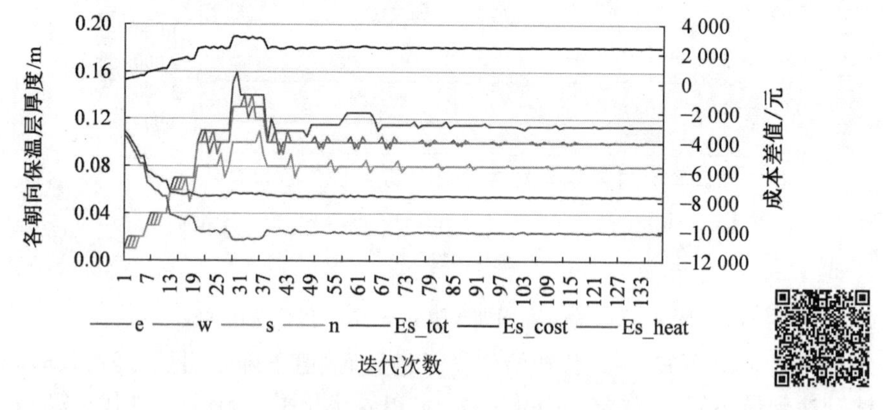

图 4.12　全寿命周期年限 $n = 30$ 的优化迭代曲线

由图 4.12 可知,当全寿命周期年限 $n=30$ 时,GenOpt - EnergyPlus 优化平台迭代运算 138 次得出最优解,dLCC 最小值为 - 7 671.96,对应的 e、w、s、n 分别为 0.11 m、0.10 m、0.10 m、0.08 m,建筑能耗为 15 533.46 KWh,建筑物耗热量指标为 52.79 W/m^2,节能率为 22.84%。

限于篇幅,下文省略采用 XPS 板和珍珠岩保温板作为保温材料的优化迭代曲线,以表格形式列出。3 种保温材料基于不同全寿命周期年限的外墙变量优化结果见表 4.9。

表 4.9　3 种保温材料基于不同全寿命周期年限的外墙变量优化结果

保温材料类型	全寿命周期年限 n	全寿命周期成本差值 dLCC	保温层厚度 /m				建造成本差值 dIC	运行成本差值 dOC	节能率 /%
			e	w	s	n			
EPS 板	10	- 2 635.27	0.06	0.06	0.04	0.055	1 357.36	- 3 992.63	19.35%
	20	- 5 565.72	0.08	0.09	0.08	0.09	2 065.65	- 7 631.37	22.03%
	30	- 7 671.96	0.11	0.10	0.10	0.08	2 437.10	- 10 109.05	22.84%
XPS 板	10	- 2 663.98	0.03	0.04	0.03	0.04	1 182.67	- 3 846.65	18.63%
	20	- 5 593.50	0.07	0.05	0.07	0.06	2 085.99	- 7 679.49	22.17%
	30	- 7 763.26	0.06	0.07	0.07	0.07	2 255.17	- 10 018.44	22.64%
珍珠岩保温板	10	- 2 289.20	0.08	0.075	0.075	0.08	1 488.98	- 3 778.18	18.29%
	20	- 5 007.61	0.10	0.10	0.11	0.10	1 961.90	- 6 969.51	20.08%
	30	- 7 071.68	0.14	0.13	0.125	0.12	2 434.03	- 9 505.71	21.45%

由表 4.9 可知,对于同一类型保温材料,其全寿命周期年限越长,全寿命周期成本达到最低的保温层厚度相应增加,虽然外墙建造成本增加,但节能率有所提高,运行期间因能耗降低而节约的运行成本减少,体现在外墙全寿命周期成本差值上呈增长趋势。从年平均值的角度分析,以 EPS 板为例,当全寿命周期年限为 10 年、20 年、30 年时,dLCC 的年平均值分别为 263.5、278.3、255.7。由此看出,当全寿命周期年限为 20 年时整体效果最优,且从节能率的增长趋势分析,其与 $n=30$ 时的节能率相差较小。对于不同类型保温材料,如图 4.13 所示,3 种保温材料全寿命周期的经济效益具有一定差异性,其中 XPS 板的性价比最高,EPS 板与之非常接近,表明虽然 XPS 板价格较高,但热工性能优良,采用较小厚度就能达到同等效果;而珍珠岩保温板价格固然较低,但热工性能相差较远。dLCC 最低时的保温层厚度可依据表 4.9 中的优化结果。

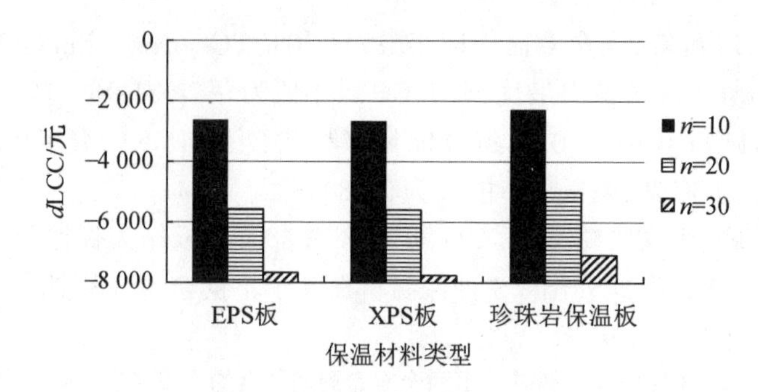

图 4.13　3 种保温材料的全寿命周期成本差值对比

(2) 基于室内计算参数的分析。兼顾降低能耗与室内热舒适的原则,同样设定室内计算温度 14 ℃、16 ℃、18 ℃ 作为变量。选择典型气象数据和全寿命周期年限 $n=20$ 作为边界条件,以性价比较高的 XPS 保温材料为例进行优化研究。根据 GenOpt - EnergyPlus 优化平台的迭代运算,不同室内计算参数下的外墙变量优化结果见表 4.10。

表 4.10　不同室内计算参数下的外墙变量优化结果

室内计算参数	全寿命周期成本差值 *d*LCC	保温层厚度 /m				建造成本差值 *d*IC	运行成本差值 *d*OC
		e	w	s	n		
14 ℃	- 5 593.50	0.07	0.05	0.07	0.06	2 085.99	- 7 679.49
16 ℃	- 1 274.16	0.07	0.06	0.065	0.06	2 124.12	- 3 398.28
18 ℃	3 046.47	0.07	0.065	0.06	0.065	2 145.04	901.43

由表 4.10 可知,当室内计算温度为 14 ℃ 时,全寿命周期成本最低时的 *d*LCC 值为 - 5 593.50,此时东向、西向、南向、北向外墙保温层厚度分别为 0.07 m、0.05 m、0.07 m、0.06 m。随着室内计算温度提高,*d*LCC 达到最低时的建造成本差值相差较小,即外墙保温材料的投资成本相差不大;但由于提高了乡村民居室内计算温度,由运行成本差值可以看出,采暖运行费用明显增加。当室内计算温度为 14 ℃ 和 16 ℃ 时,*d*LCC < 0,即设计方案的全寿命周期成本低于基准模型,设计方案经济可行;当室内计算温度提升到 18 ℃ 时,*d*LCC > 0,表明设计方案的全寿命周期成本高于基准模型。

需要说明的是,以室内计算温度为变量进行优化时,均是以乡村民居基准模型室内计算温度为 14 ℃ 时的采暖能耗为参照;若节能优化时设计方案和基准模型采用相同的室内计算温度,3 种工况下 *d*LCC 值分别为 - 5 593.50、- 6 186.48 和 - 6 778.17,均小于 0,此时并不影响最优保温层厚度,仍可依据表 4.10 中的优化结果确定。

(3) 基于室外计算参数的分析。研究表明,典型气象数据的挑选主要体现平均性,能耗模拟结果存在普遍偏小的情况。随着全球气候变化,极端天气的发生频率越来越高,容易引起乡村民居采暖用能峰值转变。因此,室外计算参数以典型气象数据和5种概率低温气象数据为变量。以XPS保温材料为例,将室内计算温度14 ℃和全寿命周期年限 $n = 20$ 作为边界条件进行优化研究,根据GenOpt - EnergyPlus优化平台的迭代运算,不同室外计算参数下的外墙变量优化结果见表4.11。

表4.11　不同室外计算参数下的外墙变量优化结果

室外计算参数	全寿命周期成本差值 *d*LCC	保温层厚度/m				建造成本差值 *d*IC	运行成本差值 *d*OC
		e	w	s	n		
典型气象数据	- 5 593.50	0.07	0.05	0.07	0.06	2 085.99	- 7 679.49
$P_{0.2}$ 气象数据	- 2 867.70	0.08	0.06	0.06	0.06	2 162.37	- 5 030.07
$P_{0.1}$ 气象数据	- 134.26	0.08	0.06	0.06	0.065	2 213.06	- 2 347.32
$P_{0.05}$ 气象数据	2 022.79	0.08	0.07	0.06	0.075	2 391.97	- 369.18
$P_{0.02}$ 气象数据	5 214.60	0.08	0.07	0.07	0.07	2 419.60	2 795.00
$P_{0.01}$ 气象数据	7 608.83	0.085	0.07	0.07	0.085	2 625.45	4 983.38

由表4.11可知,室外计算参数由典型气象数据到 $P_{0.01}$ 气象数据变化时(即随着P值降低),全寿命周期成本差值 *d*LCC 由负值逐渐转变为正值;从运行成本差值 *d*OC 可以看出,采暖运行成本明显增加。当采用典型、$P_{0.2}$ 和 $P_{0.1}$ 气象数据时,$dLCC < 0$,表明对外墙进行单一改造时,可适当提高气候防御等级,从经济性角度是可行的,*d*LCC 最低时的外墙保温层厚度可依据表4.11中的优化结果;当采用 $P_{0.05}$、$P_{0.02}$ 和 $P_{0.01}$ 气象数据时,$dLCC > 0$,设计方案的经济性不可行。

3.模拟结果的分析(模型c、d)

下面主要针对模型c和模型d,即采用乡村地方性材料及构造的外墙保温构造与建筑能耗的关联性进行分析。

(1) 草板夹芯保温墙体。草板夹芯保温墙体利用了砖和稻草的优势,将稻草板作为保温材料,与砖形成夹芯复合构造。为便于工厂生产、运输装卸和施工,将稻秆或麦秆经过整理、冲压、高温、挤压成板材,草板的尺寸已经模数化,通常为3 000 mm(长) × 1 200 mm(宽) × 60 mm(厚),但这类植物性保温材料受地域和建筑类型限制。模拟研究中以表4.4中模型c的构造为基础,选择典型气象年数据和室内计算温度 14 ℃ 作为边界条件,分别对乡村民居基准模型采用一层、二层、三层、四层草板时的建筑能耗进行计算分析,模拟结果如图 4.14 所示。

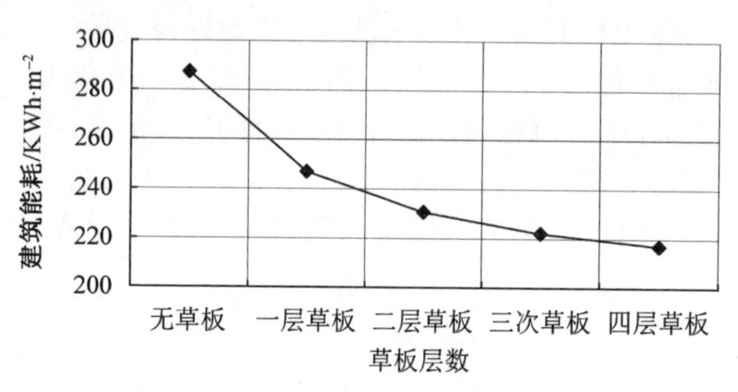

图 4.14　草板层数对建筑能耗的影响

由图 4.14 可知,随着草板层数增加,乡村民居节能效果有所提高,但增长幅度逐渐降低。当采用一层、二层、三层、四层草板时,建筑节能率分别为 14.0%、20.0%、23.0%、24%。由此可见,三层和四层草板之间的节能率差距很小,当草板层数达到三层时,外墙传热系数已降低到 0.448 W/(m^2·K)。由于模拟研究仅在基准民居的基础上对外墙进行热工性能提升,当围护结构结构各部位综合优化时,还应进行综合权衡,以确定合理的草板层数。

(2) 含空气层的复合墙体。含空气层的复合墙体,即在建筑外墙中设置一层空气间层,利用空气的保温隔热功能来进行建筑保温。模拟研究中以表4.4中的模型 d 构造为基础,选择典型气象数据和室内计算温度 14 ℃ 作为边界条件,参考《民用建筑热工设计规范》(GB 50176—2016) 的相关规定,40 mm 垂直封闭空气间层热阻取值为 0.2 m^2·K/W。模拟得出无空气层和 40 mm 空气层时的建筑能耗分别为 287.4 KWh/m^2 和 266.4 KWh/m^2。可见,当采用 40 mm 空气间层将 240 mm 和 120 mm 砖墙隔开后,传热系数由 370 mm 墙体的 1.58 W/(m^2·K) 降低到 1.22 W/(m^2·K),节能率为 7.0%,表明在乡村民居外墙中增设空气间层可以起到一定的节能作用,但效果有限。此外,当垂直封闭空气间层两侧表面的辐射率较高时,同一温度条件下不同厚度的空气间层热阻相差很小,空气间层热阻并不是随着厚度增加而增大,而墙体中设置较宽的空气间层也不利于建筑结构的稳定性,因此可将空气间层的厚度适当减小。

4.3.3　屋面变量优化分析

根据前文调研结果可知,乡村民居常采用室内吊顶保温的方式,将轻质材料敷设在吊顶上部，这种方式相比屋面保温而言，节约了材料的铺贴面积，减少了室内空间的散热面积，而且增加了空间的完整性和美观性，因此对乡村民居起保温作用的主要构件为室内吊顶。

1.模型及参数设置

（1）屋面构造及材料。以乡村民居普遍采用的木（钢）屋架吊顶保温形式作为研究对象（表 4.12）；同样选择 EPS 板、XPS 板和珍珠岩保温板 3 种保温材料进行置换时的性能和成本分析。

表 4.12　东北严寒地区乡村民居典型屋面构造

名称	构造简图	构造层次		变量
木（钢）屋架坡屋面	1 2 3 4 5 6 7 8	1— 面层（彩钢板、瓦等） 2— 防水层 3— 望板 4— 木屋架（或钢屋架）		—
		5—保温层	草木灰、锯末等	基准构造
			EPS 板	√
			XPS 板	√
			珍珠岩保温板	√
		6— 隔气层（塑料薄膜） 7— 棚板（木／苇草板） 8— 吊顶		—

（2）屋面优化变量设定。以乡村民居基准模型的屋面构造作为参照，即采用草木灰、锯末等传统材料作为保温材料的屋面构造。当乡村民居屋面达到德国被动房标准时，传热系数为 0.1 W/(m^2·K)，基于传统屋面构造的保温材料厚度平均为 0.40 m。因此，屋面优化变量的值域设定在区间[0，0.4]。优化变量的参数设置见表 4.13。

表 4.13　屋面优化变量名称、表示符号及参数取值

名称	符号	类型	最小值/m	步长/m	最大值/m	初始值/m
屋面保温层厚度	r	连续变量	0.01	0.01	0.40	0.01

（3）屋面全寿命周期成本函数。根据建筑物全寿命周期成本函数的构建方法，建立屋面全寿命周期成本差值函数。

① 建造成本差值 dIC。即屋面建造材料的投资差额,结合表 4.5 中保温材料价格和乡村民居基准模型的屋面构造,得出建造成本差值的计算公式,见表 4.14。

表 4.14　屋面建造成本差值 dIC 计算公式

保温材料类型	计算公式
EPS 板	20756.88 * r
XPS 板	27675.84 * r
珍珠岩保温板	15855.95 * r

② 运行成本差值 dOC。屋面运行成本现值的差值计算公式与外墙相同,不再赘述。

③ 全寿命周期成本差值 $dLCC$。将屋面的 dIC 和 dOC 计算公式相叠加,建立屋面全寿命周期成本差值函数。以 EPS 保温材料、全寿命周期年限 n = 10 为例,优化平台的 ini 文件中 Objective Function 表达如下:

```
{Name1 = Es_tot;  /dLCC/
Function1 = "add (%Es_heat%, %Es_cost %)";
Name2 = Es_heat;  /dOC/
Function2 = "add (%Es_heat_1%, - 20228.92)";
Name3 = Es_cost;  /dIC/
Function3 = "multiply (20756.88, %r %)";
Name4 = Es_heat_1;/ 设计方案的运行成本现值 /
Function4 = "multiply (%Q_heat%, 0.00000027778)";
Name5 = Q_heat;  / 采暖负荷 /
Delimiter5 = "44,";
FirstCharacterAt9 = 1 ;}
```

2.优化结果的分析

(1) 基于全寿命周期年限的分析。将全寿命周期年限设定为 3 种工况 n = 10、20、30,选择典型气象数据和室内计算温度 14 ℃ 作为边界条件进行优化研究,以 EPS 保温材料为例,详细说明优化过程(分析时同样提取出各变量计算值,绘制成迭代曲线图)。

① 全寿命周期年限 n = 10 时,采用 EPS 保温材料的屋面变量优化过程如图 4.15 所示。

由图 4.15 可知,在迭代初始阶段,目标函数值急剧下降,经过一段时间震荡达到最小值。根据 GenOpt - EnergyPlus 优化平台运算,迭代计算 50 次

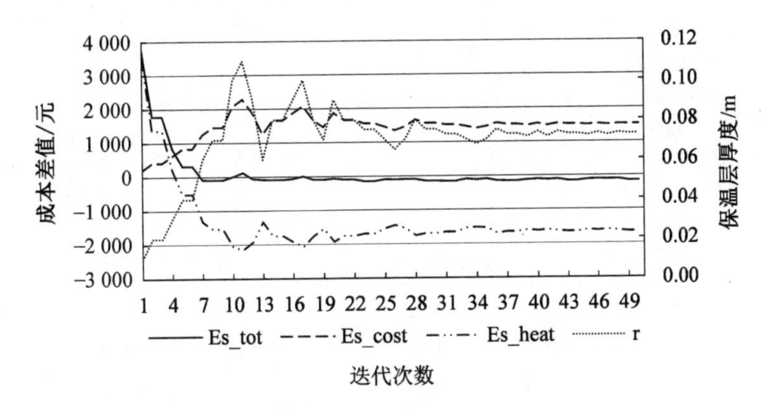

图 4.15　全寿命周期年限 $n = 10$ 时的优化迭代曲线(EPS 板)

达到最优解。由此得出,当全寿命周期年限 $n = 10$ 时,dLCC 最小值为 - 153.77,对应的屋面保温层厚度 r = 0.073 m,此时建筑全寿命周期成本达到最低,乡村民居能耗为 18 570.12 KWh,建筑物耗热量指标为 63.11 W/m²,相比基准模型节能率为 7.76%。

② 全寿命周期年限 $n = 20$ 时,采用EPS保温材料的屋面变量优化过程如图 4.16 所示。

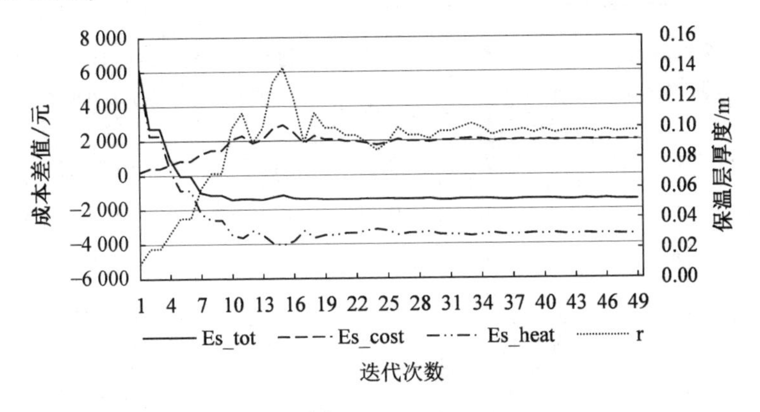

图 4.16　全寿命周期年限 $n = 20$ 时的优化迭代曲线(EPS 板)

由图 4.16 可知,当全寿命周期年限 $n = 20$ 时,GenOpt - EnergyPlus 优化平台迭代运算49次得出最优解,dLCC 最小值为 - 1 449.32,对应的屋面保温层厚度 r = 0.098 m,建筑能耗为 18 166.62 KWh,建筑物耗热量指标为 61.74 W/m²,节能率为 9.77%。

③ 全寿命周期年限 $n = 30$ 时,采用EPS保温材料的屋面变量优化过程如图 4.17 所示。

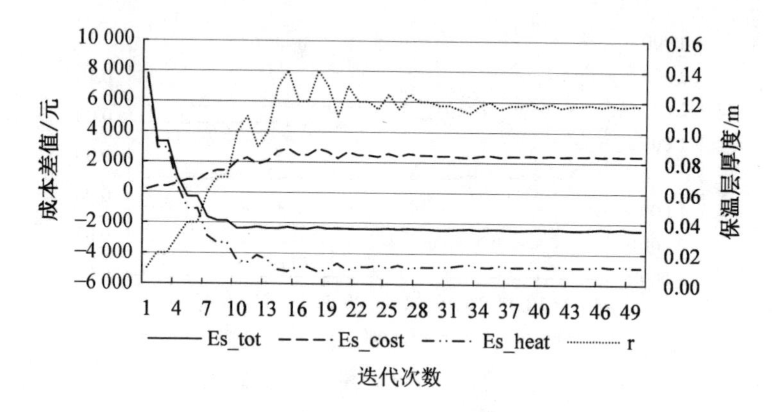

图 4.17　全寿命周期 n = 30 时的优化迭代曲线(EPS 板)

由图 4.17 可知,当全寿命周期年限 $n=30$ 时,GenOpt - EnergyPlus 优化平台迭代运算 50 次得出最优解,dLCC 最小值为 - 2 445.02,对应的屋面保温层厚度 r = 0.118 m,建筑能耗为 17 960.33 KWh,建筑物耗热量指标为 61.04 W/m^2,节能率为 10.79%。

3 种保温材料基于不同全寿命周期年限的屋面变量优化结果见表4.15。

表 4.15　3 种保温材料基于不同全寿命周期年限的屋面变量优化结果

保温材料	全寿命周期年限 n	全寿命周期成本差值 dLCC	保温层厚度 r/m	建造成本差值 dIC	运行成本差值 dOC	节能率/%
EPS 板	10	- 153.77	0.073	1 504.87	- 1 658.65	7.76
	20	- 1 449.32	0.098	2 023.80	- 3 473.11	9.77
	30	- 2 445.02	0.118	2 438.93	- 4 883.95	10.79
XPS 板	10	- 181.70	0.055	1 522.17	- 1 073.87	7.99
	20	- 1 458.34	0.080	2 214.07	- 3 672.41	10.35
	30	- 2 517.78	0.091	2 525.42	- 5 043.20	11.16
珍珠岩保温板	10	292.45	0.106	1 684.69	- 1 392.25	6.44
	20	- 843.23	0.135	2 140.55	- 2 983.78	8.32
	30	- 1 764.63	0.190	3 012.63	- 4 777.25	10.54

由表 4.15 可知,与外墙变量的变化规律基本相同,同一类型保温材料随着全寿命周期年限增长,dLCC 逐渐增加,其中建造成本增加,采暖能耗降低,即运行费用减少。从年平均值的角度分析,以 EPS 板为例,当全寿命周期年限分别为 10 年、20 年、30 年时,dLCC 的平均值分别为 15.38、72.47、

81.5。由此得出,当 $n=30$ 时,屋面优化的经济性最佳,不同于外墙变量的优化结果。对于不同类型的保温材料,XPS 板的全寿命周期成本差值最大,表明其性价比最高,EPS 板与之相差不大;而珍珠岩保温板相差较大,当全寿命周期年限 $n=10$ 时,其 dLCC 值仍为正值。dLCC 最低时的保温层厚度可依据表 4.15 中的优化结果。

(2) 基于室内计算参数的分析。室内计算参数和边界条件设置同外墙变量优化,以 XPS 保温材料为例进行优化研究。根据 GenOpt - EnergyPlus 优化平台迭代运算,不同室内计算参数下屋面变量优化结果见表 4.16。

表 4.16　不同室内计算参数下屋面变量优化结果

室内计算参数	全寿命周期成本差值 dLCC	保温层厚度 r/m	建造成本差值 dIC	运行成本差值 dOC
14 ℃	- 1 458.34	0.080	2 214.07	- 3 672.41
16 ℃	3 286.09	0.080	2 214.07	1 072.02
18 ℃	8 025.45	0.083	2 297.10	5 728.35

由表 4.16 可知,当室内计算温度为 14 ℃ 时,全寿命周期成本最低时的 dLCC 值为 - 1 458.34,此时屋面保温层厚度为 0.08 m;而当室内计算温度为 16 ℃ 和 18 ℃ 时,dLCC 均为正值,表明设计方案的全寿命周期成本高于基准模型,不符合经济性原则。如果仅对屋面进行改造,则不宜提高室内温度标准。同样,此时是以乡村民居基准模型室内计算温度 14 ℃ 的能耗作为参照,若乡村民居原有的室内温度就为 16 ℃ 或 18 ℃,则按照同等温度改造的经济性是可行的,保温层厚度最佳值依据表 4.16 即可。

(3) 基于室外计算参数的分析。室外计算参数和边界条件设置同外墙变量优化,以 XPS 保温材料为例进行优化研究。根据 GenOpt - EnergyPlus 优化平台迭代运算,不同室外气象数据下屋面变量优化结果见表 4.17。

表 4.17　不同室外气象数据下屋面变量优化结果

室外计算参数	全寿命周期成本差值 dLCC	保温层厚度 r/m	建造成本差值 dIC	运行成本差值 dOC
典型气象数据	- 1 458.34	0.080	2 214.07	- 3 672.41
$P_{0.2}$ 气象数据	2 059.77	0.080	2 214.07	- 154.30
$P_{0.1}$ 气象数据	5 148.74	0.081	2 241.74	2 907.00
$P_{0.05}$ 气象数据	8 025.81	0.083	2 300.55	5 725.26

续表

室外计算参数	全寿命周期成本差值 *d*LCC	保温层厚度 r/m	建造成本差值 *d*IC	运行成本差值 *d*OC
$P_{0.02}$ 气象数据	11 884.90	0.091	2 508.12	9 376.78
$P_{0.01}$ 气象数据	14 830.35	0.090	2 490.82	12 339.53

由表 4.17 可知，屋面变量优化时，仅在采用典型气象数据时，全寿命周期成本差值 *d*LCC 为负值；采用其他概率低温气象数据时，*d*LCC 均为正值，表明单一改造屋面时，由于乡村民居整体性能提升有限，从经济性的角度不宜提高气候防御等级。

4.3.4 地面变量优化分析

地面热工质量不仅影响建筑能耗，还对人体健康产生影响，此部分容易受到建筑周边低温土壤的不利影响，导致乡村居民采暖能耗增加，但通常被设计者或使用者所忽视。实态调研分析表明，大多数乡村民居的地面未采取有效的保温措施。

1.模型及参数设置

(1) 地面构造及材料。根据实态调研统计分析，东北严寒地区乡村民居的典型地面构造见表 4.18。采用与外墙、屋面相同的 3 种保温材料进行性能优化和成本分析。

表 4.18　东北严寒地区乡村民居典型地面构造

<table>
<tr><th>名称</th><th>构造简图</th><th colspan="2">构造层次</th><th>变量设置</th></tr>
<tr><td rowspan="6">地面保温构造</td><td rowspan="6">1
2
3
4
5
6
7</td><td colspan="2">1— 面层
2—40 mm 厚细石混凝土保护层</td><td>—</td></tr>
<tr><td rowspan="4">3— 保温层</td><td>无保温</td><td>基准构造</td></tr>
<tr><td>EPS 板</td><td>√</td></tr>
<tr><td>XPS 板</td><td>√</td></tr>
<tr><td>珍珠岩保温板</td><td>√</td></tr>
<tr><td colspan="2">4— 防潮层
5—20 mm 厚水泥砂浆找平层
6— 垫层
7— 素土夯实</td><td>—</td></tr>
</table>

(2) 地面优化变量设定。以乡村民居基准模型地面构造作为参照,即未采取保温措施的地面构造。同样,当地面达到德国被动房标准时,传热系数为 0.1 W/(m^2·K),基于传统地面构造的保温材料厚度平均为 0.40 m。因此,地面变量的值域设定在区间[0,0.4]。优化变量的参数设置见表 4.19。

表 4.19　地面优化变量名称、表示符号及参数取值

名称	符号	类型	最小值 /m	步长 /m	最大值 /m	初始值 /m
地面保温层厚度	g	连续变量	0.01	0.01	0.40	0.01

(3) 地面全寿命周期成本函数。根据建筑物全寿命周期成本函数的计算方法,建立地面全寿命周期成本差值函数。

① 建造成本差值 *d*IC。即地面建造材料的投资差额,结合表 4.5 中保温材料价格和乡村民居基准模型的地面构造,得出建造成本差值的计算公式,见表 4.20。

表 4.20　地面建造成本差值 *d*IC 计算公式

保温材料类型	计算公式
EPS 板	20756.88 * g
XPS 板	27675.84 * g
珍珠岩保温板	15855.95 * g

② 运行成本差值 *d*OC。地面运行成本现值的差值计算公式与外墙、屋面相同,不再赘述。

③ 全寿命周期成本差值 *d*LCC。将地面的 *d*IC 和 *d*OC 计算公式相叠加,建立地面全寿命周期成本差值函数。以 EPS 保温材料、全寿命周期年限 n = 10 为例,优化平台的 ini 文件中 Objective Function 表达如下:

```
{Name1 = Es_tot;  /dLCC/
Function1 = "add (%Es_heat%, %Es_cost %)";
Name2 = Es_heat;  /dOC/
Function2 = "add (%Es_heat_1%, - 20228.92)";
Name3 = Es_cost;  /dIC/
Function3 = "multiply (5803.2, %g %)";
Name4 = Es_heat_1;/ 设计方案的运行成本现值 /
Function4 = "multiply (%Q_heat%, 0.0000027778)";
Name5 = Q_heat;  / 采暖负荷 /
```

```
Delimiter5 = "44,";
FirstCharacterAt9 = 1 ;}
```

2.优化结果的分析

(1) 基于全寿命周期年限的分析。以典型气象数据和室内计算温度14 ℃作为边界条件,全寿命周期年限设定为10年、20年、30年3种工况进行优化研究,以EPS板保温材料为例详细说明优化过程(分析时同样提取出各变量计算值,绘制成迭代曲线图)。

① 全寿命周期年限$n=10$时,采用EPS保温材料的地面变量优化过程如图4.18所示。

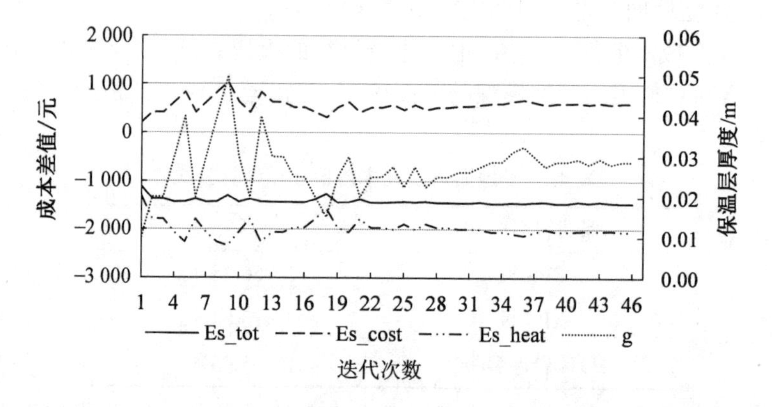

图4.18 全寿命周期年限$n = 10$的优化迭代曲线(EPS板)

由图4.18可知,迭代初始过程中波动相对平稳,目标函数值无急剧下降趋势,GenOpt - EnergyPlus优化平台迭代运算46次达到最优解。由此得出,当全寿命周期年限$n = 10$时,dLCC最小值为 - 1 457.37,对应的地面保温层厚度g = 0.029m,此时全寿命周期成本达到最低,乡村民居能耗为18 174.64 KWh,建筑物耗热量指标为61.77 W/m^2,相比基准模型的节能率为9.73%。

② 全寿命周期年限$n=20$时,采用EPS保温材料的地面变量优化过程如图4.19所示。

由图4.19可知,当全寿命周期年限$n = 20$时,GenOpt - EnergyPlus优化平台迭代运算37次达到最优解,dLCC最小值为 - 2 977.38,对应的地面保温层厚度g = 0.04 m,建筑能耗为17 967.98 KWh,建筑物耗热量指标为61.06 W/m^2,节能率为10.75%。

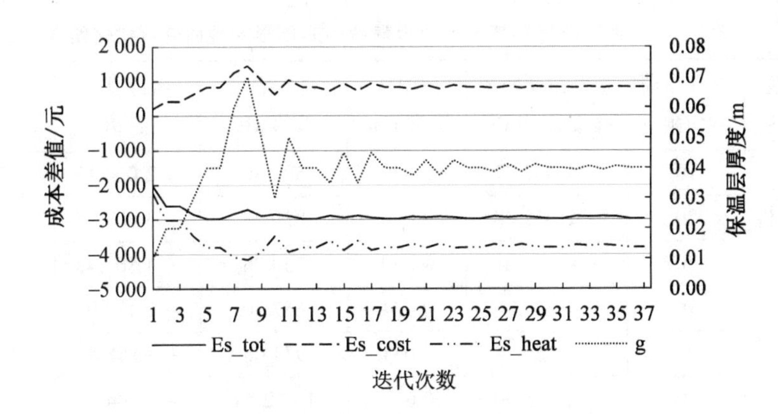

图 4.19　全寿命周期年限 n = 20 的优化迭代曲线(EPS 板)

③ 全寿命周期年限 $n=30$ 时,采用EPS保温材料的地面变量优化过程如图 4.20 所示。

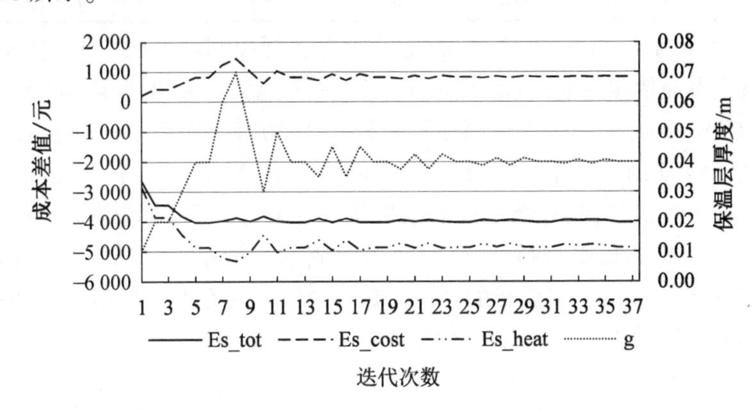

图 4.20　全寿命周期年限 n = 30 的优化迭代曲线(EPS 板)

由图 4.20 可知,当全寿命周期年限 n = 30 时,GenOpt - EnergyPlus 优化平台迭代运算 37 次达到最优解,dLCC 最小值为 - 4 037.21,对应的保温层厚度 g = 0.04 m,建筑能耗为 17 967.98 KWh,建筑物耗热量指标为 61.06 W/m^2,节能率为 10.75%。

3 种保温材料基于不同全寿命周期年限的地面变量优化结果见表4.21。

表 4.21 3 种保温材料基于不同全寿命周期年限的地面变量优化结果

保温材料	全寿命周期年限 n	全寿命周期成本差值 dLCC	保温层厚度 r/m	建造成本差值 dIC	运行成本差值 dOC	节能率/%
EPS 板	10	-1 457.37	0.029	596.76	-2 054.13	9.73
	20	-2 977.38	0.040	830.28	-3 807.65	10.75
	30	-4 037.21	0.040	830.28	-4 867.48	10.75
XPS 板	10	-1 475.73	0.024	657.30	-2 133.03	10.12
	20	-2 964.78	0.034	934.06	-3 898.84	11.02
	30	-4 071.96	0.039	1 072.44	-5 144.40	11.39
珍珠岩保温板	10	-1 308.74	0.035	554.96	-1 863.70	8.78
	20	-2 741.65	0.053	832.44	-3 574.09	10.06
	30	-3 741.20	0.073	1 149.56	-4 890.75	10.81

由表 4.21 可知,与外墙、屋面变量的变化规律基本一致,同一类型保温材料随全寿命周期年限的增加,dLCC 值逐渐越大。从年平均值的角度分析,以 EPS 板为例,当全寿命周期年限分别为 10 年、20 年、30 年时,dLCC 的平均值分别为 147.57、148.24、135.73。由此得出,当 $n = 20$ 时,地面变量的优化结果经济性最佳,与外墙变量的结果相同。对于不同类型保温材料,同样采用 XPS 板作为保温材料时,全寿命周期成本差值最大,即性价比最高,但此时 EPS 板和珍珠岩保温板的 dLCC 值与之相差均不大。dLCC 最低时的保温层厚度可依据表 4.21 中的优化结果。

(2) 基于室内计算参数的分析。室内计算参数和边界条件设置同外墙变量优化,以 XPS 保温材料为例进行优化研究。根据 GenOpt - EnergyPlus 优化平台迭代运算,不同室内计算参数下地面变量优化结果见表 4.22。

表 4.22 不同室内计算参数下地面变量优化结果

室内计算参数	全寿命周期成本差值 dLCC	保温层厚度 r/m	地面成本增额 dIC	运行成本现值的差值 dOC
14 ℃	-2 964.78	0.033	934.06	-3 898.84
16 ℃	418.81	0.039	1 072.44	-653.63
18 ℃	3 803.86	0.041	1 124.33	2 679.53

由表 4.22 可知,当室内计算温度为 14 ℃ 时,全寿命周期成本达到最低值为 -2 964.78,地面保温层厚度为 0.033 m。与屋面变量优化时相同,仅在室内计算温度为 14 ℃ 时,dLCC < 0;室内计算温度提高为 16 ℃ 和 18 ℃ 时,

*d*LCC > 0,即设计方案的全寿命周期成本高于基准模型,表明对地面进行单一改造时,不宜提高室内温度标准。同样若按照同等温度进行改造,其经济性是可行的,保温层厚度最佳值依据表4.22即可。

(3) 基于室外计算参数的分析。室外计算参数和边界条件设置同外墙变量优化,针对XPS保温材料进行优化研究。根据GenOpt - EnergyPlus优化平台迭代运算,不同室外气象数据下地面变量优化结果见表4.23。

表4.23　不同室外气象数据下地面变量优化结果

室外计算参数	全寿命周期成本差值 *d*LCC	保温层厚度 r/m	建造成本差值 *d*IC	运行成本差值 *d*OC
典型气象数据	- 2 964.78	0.033	934.06	- 3 898.84
$P_{0.2}$ 气象数据	1 032.8	0.030	830.27	202.53
$P_{0.1}$ 气象数据	4 797.68	0.028	761.09	4 036.59
$P_{0.05}$ 气象数据	8 264.48	0.026	709.19	7 555.29
$P_{0.02}$ 气象数据	12 921.98	0.021	581.11	12 340.87
$P_{0.01}$ 气象数据	16 412.14	0.020	553.52	15 858.62

由表4.23可知,与屋面变量优化时相同,仅在典型气象数据时,地面全寿命周期成本差值为负值;而以其他概率低温气象数据作为边界条件时,*d*LCC均为正值,但整体变化趋势一致,即随着P值降低,*d*LCC值呈增加趋势。表明对地面进行单一改造时,同样由于建筑整体热工性能提升有限,从经济性的角度不宜提高气候防御等级。

4.4　围护结构要素协同优化研究

围护结构各要素协同设计时存在相互影响,需要进行综合权衡。由于外门面积较小,其热工性能对能耗的影响较小,且通常为固定选型。因此,本节基于外窗类型对围护结构各要素进行协同优化研究。

4.4.1　模型及参数设置

1.围护结构优化变量设定

与外墙、屋面和地面变量的不同之处在于外窗为定型产品,只需要根据热工性能和价格选择合适类型即可,外窗变量类型为离散型变量。为了提高优化设计效率,减少优化变量数量,针对4种类型外窗(b、c、d、e)分别进行计算,然后将4次结果进行对比分析。外墙、屋面及地面变量的参数设置同4.3节。

2.外窗材料及构造

外窗是围护结构的可开启构件,需要满足多元化功能需求,如采光、通风、保温、隔声及立面造型等。外窗由窗框和玻璃组成,窗框材料包括木窗框、断桥热处理钢窗框、断桥热处理铝合金窗框、塑钢窗框等;玻璃类型包括普通玻璃、吸热玻璃、镀膜玻璃、中空玻璃等。外窗热工性能主要体现在传热系数K和遮阳系数SC,为了使研究结果具有普遍性和指导性,根据实态调研结果选取5种类型外窗,其中以a类型为参照,典型外窗类型及参数见表4.24。

表4.24　东北严寒地区乡村民居外窗类型及参数

编号	窗户类型	传热系数K /[W/(m^2·K)]	遮阳系数SC	估算价格
a	单框单玻木窗(基准构造)	4.70	0.93	70元/m^2
b	单框中空双玻塑钢窗(中空6 mm)	3.10	0.78	270元/m^2
c	单框Low-E中空双玻塑钢窗(中空6 mm)	2.40	0.45	350元/m^2
d	单框中空三玻塑钢窗(中空6 mm)	2.10	0.81	400元/m^2
e	双层单框中空双玻塑钢窗	1.48	0.78	540元/m^2

3.围护结构全寿命周期成本函数

由4.3节优化结果可知,XPS保温材料的性价比最高,故以XPS板作为保温材料进行优化研究,建立围护结构全寿命周期成本差值函数。

(1)建造成本差值*d*IC。即围护结构各部位建造材料的投资差额,结合表4.5、表4.24中材料价格和乡村民居基准模型的围护结构构造,得出建造成本差值的计算公式,见表4.25。

表4.25　围护结构建造成本差值*d*IC计算公式

外窗	计算公式
b	10148.16 * n + 7836.96 * s + 7737.6 * e + 7737.6 * w + 27675.84 * r + 27675.84 * g + 3844.2

续表

外窗	计算公式
c	10148.16 * n + 7836.96 * s + 7737.6 * e + 7737.6 * w + 27675.84 * r + 27675.84 * g + 5381.88
d	10148.16 * n + 7836.96 * s + 7737.6 * e + 7737.6 * w + 27675.84 * r + 27675.84 * g + 6342.93
e	10148.16 * n + 7836.96 * s + 7737.6 * e + 7737.6 * w + 27675.84 * r + 27675.84 * g + 9033.87

(2) 运行成本差值 dOC。同样将典型气象数据下室内计算温度 14 ℃ 时的乡村民居基准模型能耗作为参照。不同全寿命周期年限的围护结构运行成本现值的差值计算公式,见表 4.26。

表 4.26　不同全寿命周期年限的围护结构运行成本现值的差值 dOC 计算公式

全寿命周期年限	计算公式
$n = 10$	dOC = 8.17 * 600 * dE * 100%/0.6 = Q_heat * 0.0000027778 − 20228.92
$n = 20$	dOC = 13.76 * 600 * dE * 100%/0.6 = Q_heat * 0.00000046784 − 34069.76
$n = 30$	dOC = 17.59 * 600 * dE * 100%/0.6 = Q_heat * 0.00000059806 − 43552.84

(3) 维护更新成本 dMC。与非透明围护结构不同的是,全寿命周期内需要考虑外窗更新,即 $n = 30$ 时,运行期间需要更换一次外窗,这时需要考虑维护更新成本 dMC;当 $n = 10$ 和 20 时,全寿命周期内无须更换外窗。不同类型外窗的维护更新成本见表 4.27。

表 4.27　不同类型外窗维护更新成本

外窗	dMC 计算值($n = 30$)
b	$d\mathrm{Mi}(1 + 0.049)^{-20} = 1993.56$
c	$d\mathrm{Mi}(1 + 0.049)^{-20} = 2584.25$
d	$d\mathrm{Mi}(1 + 0.049)^{-20} = 2953.43$
e	$d\mathrm{Mi}(1 + 0.049)^{-20} = 3987.13$

(4) 全寿命周期成本差值 dLCC。将围护结构的 dIC、dOC 和 dMC 计算公式叠加,建立围护结构全寿命周期成本差值函数。以单框中空双玻塑钢

窗(b 模型)、全寿命周期年限 n = 10 为例,优化平台的 ini 文件中 Objective Function 表达如下:

```
{Name1 = Es_tot;  /dLCC/
Function1 = "add (%Es_heat%, %Es_cost%)";
Name2 = Es_heat;  /dOC/
Function2 ="add (%Es_heat_1%, - 20228.92)";
Name3 = Es_cost;  /dIC/
Function3 ="add(%Es_cost_wall%,%Es_cost_roof%,
%Es_cost_ground%,3844.2);
Name4 = Es_heat_1; /设计方案的运行成本现值/
Function4 = "multiply (%Q_heat%, 0.00000027778)";
Name5 = Es_cost_wall;  /外墙 dIC/
Function5    =    "add(%Es_cost_1%,%Es_cost_2%,%Es_cost_3%,
%Es_cost_4%)";
……
Name10 = Es_cost_roof;  /屋面 dIC/
Function10 = "multiply (27675.84, %r %)";
Name11 = Es_cost_ground; /地面 dIC/
Function11 = "multiply (27675.84, %g %)";
Name12 = Q_heat; /采暖负荷/
Delimiter12   = "44,";
FirstCharacterAt12 = 1;}
```

4.4.2　优化结果的分析

围护结构各要素协同优化时,同样运用 GenOpt - EnergyPlus 优化平台,将全寿命周期成本差值作为评价指标,以不同全寿命周期年限、室内计算参数和室外计算参数作为辅助变量,求解各工况下围护结构要素的最优化参数。

1.基于全寿命周期年限的分析

以典型气象数据和室内计算温度 14 ℃ 作为边界条件,全寿命周期年限设定为 3 种工况 n = 10、20、30 进行优化研究。以 n = 20 为例,详细解析围护结构参数的协同优化过程,提取优化过程中各变量的计算值绘制成迭代曲线。

(1) 基于单框中空双玻塑钢窗(b 类型) 的围护结构变量综合优化迭代曲线如图 4.21 所示。

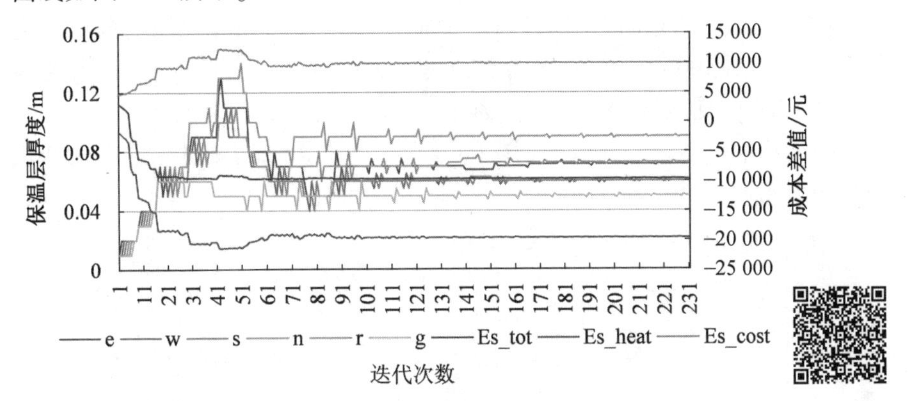

图 4.21　基于 b 类型外窗的围护结构变量优化迭代曲线

由图 4.21 可知,整个优化过程中,初始阶段目标函数值下降明显,为避免优化陷入局部极值,经过长时间波动进行反复搜索达到最小值。根据 GenOpt - EnergyPlus 优化平台的运算,迭代 231 次得出最优解。因此,当外窗采用单框中空双玻塑钢窗时,dLCC 最小值为 - 9 696.69,对应的东向、西向、南向、北向外墙以及吊顶和地面保温层厚度分别为 0.07 m、0.06 m、0.06 m、0.07 m、0.09 m、0.05 m,此时全寿命周期成本达到最低,乡村民居能耗为8 569.37 KWh,建筑物耗热量指标为 29.12 W/m^2,相比基准模型的节能率为 57.44%。

(2) 基于单框 Low - E 中空双玻塑钢窗(c类型) 的围护结构变量综合优化迭代曲线如图 4.22 所示。

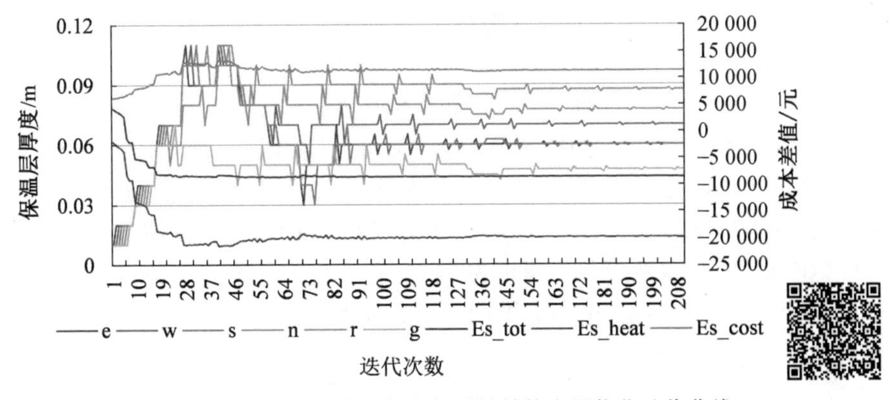

图 4.22　基于 c 类型外窗的围护结构变量优化迭代曲线

由图 4.22 可知，当外窗采用单框 Low - E 中空双玻塑钢窗时，GenOpt -EnergyPlus 优化平台迭代运算 210 次达到最优解，*d*LCC 最小值为 - 8 575.13，对应的东向、西向、南向、北向外墙以及吊顶和地面保温层厚度分别为0.07 m、0.06 m、0.06 m、0.07 m、0.09 m、0.05 m，此时建筑能耗为 8 380.08 KWh，建筑物耗热量指标为 28.48 W/m^2，节能率为 58.38%。

(3) 基于单框中空三玻塑钢窗(d 类型) 的围护结构变量综合优化迭代曲线如图 4.23 所示。

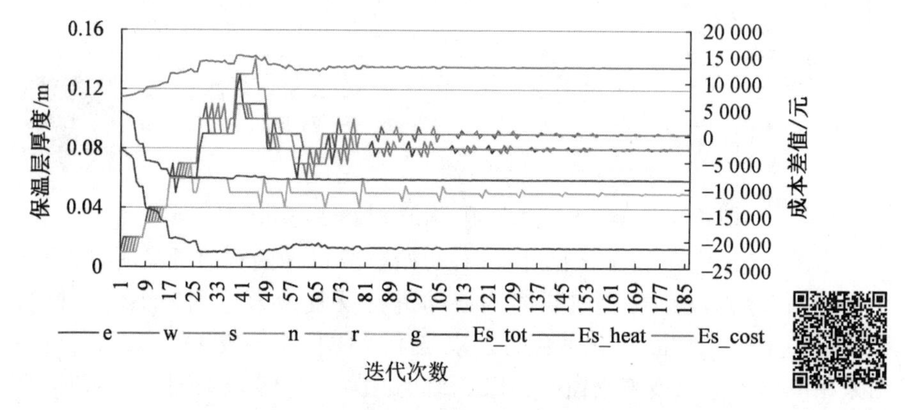

图 4.23　基于 d 类型外窗的围护结构变量优化迭代曲线

由图 4.23 可知，当外窗采用单框中空三玻塑钢窗时，GenOpt - EnergyPlus 优化平台迭代运算 186 次达到最优解，*d*LCC 最小值为 - 8 373.26，对应的东向、西向、南向、北向外墙以及吊顶和地面保温层厚度分别为 0.08 m、0.09 m、0.08 m、0.08 m、0.09 m、0.05 m，建筑能耗为 7 555.26 KWh，建筑物耗热量指标为 25.68 W/m^2，节能率为 62.47%。

(4) 基于双层单框中空双玻塑钢窗(e 类型) 的围护结构变量综合优化迭代曲线如图 4.24 所示。

由图 4.24 可知，外窗采用双层单框中空双玻塑钢窗时，GenOpt - EnergyPlus 优化平台迭代运算 240 次得出最优解，*d*LCC 最小值为 - 6 656.31，对应的东向、西向、南向、北向外墙以及吊顶和地面保温层厚度分别为 0.09 m、0.07 m、0.07 m、0.07 m、0.09 m、0.05 m，建筑能耗为 7 118.06 KWh，建筑物耗热量指标为 24.19 W/m^2，节能率为 64.64%。

基于 4 种类型外窗，全寿命周期年限分别为 n = 10、20、30 的围护结构变量优化结果见表 4.28。

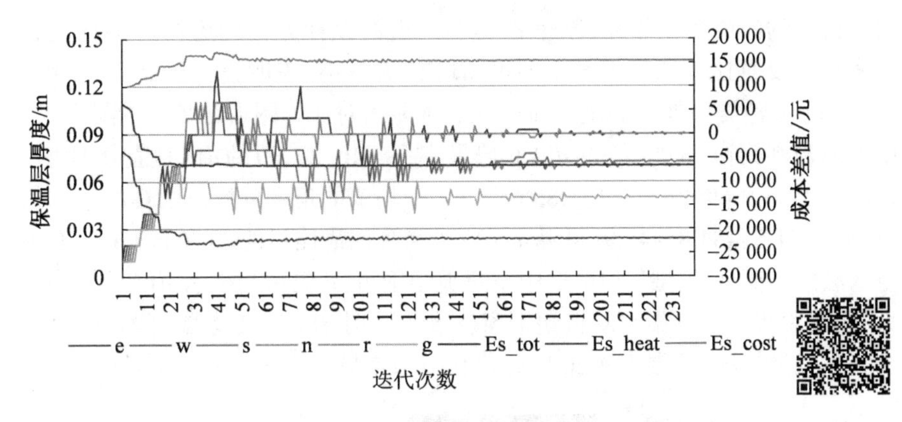

图 4.24　基于 e 类型外窗的围护结构变量优化迭代曲线

表 4.28　不同全寿命周期年限的围护结构变量优化结果

类型	全寿命周期 n	全寿命周期成本差值 dLCC	保温层厚度 /m						建造成本差值 dIC	运行成本差值 dOC	节能率 /%
			e	w	s	n	r	g			
b	10	− 2 114.84	0.06	0.04	0.04	0.05	0.07	0.03	8 275.62	− 10 390.46	51.13
	20	− 9 696.69	0.07	0.06	0.06	0.07	0.09	0.05	9 940.34	− 19 637.02	57.44
	30	− 13 285.64	0.09	0.07	0.07	0.10	0.10	0.06	13 067.3	− 26 352.95	60.32
c	10	− 831.55	0.05	0.05	0.05	0.05	0.07	0.03	9 823.67	− 10 655.22	52.45
	20	− 8 575.13	0.06	0.07	0.06	0.08	0.09	0.05	11 380.71	− 19 955.83	58.38
	30	− 11 708.77	0.09	0.10	0.09	0.10	0.10	0.05	15 289.95	− 26 998.72	61.81
d	10	− 322.64	0.05	0.04	0.04	0.05	0.07	0.03	10 627.78	− 10 950.42	53.91
	20	− 8 373.26	0.08	0.09	0.08	0.08	0.09	0.05	12 971.75	− 21 345.01	62.47
	30	− 11 390.65	0.09	0.09	0.08	0.07	0.10	0.05	16 177.83	− 27 568.48	63.12
e	10	1 823.90	0.06	0.05	0.05	0.06	0.07	0.03	13 614.64	− 11 790.74	58.09
	20	− 6 656.31	0.09	0.07	0.07	0.07	0.09	0.05	15 425.05	− 22 081.36	64.64
	30	− 8 925.01	0.09	0.085	0.09	0.09	0.11	0.06	20 698.60	− 29 623.65	67.87

由表 4.28 可知，当全寿命周期年限 $n = 10$ 时，基于 b、c、d 类型外窗的全寿命周期成本差值均为负值，而采用 e 类型外窗时 $d\mathrm{LCC} > 0$，表明当全寿命周期年限较短时，虽然 e 类型外窗热工性能优良，但建造成本明显提高，短期内的节能效益不足以弥补高投资成本；当全寿命周期年限 $n = 20$、30 时，4 种类型外窗的 $d\mathrm{LCC} < 0$，表明当设定的运行周期较长时，即使是高投资也可以

由运行节约的成本相弥补，基于各类型外窗的设计方案均可行。最佳设计方案只需要对比 dLCC 的大小即可，dLCC 值越小，表明设计方案经济性越好。基于4种类型外窗的全寿命周期成本差值对比如图4.25所示，采用单框中空双玻塑钢窗(b类型)的 dLCC 值最小，$n=10$、20、30的 dLCC 值分别为 -2 114.84、- 9 696.69、- 13 285.64，以年平均值的角度分析，dLCC 的平均值分别为211.5、484.8、442.9，可见 $n=20$ 时经济性最佳；其次是单框Low - E中空双玻塑钢窗(c类型)和单框中空三玻塑钢窗(d类型)，二者 dLCC 相差不大；而采用双层单框中空双玻塑钢窗(e类型)时 dLCC 值最大。设计时可结合实际经济情况，依据表4.26中的优化结果选择。

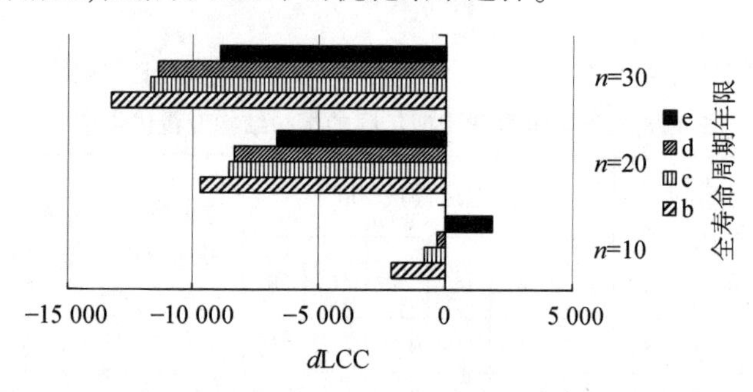

图 4.25　基于4种类型外窗的全寿命周期成本差值

2.基于室内计算参数的分析

以性价比较高的单框中空双玻塑钢窗(b类型)为例，室内计算温度设定为14 ℃、16 ℃、18 ℃，以全寿命周期年限 $n=20$ 和典型气象数据作为边界条件进行优化研究。根据GenOpt - EnergyPlus优化平台迭代运算，不同室内计算参数下围护结构变量优化结果见表4.29。

表4.29　不同室内计算参数下围护结构变量优化结果

室内计算参数	全寿命周期成本差值 dLCC	保温层厚度 /m						建造成本差值 dIC	运行成本差值 dOC
		e	w	s	n	r	g		
14 ℃	- 9 696.69	0.07	0.06	0.06	0.07	0.09	0.05	9 940.34	- 19 637.02
16 ℃	- 7 707.91	0.07	0.08	0.07	0.08	0.09	0.05	10 170.71	- 17 878.62
18 ℃	- 5 760.03	0.07	0.08	0.07	0.08	0.10	0.06	10 742.67	- 16 502.71

由表4.29可知，全寿命周期成本差值随室内计算温度的变化规律与单一围护结构要素优化时一致。但综合要素优化时，室内计算温度为14 ℃、

16 ℃、18 ℃ 时，dLCC 均为负值，表明即使室内温度提高到 18 ℃，在全寿命周期年限 $n=20$ 时，从经济性角度也是可行的。这与单一围护结构要素优化结果不同，例如外墙变量优化结果显示，室内计算温度为 14 ℃ 和 16 ℃ 时，dLCC <0；而屋面和地面变量优化时，仅在室内计算温度 14 ℃ 时，dLCC <0。主要由于单一围护结构要素改造时，其他未改造部位的热工性能依然薄弱，虽然提升了某要素的热工性能，但也受其他部位的负面影响。围护结构各部位中，外墙占建筑外表面积的比重最大，故 dLCC <0 时的室内计算温度值域高于屋面和地面；围护结构要素协同优化时，各部位热工性能均得到提升，乡村民居保温御寒能力增强，室内计算温度提升到 18 ℃ 时，dLCC <0，仍具有一定经济可行性。

3.基于室外计算参数的分析

同样以单框中空双玻塑钢窗（b 类型）为例，室外计算参数设定为典型气象数据和 5 种概率低温气象数据，基于全寿命周期年限 $n=20$ 和室内计算温度 14 ℃ 进行优化研究。根据 GenOpt－EnergyPlus 优化平台迭代运算，不同室外计算参数下围护结构变量优化结果见表 4.30。

表 4.30　不同室外计算参数下围护结构变量优化结果

室外计算参数	全寿命周期成本差值 dLCC	保温层厚度 /m						建造成本差值 dIC	运行成本差值 dOC
		e	w	s	n	r	g		
典型气象数据	－9 696.69	0.07	0.06	0.06	0.07	0.09	0.05	9 940.34	－19 637.02
$P_{0.2}$ 气象数据	－7 625.33	0.08	0.08	0.08	0.08	0.10	0.05	10 633.21	－18 258.54
$P_{0.1}$ 气象数据	－5 447.09	0.08	0.08	0.08	0.09	0.10	0.05	10 691.12	－16 138.21
$P_{0.05}$ 气象数据	－3 771.35	0.09	0.08	0.08	0.10	0.10	0.04	10 675.98	－14 447.33
$P_{0.02}$ 气象数据	－1 224.26	0.09	0.09	0.08	0.10	0.10	0.04	10 718.76	－11 943.02
$P_{0.01}$ 气象数据	416.61	0.09	0.10	0.09	0.10	0.11	0.04	11 096.43	－10 679.83

由表 4.30 可知，由典型气象数据到 $P_{0.01}$ 气象数据变化时（即 P 值逐渐降低），全寿命周期成本差值随室外气象数据的变化规律与单一围护结构要素优化时一致，dLCC 逐渐减少，且由负值变为正值，但 dLCC <0 的临界气象数据并不相同。协同优化结果显示，采用典型、$P_{0.2}$、$P_{0.1}$、$P_{0.05}$ 和 $P_{0.02}$ 气象数据时，dLCC <0，不同于单一围护结构要素的优化结果，例如外墙变量优化结果表明，采用典型、$P_{0.2}$ 和 $P_{0.1}$ 气象数据时，dLCC <0；屋面和地面仅在典型气象数据时，dLCC <0，同样是由于围护结构综合性能得到提升。分析表明，

在围护结构热工性能综合提升的情况下,可适当提高建筑的气候防御等级,即采用P值较低的室外气象数据进行能耗测算和节能设计,从经济性角度具有可行性。

由室内计算温度与dLCC的映射关系可知,随着温度提高,dLCC值逐渐降低,表明采用某一概率的气象数据时,提高室内计算温度会使dLCC值由负值变为正值,即从经济性评价的角度,设计方案由可行变为不可行。因此从$d\text{LCC} < 0$的临界概率气象数据开始验算,室内计算温度提高到16 ℃时,$P_{0.02}$气象数据下的dLCC由负值变为正值;继续对$P_{0.05}$气象数据下的dLCC进行验算,得出$d\text{LCC} < 0$,表明室内计算温度为16 ℃时,典型、$P_{0.2}$、$P_{0.1}$和$P_{0.05}$气象数据下的dLCC均为负值。在此基础上,接着对室内计算温度为18 ℃的情况进行验算,$P_{0.05}$气象数据下的dLCC由负值变为正值;继续对$P_{0.1}$气象数据下的dLCC进行优化运算,得出$d\text{LCC} < 0$,表明室内计算温度为18 ℃时,典型、$P_{0.2}$和$P_{0.1}$气象数据下的dLCC为负值。由此可见,dLCC变化规律与室内外计算参数存在双向交互关系,提高室内计算温度的同时,需要降低建筑气候防御等级,这时从经济性角度才是可行的。

4.4.3 设计方法的总结

围护结构的主要节能途径是采用性能良好的保温材料和密封措施包裹整个建筑,涉及围护结构构造、保温材料及厚度、外窗类型等。

1.确定围护结构构造形式

东北严寒地区乡村民居外墙、屋面和地面构造相对单一和简单。对于外墙而言,除前文模拟分析时普遍应用的实心砖墙外保温构造之外,还可对承重材料进行置换,如混凝土空心砌块、多孔砖等或采用新型结构形式。外窗根据实际需要选择相应类型即可。

2.确定保温材料及最佳厚度、外窗类型

非透明围护结构保温材料的选择主要考虑材料的导热系数和价格,EPS板和XPS板是广泛应用的材料,市场占有率约80%;外窗类型包括单框中空双玻塑钢窗、单框Low－E中空双玻塑钢窗、单框中空三玻塑钢窗或双层窗组合等。根据4.3节和4.4节的研究成果,设计时应考虑以下方面:

(1) 建筑总体的经济性。从全寿命周期成本的角度分析,采用XPS板作为保温材料时,dLCC值最大,即经济性最好;其次为EPS板、珍珠岩保温板;但XPS板和EPS板的dLCC值相差不大。由于草板、草砖为固定尺寸,故未

将其作为连续变量进行优化研究，可根据实际需求确定层数。对于外窗类型，采用单框中空双玻塑钢窗时，dLCC 值最大；其次为单框 Low - E 中空双玻塑钢窗、单框中空三玻塑钢窗，但二者相差较小。

(2) 围护结构改造部位。不同围护结构部位采用不同的保温材料时，dLCC 具有一定的差异性，例如外墙、屋面改造时，采用 XPS 板和 EPS 板的 dLCC 值相比珍珠岩保温板相差较多；地面改造时，三者则相差较小。

(3) 一次性初投资成本。虽然 XPS 板在全寿命周期年限内经济性最佳，但也要兼顾一次性初投资成本，即建造成本增额。XPS 板性能优良，价格相对也高，因此建造成本增额高于其他保温材料，此时应兼顾乡村居民的家庭经济状况。采用其他保温材料时，即使 dLCC 值有所增加，但只要 $d\text{LCC} \leqslant 0$，设计方案在经济上还是可行的。

(4) 室内外的计算参数。由 4.3 节和 4.4 节优化研究可知，适当提高室内温度和乡村民居气候防御程度，从经济性角度是可行的。但围护结构各部位对变量改变的响应程度不同，例如屋面、地面变量优化时，典型气象数据下室内计算温度为 14 ℃ 时，$d\text{LCC} < 0$；外墙变量优化时，典型气象数据下室内计算温度为 14 ℃ 和 16 ℃ 时，$d\text{LCC} < 0$；围护结构变量综合优化时，这一阈值有所提高，设计时可参照 4.4.2 节的方法逐步验算。

需要说明的是，本研究得出的是全寿命周期成本最低时的保温层厚度，根据经济性评价原则，当 $d\text{LCC} \leqslant 0$ 时，设计方案的经济性均优于基准模型，此时 dLCC 值可能未达到最低值，但仍具有一定经济效益。下面以外墙变量优化为例，说明在 $d\text{LCC} \leqslant 0$ 的范围，保温层厚度的可拓展空间。采用外墙平衡的保温方式，以 EPS 板作为保温材料，外窗采用单框双玻塑钢窗，全寿命周期年限设定为 20 年，室内计算温度为 14 ℃。保温层厚度与 dLCC、dIC 和 dOC 的关系如图 4.26 所示。

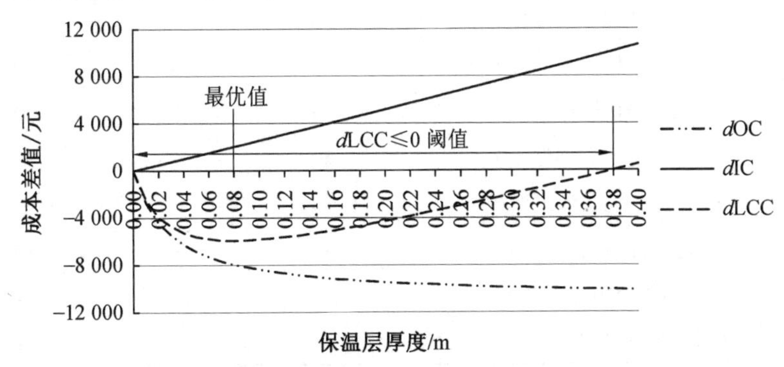

图 4.26　保温层厚度与 dLCC、dIC、dOC 的关系

由图 4.26 可知,随着保温层厚度增加,dIC 呈线性上升趋势;dOC 呈先急剧下降,然后缓慢下降趋势;dLCC 呈先下降后上升趋势。当保温层厚度达到 0.08 m 时,dLCC 达到最小值,此时全寿命周期成本最低。从 $d\text{LCC} \leqslant 0$ 的角度分析,当保温层厚度在 0 ~ 0.38 m 时,dLCC 值均为负值,表明当保温层厚度的取值小于 0.38 m 时,设计方案在经济上均可行。由此可见,在追求高节能率的条件下保温层厚度具有一定拓展空间。

4.5 围护结构要素的敏感性研究

同样采用正交试验法对围护结构要素进行单因素敏感性分析,检验围护结构要素对东北严寒地区乡村民居能耗影响的重要性排序。

4.5.1 正交试验参数及水平取值

基于前文研究,选择影响乡村民居能耗的 8 个围护结构要素参数,即东向外墙保温层厚度(A)、西向外墙保温层厚度(B)、南向外墙保温层厚度(C)、北向外墙保温层厚度(D)、屋面保温层厚度(E)、地面保温层厚度(F)、南向外窗传热系数(G)、北向外窗传热系数(H)。根据围护结构要素的综合优化结果,每个因素选取 3 个水平,各因素及其水平的取值见表 4.31。正交试验分析时,选择性价比较高的 XPS 板作为保温材料,以典型气象数据和室内计算温度 14 ℃ 作为边界条件。

表 4.31 正交试验的因素及水平取值

设计因素	水平		
	水平 1	水平 2	水平 3
A(东向外墙保温层厚度)	50	70	90
B(西向外墙保温层厚度)	50	70	90
C(南向外墙保温层厚度)	50	70	90
D(北向外墙保温层厚度)	50	70	90
E(屋面保温层厚度)	70	90	110
F(地面保温层厚度)	30	50	70
G(南向外窗传热系数)	3.1	2.1	1.48
H(北向外窗传热系数)	3.1	2.1	1.48

4.5.2　正交试验方案生成

正交试验的目的是探求围护结构各要素对东北严寒地区乡村民居能耗的敏感性,同样以冬季采暖能耗作为评价指标。选择 $L_{27}(3^8)$ 型正交试验表(8 个因素,每个因素 3 个水平),研究中不考虑影响因素之间的交互作用,共安排 27 个试验方案,见表 4.32。

表 4.32　正交试验方案及极差分析结果

方案编码	因素								冬季采暖能耗 /KWh · m^{-2}
	A	B	C	D	E	F	G	H	
01	50	50	50	50	70	30	3.1	3.1	130.05
02	50	50	50	50	90	50	2.1	2.1	115.27
03	50	50	50	50	110	70	1.48	1.48	95.38
04	50	70	70	70	70	30	3.1	2.1	119.04
05	50	70	70	70	90	50	2.1	1.48	99.53
06	50	70	70	70	110	70	1.48	3.1	112.30
07	50	90	90	90	70	30	3.1	1.48	111.25
08	50	90	90	90	90	50	2.1	3.1	106.17
09	50	90	90	90	110	70	1.48	2.1	90.37
10	70	50	70	90	70	50	1.48	3.1	110.79
11	70	50	70	90	90	70	3.1	2.1	104.04
12	70	50	70	90	110	30	2.1	1.48	99.17
13	70	70	90	50	70	50	1.48	2.1	106.29
14	70	70	90	50	90	70	3.1	1.48	103.38
15	70	70	90	50	110	30	2.1	3.1	110.47
16	70	90	50	70	70	50	1.48	1.48	100.87
17	70	90	50	70	90	70	3.1	3.1	110.08
18	70	90	50	70	110	30	2.1	2.1	103.93
19	90	50	90	70	70	70	2.1	3.1	110.99
20	90	50	90	70	90	30	1.48	2.1	103.48
21	90	50	90	70	110	50	3.1	1.48	107.76
22	90	70	50	90	70	70	2.1	2.1	104.68

续表

方案编码	因素								冬季采暖能耗/KWh·m^{-2}
	A	B	C	D	E	F	G	H	
23	90	70	50	90	90	30	1.48	1.48	98.44
24	90	70	50	90	110	50	3.1	3.1	107.13
25	90	90	70	50	70	70	2.1	1.48	101.34
26	90	90	70	50	90	30	1.48	3.1	109.85
27	90	90	70	50	110	50	3.1	2.1	102.77

4.5.3 正交试验结果分析

同样运用极差分析法对正交试验得到的数据进行统计与处理，以反映各因素的水平对实验结果的影响程度。正交试验计算结果见表4.33。$\overline{K}_{ij}$ 表示第 j 列的因素取水平 i 时，所得的试验结果平均值，$\overline{K}_{ij}=\frac{1}{s}K_{ij}$，其中：$s$ 为第 j 列水平 i 的因素出现的次数，K_{ij} 为第 j 列水平 i 的因素的试验结果之和；R_j 为第 j 列的极差，$R_j=\max\{\overline{K}_{ij}\}-\min\{\overline{K}_{ij}\}$。根据表中各因素的极差值，得出因素对乡村民居能耗的敏感性排序。

表 4.33　正交试验计算结果

平均值/KWh·m^{-2}	因素							
	A	B	C	D	E	F	G	H
$\overline{K}_{1j}$	108.55	108.82	107.31	108.31	110.59	109.52	110.61	111.98
$\overline{K}_{2j}$	105.45	106.81	106.54	107.55	105.58	106.29	105.73	105.54
$\overline{K}_{3j}$	104.07	105.16	105.57	103.56	103.25	103.62	103.09	101.90
R_i	4.48	3.66	1.74	4.75	7.34	5.90	7.53	10.08
主次顺序	H > G > E > F > D > A > B > C							

注：A（东向外墙保温层厚度）、B（西向外墙保温层厚度）、C（南向外墙保温层厚度）、D（北向外墙保温层厚度）、E（屋面保温层厚度）、F（地面保温层厚度）、G（南向外窗传热系数）、H（北向外窗传热系数）。

根据表4.33中的极差（R），得出各个因素对能耗的敏感性排序由大到小为：外窗热工性能（G、H）> 屋面热工性能（E）> 地面热工性能（F）> 外墙热工性能（A、B、C、D），表明乡村民居外窗热工性能改变对试验结果的影响程度最大,与外窗是围护结构中最薄弱的部位相一致。屋面、地面、外墙的排序结果和前文的研究结果也一致,如图 4.27 所示,单一围护结构要素优化时,全寿命周期年限 $n = 20$ 时的外墙、屋面和地面的 dLCC 值和折算为相同节能率的最佳保温层厚度。由图 4.27 可知,对于 dLCC 绝对值:外墙 > 地面 > 屋面;对于折算后的最佳保温层厚度:屋面 > 地面 > 外墙。分析其原因:相比城市多层或高层建筑而言,乡村民居屋面和地面的面积均较大,屋面直接与室外大气接触,受气候环境的影响较大,而屋面起保温作用的主要为吊顶增设的保温材料,其结构体系基本不起保温作用;地面与土壤接触,受室外气候环境的影响相对较小,但热工性能提升也仅依靠保温材料;外墙虽然直接与大气接触,但墙体构造中承重结构(实心砖)也起到一定保温作用,通过增设保温材料来加强墙体热工性能。对于乡村民居基准模型,三者的面积相差不大,因此对乡村民居能耗影响的敏感性排序为:屋面 > 地面 > 墙体。

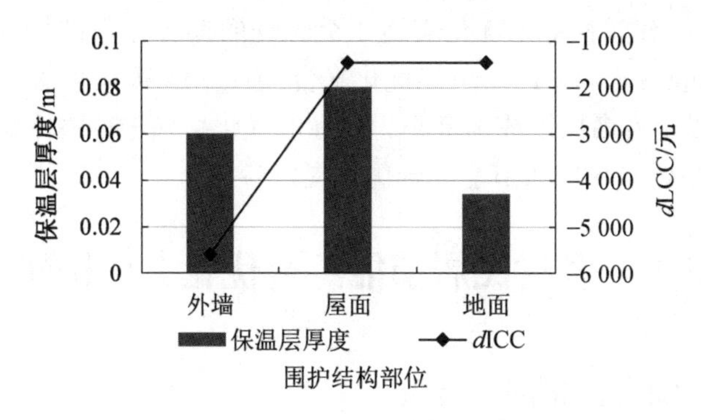

图 4.27　围护结构变量优化的 dLCC 值和折算后的保温层厚度

不同朝向外窗或外墙的热工性能对乡村民居能耗的影响程度也不相同,对各部位的敏感性排序进一步分析。对于外窗,H > G,即北向外窗的敏感性高于南向外窗;对于外墙,D > A > B > C,即北向外墙 > 东向外墙 > 西向外墙 > 南向外墙。这也与理论分析相吻合,相比北向、东向外墙或外窗,南向、西向外墙或外窗受太阳辐射影响较大,使其传热系数变化对能耗的敏感性减弱。

第5章 东北严寒地区乡村民居节能综合优化研究

乡村民居是一个复杂的系统,其节能效果受到设计要素的综合作用。本章基于建筑设计要素的共同作用进行乡村民居节能综合优化。首先,阐明乡村民居节能综合优化的可行性,并提出优化方法及流程。其次,以工程实践案例为载体,针对建筑与环境信息集成、优化变量预判与设置、优化目标函数的构建、建筑性能的优化实施4个流程的操作过程进行解析。最后,对运用GenOpt - EnergyPlus节能优化平台,通过"运算—搜索—反馈—优化"得出的以全寿命周期成本最小为目标的优化结果进行整体及分项解析,为东北严寒地区乡村民居节能综合优化提供参考。

5.1 乡村民居节能综合优化方法构建

5.1.1 综合优化的可行性

乡村民居设计要素之间协同作用、交互影响,共同制约着能耗和成本,因此乡村民居节能综合优化应从整体上把握,采用系统论的观点考虑。基于第3章和第4章分别针对建筑形态要素和围护结构要素的研究结果,列出建筑设计各要素对能耗和成本的交互影响,说明节能综合优化的可行性,见表5.1。

表 5.1　建筑设计要素对能耗及成本的交互影响

<table>
<tr><th colspan="3">建筑设计要素</th><th>对建筑能耗影响</th><th>对建造成本影响</th></tr>
<tr><td rowspan="6">建筑形态要素</td><td colspan="2">建筑朝向</td><td>随朝向改变,能耗存在波动性,且与围护结构热工性能相关</td><td>无</td></tr>
<tr><td rowspan="4">建筑体型</td><td>建筑宽度</td><td>与窗墙面积比和围护结构热工性能相关</td><td rowspan="4">通常结合功能布局和空间要求预先确定,可能会影响建造成本,但与围护结构热工性能相关</td></tr>
<tr><td>建筑长度</td><td>随着长度增加,建筑能耗降低,但能耗变化率与围护结构热工性能相关</td></tr>
<tr><td>室内净高</td><td>随着室内净高增大,建筑能耗增加,但能耗变化率与围护结构热工性能相关</td></tr>
<tr><td>长宽比</td><td>与围护结构热工性能相关</td></tr>
<tr><td colspan="2">建筑界面</td><td>各朝向窗墙面积比对能耗影响不同,且与围护结构热工性能相关</td><td>窗墙面积比变化可能会影响建造成本,存在不确定性</td></tr>
<tr><td rowspan="4">围护结构要素</td><td colspan="2">外墙构造</td><td rowspan="4">随着外墙、屋面、地面保温层厚度增加和外窗传热系数降低,建筑能耗降低</td><td rowspan="4">影响建造成本</td></tr>
<tr><td colspan="2">屋面构造</td></tr>
<tr><td colspan="2">地面构造</td></tr>
<tr><td colspan="2">外窗参数</td></tr>
</table>

根据表 5.1 的交叉分析,建筑设计要素对能耗及成本的作用效果并不一致,甚至呈相反趋势,且设计因素之间存在交互现象。例如建筑形态要素层面,建筑朝向、建筑宽度、长宽比、窗墙面积比对建筑能耗的影响并不是单纯地增加或降低,而是与围护结构热工性能密切相关,当围护结构热工性能发生变化时,其对能耗的影响趋势也会发生改变;建筑长度、室内净高对建筑能耗的影响虽然有明确变化趋势,但能耗变化率随着围护结构热工性能的变化而改变。围护结构要素层面,随着各部位热工性能提升,有利于降低建筑能耗,但建造成本差值明显增加。综上分析,当建筑设计要素综合作用时,对能耗及成本的影响有利有弊,无法直接确定各要素的参数取值,需要采用全寿命周期成本这一综合性指标进行权衡判断,从而得出最优的参数组合,因此乡村民居节能综合优化具有可行性和必要性。

5.1.2 综合优化实施流程

结合前文研究与分析,东北严寒地区乡村民居节能综合优化流程应遵循4个步骤:① 建筑与环境信息集成;② 优化变量预判与筛选;③ 优化目标函数的构建;④ 建筑节能的优化实施。具体实施流程如图5.1所示。

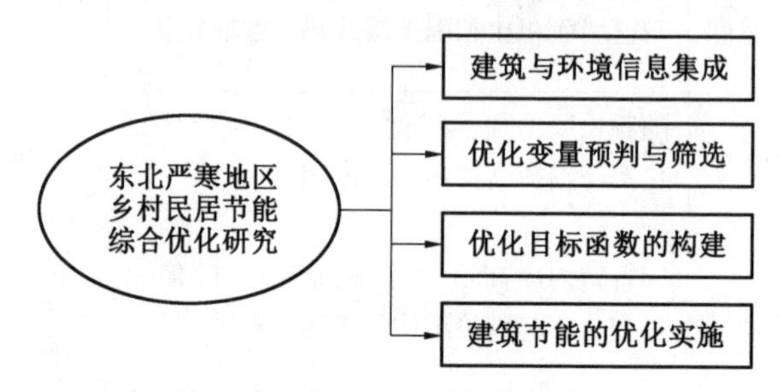

图5.1 东北严寒地区乡村民居节能综合优化流程

1.建筑与环境信息集成

建筑性能受到室内外温度、相对湿度、太阳辐射等环境因素的影响,同时,建筑几何形态、构造做法和运行参数的差异性也影响着建筑性能数据。因此,建筑与环境信息主要由建筑信息、环境信息和运行参数3方面集成,如图5.2所示。

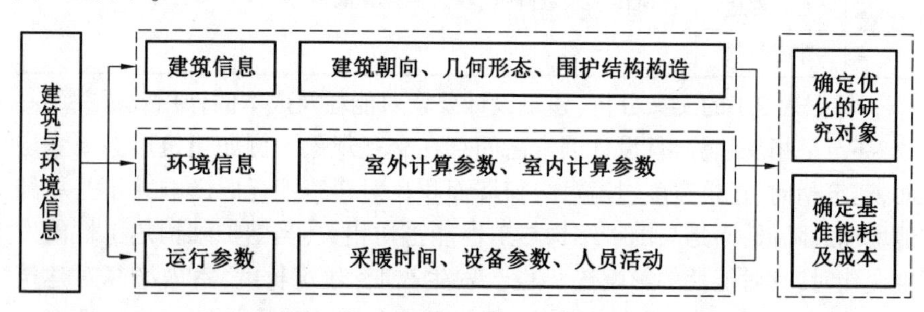

图5.2 建筑与环境信息集成内容

结合东北严寒地区乡村民居问卷调查结果、室内热环境测试结果及运行特征,建筑信息集成主要包括建筑朝向、几何形态、围护结构构造等。其中几何形态参量包括建筑长度、建筑宽度、室内净高、窗墙面积比等;围护结构构造包括外墙、屋面、地面、外窗等部位的材料、热工参数、材料厚度等。环境信息包括室内外计算参数,其中室外计算参数是乡村民居所在地区的典型年气象数据,包括逐时干球温度、相对湿度、太阳辐射量及风速风向等,考虑到气候变化的影响,也可以采用基于概率统计的预测气象数据;室内计算参数包括室内空气温度、相对湿度、平均辐射温度、气流速度等,同时也应考虑到人体新陈代谢率、服装热阻等参量。运行参数包括采暖、照明等设备运行时间,设备启停参数、换气次数、单位面积人员数量等。通过该过程的实施,一方面确定优化分析的研究对象及参数设置,另一方面确定基准建筑,并对其耗热量指标进行测算,确定基准建筑的能耗及成本。

2.优化变量预判与筛选

乡村民居节能优化受到诸多要素的影响,若将全部设计要素纳入优化运算必然会造成计算量过大,且过多要素之间的交叉影响势必影响优化运算结果。因此,在节能优化前期需要对设计要素进行预先判断与筛选。基于第 3 章和第 4 章建筑设计各要素的模拟优化研究及敏感性分析,可以掌握设计要素对建筑能耗及成本等优化目标的影响规律,结合设计要素与目标之间的映射关系以及东北严寒地区乡村居民的实际使用需求,预先确定部分设计要素的参数取值,从而合理地减少优化变量数量,以提高优化效率和准确性。

3.优化目标函数的构建

目标函数的构建主要依据需要解决和优化的问题,如建筑能耗、全寿命周期成本、室内热舒适等。兼顾东北严寒地区乡村经济水平和乡村民居能耗问题,本研究的目标是求解全寿命周期成本最小时的设计要素最优化参数组合。根据全寿命周期成本函数构建方法,结合步骤 2 中确定的优化变量,建立优化目标函数,具体流程如图 5.3 所示,主要包括基准能耗确定、经济参数设定、目标函数构建 3 个方面。

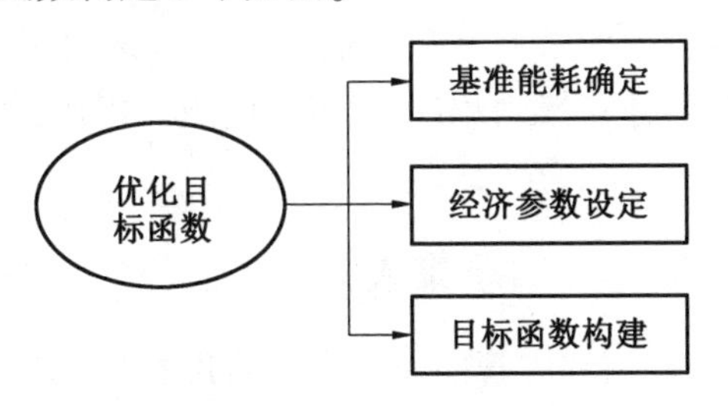

图 5.3　优化目标函数的构建流程

4.建筑节能的优化实施

在确定基准模型、研究对象、优化变量的基础上,构建优化目标函数,基于优化平台和适合的智能优化算法对目标函数进行运算,从而获取计算结果,并将得出的结果反馈到目标函数,形成"运算—搜索—反馈—优化"的实施过程,如图 5.4 所示,最终得出乡村民居建筑设计要素的最优参数组合。

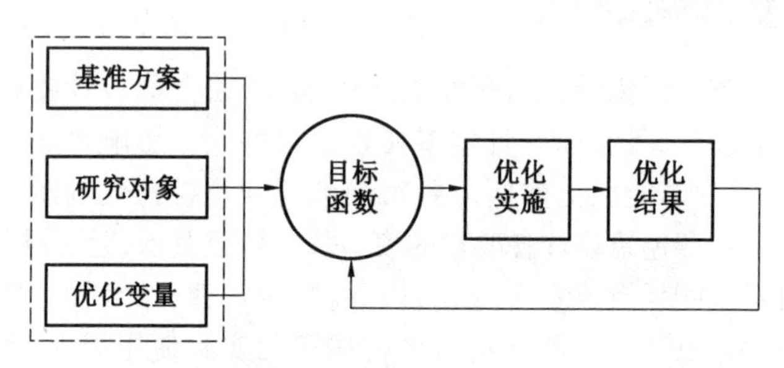

图 5.4　建筑节能优化的实施过程

5.2　乡村民居节能综合优化过程分析

基于东北严寒地区乡村民居节能综合优化流程,结合乡村民居实践案例进行综合优化的过程分析。项目位于内蒙古自治区扎兰屯市成吉思汗镇,属于整村迁移项目,即将原有村落全部迁徙到新的选址进行村庄重建,这为乡村民居节能综合优化提供了契机。扎兰屯市地处我国东北严寒地区,属于大陆性半干旱气候,冬季严寒漫长、夏季凉爽短促,最冷月平均气温 -17.0 ℃,极端最低气温达到 -39.5 ℃,具有典型的严寒地区气候特征,恶劣的气候条件导致大多数既有乡村民居冬季室内环境质量难以保障,远未达到舒适与节能要求,同时影响室内使用和美观。因此,针对该地区的乡村民居开展节能综合优化尤为必要。

5.2.1　建筑与环境信息集成

实践案例中,根据当地主管部门及乡村居民意见,对新建民居提出了基本设计要求:① 建筑面积控制在 90 ~ 100 m^2;② 功能布局合理化,满足乡村居民的生产生活需求;③ 提高室内环境质量,降低采暖能耗,住宅造价相比传统民居不宜增加过高。其中 ①② 是最基本的建筑设计和功能需求,在节能优化设计之前就应完成，而 ③ 中提出的低能耗、低成本要求则需要综合考虑各项建筑设计要素的影响，从而提出经济最优的设计参数组合，这也是本研究的重点。

东北严寒地区乡村民居是农民日常生活的重要场所，而功能空间分区和交通流线是直接影响民居品质的重要因素之一。因此，功能空间布局应适应生活质量提高和生活方式转变的需求，首先应做到功能空间配置完善、平面分区合理，增设独立的起居室、餐厅等现代化需求的功能空间，并改变原有院落旱厕的形式，设置室内卫生间。其次做到合理的“热环境分区”，以满足居住环境的舒适性需求。平面增加建筑进深方向的尺度，形成双进深或多进深的布局模式，依据各空间的功能使用要求和热环境需求，可将整个建筑划分为2个区域：① 主要功能区，该区域主要设置卧室、起居室等热舒适要求较高的空间，同时可最大限度地使主要功能区获得有利于农民居住舒适性和卫生要求的太阳辐射；② 温度缓冲区，该区域可设置卫生间、仓储空间等使用频率低，且对热舒适要求相对较低的功能空间，同时可有效防止北侧冷风渗透对主要功能区产生影响，形成寒冷空气的“缓冲区”。这种功能布局对提高室内舒适度有很大的优势，有利于营造舒适的室内环境。再者，建筑主入口处的平面外延，形成建筑一体化的阳光间，符合东北严寒气候的需要，既可对外门频繁开启造成的冷风渗透起到阻尼作用，同时空气经太阳辐射而升温，将太阳能转化为热能供给房间，可有效提升室内热环境质量，此外还丰富了建筑立面造型。由此推演出的平面布局模式如图5.5 所示。

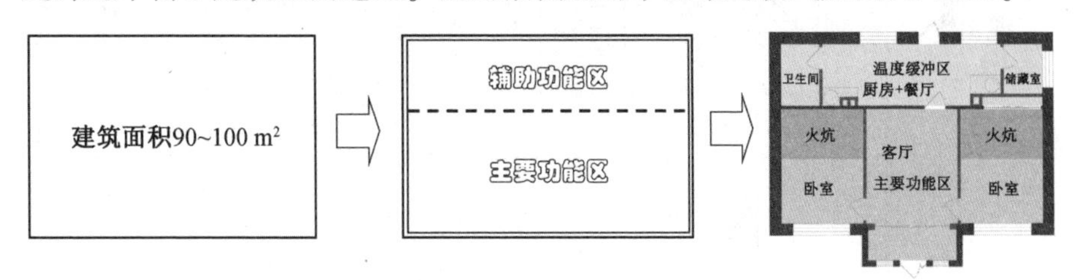

图 5.5　乡村民居平面布局模式

1.环境信息

环境信息主要包括室外气象数据和室内计算温度。第 3 章和第 4 章对 6 种气象数据下设计要素与节能的关系进行了探索性研究，在实际设计中通常采用典型气象数据，因此，选用实践案例所在地区的典型气象年数据作为室外计算参数，数据信息包括全年逐时干球温度、相对湿度、风速、风向、太阳辐射等。

室内计算温度不仅要考虑乡村居民的热舒适性，还要兼顾对建筑能耗及运行成本的影响。根据第 2 章乡村民居室内热舒适温度的研究结果，东北严寒地区冬季乡村民居的热中性温度为 16.2 ℃，热舒适取值范围为16.0 ~ 18.0 ℃，综合考虑能耗和热舒适性，案例研究中室内计算温度选择热舒适性值 16 ℃ 作为计算参数进行优化研究。

2.建筑信息

本研究对乡村民居几何形态信息、围护结构构造及材料信息进行集成。对于几何形态信息，建筑面积和功能布局作为预先设定的基础信息，建筑长度、建筑宽度、室内净高、窗墙面积比等要素为可调节变量，在步骤 2 中通过预判来筛选并确定取值范围；对于围护结构信息，根据当地乡村资源特点、技术水平等，选定的构造形式见表 5.2，根据第 4 章中不同类型保温材料与能耗及成本的响应关系，选择性价比较高的 XPS 板作为保温材料进行优化分析。由于保温层厚度为可调节变量，故在部分信息缺失的情况下，基于少数限定性指标对围护结构信息进行集成。

表 5.2　实践案例的围护结构构造

<table>
<tr><th>名称</th><th>构造简图</th><th colspan="2">构造层次</th></tr>
<tr><td rowspan="3">夹芯保温墙体构造</td><td rowspan="3"> 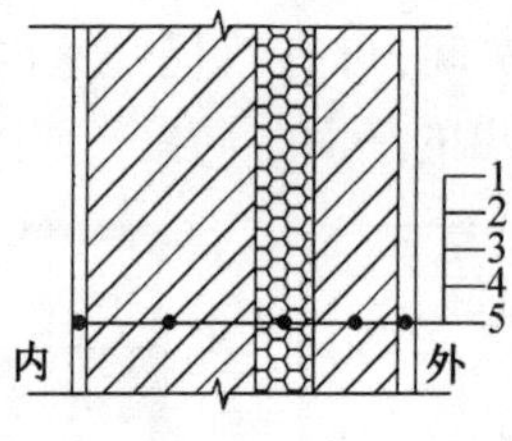1 2 3 4 5
内 外</td><td colspan="2">1— 内饰面
2—240 mm 非黏土实心砖</td></tr>
<tr><td>3— 保温层</td><td>XPS 板，各朝向厚度为优化变量</td></tr>
<tr><td colspan="2">4—120 mm 非黏土实心砖
5— 外饰面</td></tr>
<tr><td rowspan="3">木屋架坡屋面</td><td rowspan="3"> 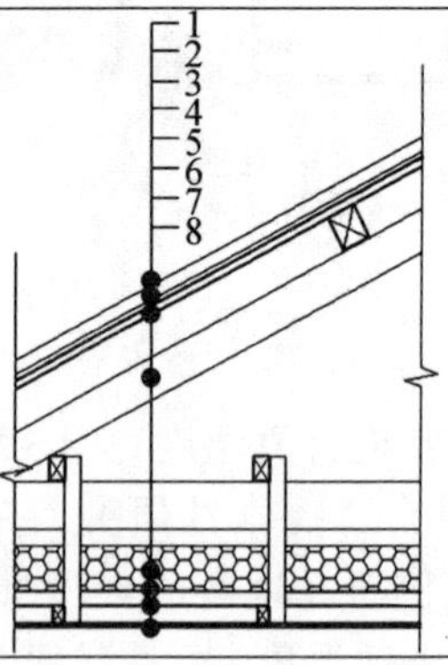1 2 3 4 5 6 7 8</td><td colspan="2">1— 面层(彩钢板、瓦等)
2— 防水层
3— 望板
4— 木屋架(或钢屋架)</td></tr>
<tr><td>5— 保温层</td><td>XPS 板，厚度为优化变量</td></tr>
<tr><td colspan="2">6— 隔气层(塑料薄膜)
7— 棚板(木 / 苇草板)
8— 吊顶</td></tr>
</table>

续表

名称	构造简图	构造层次	
地面保温构造	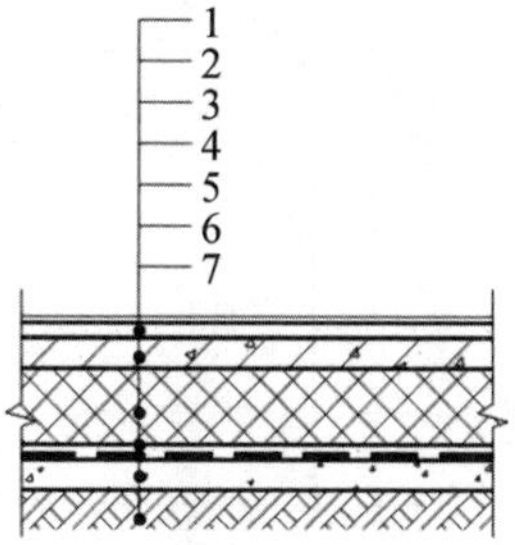	1— 面层 2—40 mm 厚细石混凝土保护层	
		3— 保温层	XPS 板,厚度为优化变量
		4— 防潮层 5—20 mm 厚水泥砂浆找平层 6— 垫层 7— 素土夯实	

3.**运行参数**

采暖、照明等设备的运行时间,设备启停参数、冬季房间换气次数、单位面积人员数量等依据第 3 章中设定的能耗模拟参数。

5.2.2　优化变量预判与筛选

根据前文对东北严寒地区乡村民居能耗及成本影响因素的分析,可考虑纳入优化研究的包括建筑朝向、建筑长度、建筑宽度、室内净高、窗墙面积比及围护结构热工性能等 16 个变量,见表 5.3。依据第 3 章和第 4 章中单一设计要素对节能作用的研究结果,对各优化变量进行逐一判断和筛选,剔除可以预先固定的优化变量,并赋予各变量优化时的取值范围,从而确定最终参与优化计算的变量。

表 5.3　乡村民居节能优化变量设定与筛选

序号	变量类型	变量名称	变量单位	是否选为优化变量
1	建筑形态要素	建筑朝向	°	是
2		建筑长度	m	否
3		建筑宽度	m	否
4		室内净高	m	否
5		东向窗墙面积比	无	是(固定外窗高度,宽度为变量)
6		西向窗墙面积比	无	否(无西向外窗)
7		南向窗墙面积比	无	是(固定外窗高度,宽度为变量)
8		北向窗墙面积比	无	是(固定外窗高度,宽度为变量)

续表

序号	变量类型	变量名称	变量单位	是否选为优化变量
9	围护结构要素	东向外墙保温层厚度	m	是
10		西向外墙保温层厚度	m	是
11		南向外墙保温层厚度	m	是
12		北向外墙保温层厚度	m	是
13		屋面保温层厚度	m	是
14		地面保温层厚度	m	是
15		南向外窗传热系数	$W/(m^2 \cdot K)$	是
16		其他外窗传热系数	$W/(m^2 \cdot K)$	是

东北严寒地区乡村民居节能优化变量的预判与筛选过程如下：

1.建筑朝向

由建筑朝向对能耗的量化分析可知，采暖能耗随建筑朝向呈波动变化趋势。围护结构热工性能不同时，建筑朝向对能耗的影响程度及最佳朝向区间均发生改变，同时其敏感性排序也产生变化。此外，由于实践案例研究的为新建乡村民居，具备对建筑朝向调整的可能性，故将建筑朝向选为优化变量，取值范围设置为0° ~ 360°，正立面朝向正南时为0°，步长设定为10°。

2.建筑体型

根据当地政府及乡村居民的要求，建筑面积控制在100 m^2 左右，且功能布局已在预先设计时确定，基本限定了建筑宽度和长度取值。而建筑体型变化时，窗墙面积比等变量也会随之改变，交叉因素过多，因此建筑体型不选为可调整的优化变量，根据前文研究结果预先确定三维尺度。

(1) 平面尺度确定。由建筑体型与能耗的量化关系分析可知，在乡村民居设置外窗的情况下，随着围护结构热工性能提高，建筑能耗随着宽度增加而增加，随着长度增加而降低；从长宽比的角度分析，随着长宽比增加，建筑能耗呈降低趋势。因此，在设计时建筑宽度不宜过大，满足功能需求即可；建筑长度可适当增加，以获得较多的太阳辐射。

根据上述变化规律，结合乡村民居各功能空间的开间和进深确定建筑物的长度和宽度即可。由图5.5可知，主要功能区域包括卧室和客厅，考虑到乡村居民的生活习惯，卧室需要布置火炕，火炕宽度通常为1.8 ~ 2.0 m，结合室内其他设施的配置，确定轴线进深宜为4.8 m；辅助功能区域包括卫生间、餐厅、储藏室、厨房等空间，火炕需要配置相应的炉灶或小型锅炉，炉灶尺度通常为 0.8 ~ 1.0 m，结合卫生间、餐厅等空间使用需求，确定轴线进深宜为 2.7m，从而得出建筑轴线宽度为 7.5 m；基于建筑面积限制，兼顾建筑设计模数要求，确定建筑轴线长度为 11.1 m，轴线面积 83.25 m^2，平面布局及尺度如图 5.6 所示。

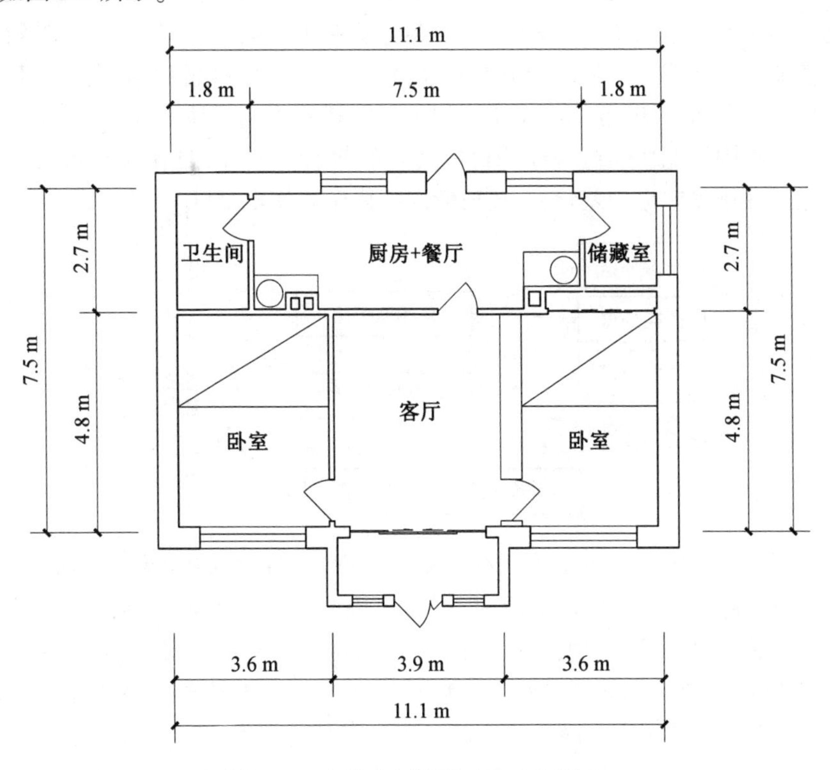

图 5.6　实践案例的平面尺度示意图

(2) 室内净高确定。由室内净高与建筑能耗的量化关系分析可知，在建筑面积一定的情况下，随着室内净高增加，采暖能耗呈上升趋势，且围护结构热工性能并未改变这一规律，只是能耗增长幅度略有降低。因此，乡村民居室内净高的确定应兼顾功能使用需求和能源节约统筹确定。首先，室内净高过低(< 2.4 m) 不仅给使用者造成压抑的感觉，还会限制开窗位置和高度，不利于室内空气流动和自然采光；而过于高大(> 3.3 m) 会使空间比例失调、空旷，给人以缺乏安全感的感觉。其次，随着室内净高增大，乡村民居的体积增加，在提高相同室内温度的情况下，需要消耗更多能量；同时建筑物散热面积增加，造成热量损失增加。综合考虑使用者对空间的主观感受和节能需求，结合本案例的建筑面积和乡村民居实态调研结果，将室内净高设定为 2.8 m。

3.建筑界面

窗墙面积比制约着乡村民居能耗、室内采光及太阳辐射获取，其比例变化可能会对建造成本产生影响，而且与非透明围护结构的热工性能、外窗热工性能交互作用于乡村民居节能效果，如图 5.7 所示。由建筑界面与能耗的量化关系分析可知，各朝向窗墙面积比对能耗的影响规律不同；围护结构热工性能不同使能耗随窗墙面积比的变化规律有所差异，且在建筑形态要素的敏感性排序中也相差较大，故窗墙面积比作为优化变量。

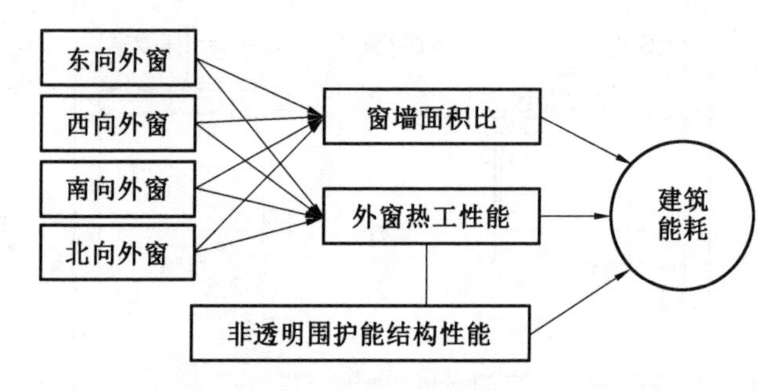

图 5.7　窗墙面积比和围护结构性能对能耗的交互影响

窗墙面积比由外窗尺度决定，外窗由宽度和高度的尺寸确定。为满足建筑进深方向的采光需求，且受到室内净高和窗台高度的限制，外窗高度的可调节幅度很小，优化时将外窗高度预先设定为固定值，外窗宽度作为优化变量。实践案例中室内净高为 2.8 m，窗台高度通常为 0.9 m，故将外窗高度预先设定为 1.7 m。参考《住宅设计规范》(GB 50096—2011) 的规定：卧室、起居室、厨房采光洞口的窗地面积比不低于 1/7。结合各房间具体尺度和实际需求，确定各朝向外窗宽度的取值范围：南向外窗 2.0 ~ 2.7 m、北向外窗 0.9 ~ 2.1 m、东向外窗 0.6 ~ 1.6 m，步长均为 0.1 m；西向无外窗，不参与优化。此外，由于门斗部分的外窗宽度本身就较小，可调节幅度有限，设定为固定尺寸：0.7 m × 1.7 m(图 5.6)。

4.围护结构要素

围护结构热工性能提升的主要途径是增加高效保温材料或替换高性能门窗，其对能耗和成本存在交互影响，使乡村民居在能耗降低的同时增加建造成本，二者之间存在矛盾性。此外，通过围护结构各要素单独作用和协同作用的优化分析可知,不同工况下围护结构要素的最优参数及对室内外计算参数的响应程度不同,故围护结构要素选为优化变量。

实践案例中设置了建筑一体化的门斗空间,此部分外墙构造不同于建筑主体部分,承重结构为 240 mm 实心砖墙,地面和屋面构造与主体部分相同。因此,将乡村民居的东向外墙、西向外墙、南向外墙、北向外墙、门斗外墙、吊顶、地面保温层厚度以及南向外窗传热系数、其他朝向外窗传热系数 9 个要素分别设定为优化变量。非透明围护结构(外墙、屋面、地面)保温层厚度的取值范围依据 4.3 节的研究设定为 0 ~ 0.4 m,步长均为 0.01 m;透明围护结构(外窗)的类型依据 4.4 节的研究结果,适用于东北严寒地区乡村民居的典型外窗类型为单框中空双玻塑钢窗、单框 Low - E 中空双玻塑钢窗、单框中空三玻塑钢窗或双层窗组合形式,其中双层窗组合形式的 *d*LCC 值与前 3 种类型相差较大,故本案例中仅选择前 3 种类型外窗的传热系数作为优化变量。

综上分析,最终筛选出 13 个优化变量纳入节能优化研究,筛选情况见表 5.3。各优化变量的名称、符号、类型、值阈、步长和初始值见表 5.4。

表 5.4　优化变量的相关参数设定

名称	符号	类型	值阈	步长	初始值
建筑朝向	o	连续变量	0° ~ 360°	10°	90°
东向外窗宽度	we	连续变量	0.6 ~ 1.6 m	0.1m	1.5 m
南向外窗宽度	ws	连续变量	2.0 ~ 2.7 m	0.1 m	2.4 m
北向外窗宽度	wn	连续变量	0.9 ~ 2.1 m	0.1 m	1.5 m
东向外墙保温层厚度	e	连续变量	0 ~ 0.4 m	0.01 m	0.01 m
西向外墙保温层厚度	w	连续变量	0 ~ 0.4 m	0.01 m	0.01 m
南向外墙保温层厚度	s	连续变量	0 ~ 0.4 m	0.01 m	0.01 m
北向外墙保温层厚度	n	连续变量	0 ~ 0.4 m	0.01 m	0.01 m
门斗外墙保温层厚度	m	连续变量	0 ~ 0.4 m	0.01 m	0.01 m
屋面保温层厚度	r	连续变量	0 ~ 0.4 m	0.01 m	0.01 m
地面保温层厚度	g	连续变量	0 ~ 0.4 m	0.01 m	0.01 m
南向外窗传热系数	hs	离散变量	3.1、2.4、2.1	—	—
其他外窗传热系数	hw	离散变量	3.1、2.4、2.1	—	—

5.2.3 优化目标函数的构建

根据筛选出的优化变量,本优化问题的实质为求解 13 元函数 dLCC = F(o, we, ws, wn, e, w, s, n, m, r, g, hs, hw) 的极值。实际优化计算中,外窗参量为离散型变量,共 3 种类型,增加了优化计算的复杂性。因此,对函数做进一步合理简化,删减南向和其他朝向外窗传热系数 2 个变量,将目标函数转换为 11 元函数,即 dLCC = F(o, we, ws, wn, e, w, s, n, m, r, g),针对 3 种类型外窗分别进行优化运算,然后将 3 次计算得出的 dLCC 值进行比较。

1.基准能耗确定

参照东北严寒地区乡村基准民居的确定方法,将围护结构未采取任何保温措施的构造作为基准,相关设定如下:

(1) 以实践案例的建筑平面尺度和外窗初始尺寸作为基准建筑设计参数。

(2) 以当地传统民居的围护结构材料及做法作为基准构造。

(3) 以典型气象数据、室内计算温度 14 ℃ 作为边界条件,运用 DesignBuilder 模拟软件测算出该地区乡村民居基准模型的采暖能耗为 27 726.15 KWh,建筑物耗热量指标为 67.32 W/m^2。

2.经济参数设定

折现率、通货膨胀率、能源上涨系数等参数依据 4.1 节中相关参数设定;保温材料、外窗等材料的性能和价格根据 4.3 节中相关参数设置,在此不再赘述。

3.目标函数构建

依据第 4 章中全寿命周期成本函数的构建方法,结合实践案例的优化变量、建筑设计参数、经济参数等建立需要优化的目标函数。

(1) 建造成本差值 dIC。结合优化变量的取值、材料平均价格和实践案例的围护结构各部位面积,建立乡村民居建造成本差值函数,各分项的计算公式见表 5.5。

表 5.5　实践案例中围护结构各部位面积及成本差值

围护结构部位		面积/m^2	成本差值计算公式/元
外墙	东向外墙	22.4 - 1.7 * we	(22.4 - 1.7 * we) * 480 * e
	西向外墙	22.40	22.4 * 480 * w
	南向外墙	20.89 - 3.4 * ws	(20.89 - 3.4 * ws) * 480 * s
	北向外墙	30.14 - 3.4 * wn	(30.14 - 3.4 * wn) * 480 * n
	门斗外墙	13.46	13.46 * 480 * m
屋面		84.33	84.33 * 480 * r
地面		84.33	84.33 * 480 * g
外窗（P 价格）	南向	2.38 + 3.4 * ws	(2.38 + 3.4 * ws) * P
	北向	3.4 * wn	3.4 * wn * P
	东向	1.7 * we	1.7 * we * P
外门		5.20	1300

需要说明的是，外窗尺度在能耗模拟软件的输入文件中需要以点坐标的形式表达，因此优化时需要将外窗宽度转换为起始坐标值相减的形式，结合 EnergyPlus 能耗模拟软件的 idf 输入文件中的坐标值，具体转换如下：

ws 分为两部分：wsa = wxa - 5.46，wsb = wxb - 0.36

we = wxe - 7.98

wn = wxn - 3.28

依据表 5.5 中建筑各部位的建造成本差值计算公式，建立乡村民居整体的建造成本差值（dIC）函数如下：

dIC = 10752 * e - 816 * we * e + 10752 * w + 10027.2 * s - 816 * wsa * s - 816 * wsb * s + 14467.2 * n - 1632 * wn * n + 6460.8 * m + 40478.4 * r + 40478.4 * g + 2.38 * P + 1.7 * wsa * P + 1.7 * wsb * P + 3.4 * wn * P + 1.7 * we * P + 1300

（2）运行成本差值 dOC。结合基准模型的能耗和相关经济参数设定，建立运行成本现值的差值函数。由第 4 章分析可知，从年平均全寿命周期成本差值的角度，n = 20 时的经济性最优。因此，实践案例分析时假定全寿命周期年限 n = 20，建立运行成本差值（dOC）函数如下：

dOC = 13.76 * 600 * dE * 100%/0.6
= Q_heat * 0.00000046784 - 46921.6

（3）维护更新成本 dMC。乡村民居运行期间，围护结构的保温系统基本不需要进行维护；外窗的可使用年限通常为 20 年，即全寿命周期年限 $n=20$ 时，运行期间无须更换外窗，因此不需要考虑维护更新成本，即 $dMC=0$。

(4) 全寿命周期成本差值 $dLCC$。将以上公式相叠加，建立实践案例的全寿命周期成本差值函数 $dLCC=dIC+dOC+dMC$ 作为优化目标函数开展乡村民居节能优化研究。

5.2.4　建筑节能优化的实施

基于实践案例的优化变量和目标函数等已知条件，编写 Java 程序完成 GenOpt 优化软件与 EnergyPlus 能耗模拟软件耦合，开展乡村民居节能综合优化，优化变量及实施流程如图 5.8 所示。需要说明的是，第 4 章主要针对乡村民居围护结构要素进行优化研究，涉及的优化变量较少，且各变量的成本

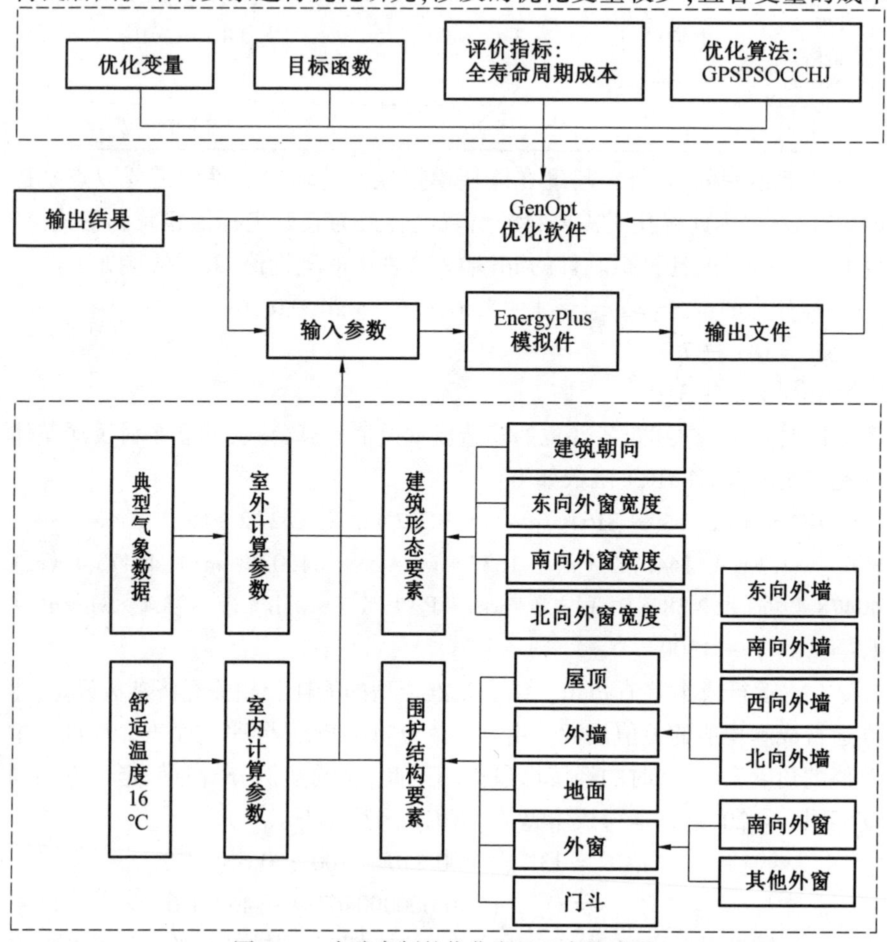

图 5.8　实践案例的优化变量及实施流程

函数无交叉性,故选择了局部搜索能力强、搜索速度快的虎克 - 捷夫算法。本案例涉及的优化变量较多,且变量之间具有较强约束性和交叉性,选用全局和局部搜索相结合的改进的混合粒子群 - 虎克 - 捷夫算法,同样需要对以下 4 个配置文件进行编写:

(1)command 命令文件编写。选择改进的混合粒子群 - 虎克 - 捷夫算法,并设置相关参数,设置纳入优化运算的变量名称、取值范围、初始值及步长的表达,详见附录 2。

(2)ini 初始文件编写。ini 文件中设置优化目标函数,以单框中空双玻塑钢窗为例,实践案例的全寿命周期成本差值函数,详见附录 3。

(3)cfg 文件编写。对于特定计算机操作系统和模拟软件是唯一的,用于不同的优化问题时不需更改。

(4)template 文件编写。在 idf 输入文件的基础上,将优化变量用对应的表示符号替换,其详细定义显示在 command 文件中。

5.3　乡村民居节能综合优化结果呈现

通过分析东北严寒地区乡村民居节能综合优化方法及流程,基于 GenOpt - EnergyPlus 优化平台,得出以全寿命周期成本最小为目标的最优参数组合(即设计模式)。下面对节能综合优化结果进行整体分析及分项解析。

5.3.1　优化结果整体分析

(1) 外窗采用单框中空双玻塑钢窗时,设计方案的 dLCC 值优化计算结果及迭代曲线如图 5.9 所示。

由图5.9可以看出,相比第4章中采用虎克 - 捷夫算法的计算结果,采用改进的混合粒子群 - 虎克 - 捷夫算法时,迭代曲线中出现 2 个明显的区间,以图中的虚线作为界限,左侧为粒子群算法执行全局搜索,优化搜索方向是靠近相邻的最优值;右侧为虎克 - 捷夫算法进行局部搜索优化,避免单一算法对复杂问题进行优化时陷入局部极值。GenOpt - EnergyPlus 优化平台迭代运算 571 次, 计算得出 Minimum $f(x) = -9\,995.66$, 即当 dLCC 值为 $-9\,995.66$ 时,设计方案的全寿命周期成本最小,此时建筑物耗热量指标为 32.21 W/m^2,节能率为 52.2%。运算过程中,各优化变量的迭代曲线如图 5.10 至图 5.12 所示。各变量值优化时均先通过全局搜索,探寻到靠近最优值的局部区域,然后不断迭代得到最优值,使全寿命周期成本达到最小的各变量取值分别为:

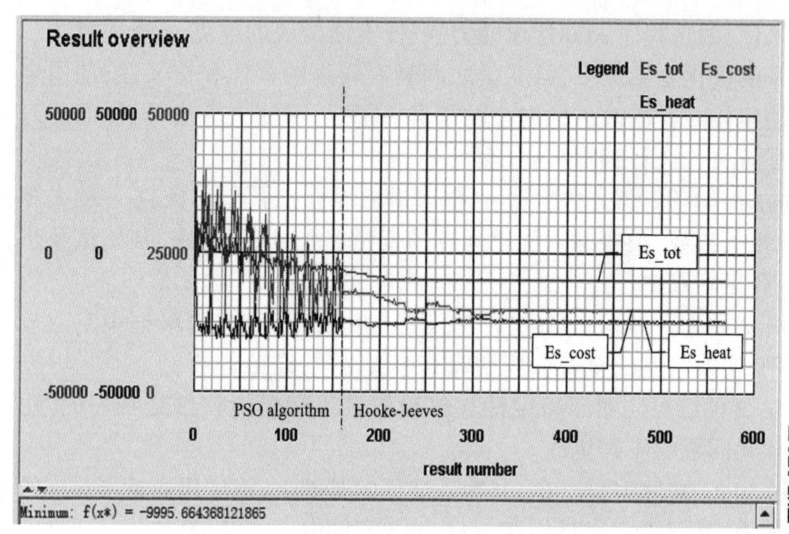

图 5.9　基于单框中空双玻塑钢窗的优化结果

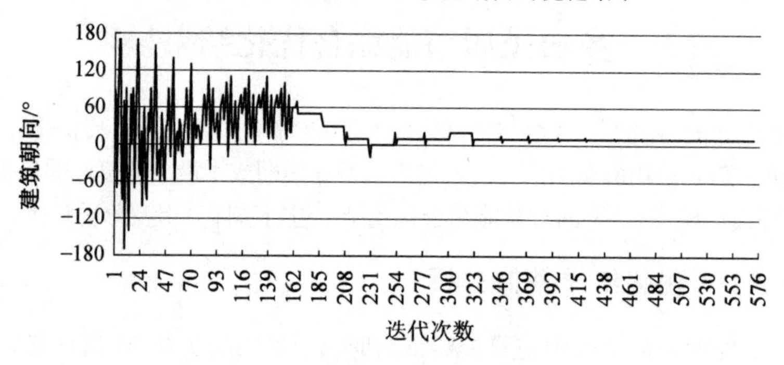

图 5.10　建筑朝向的迭代变化曲线

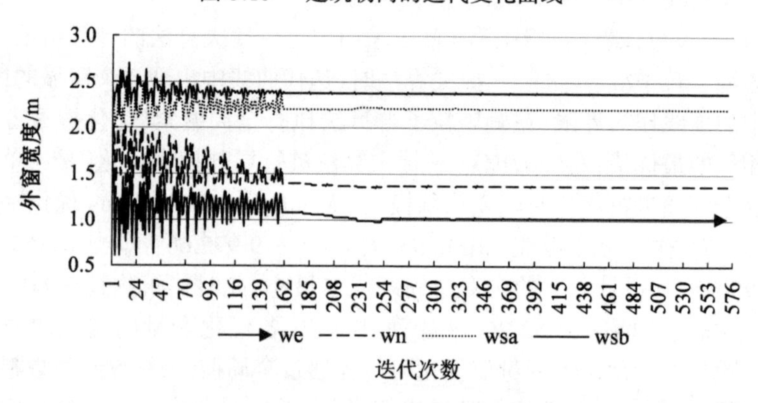

图 5.11　各朝向外窗宽度迭代变化曲线

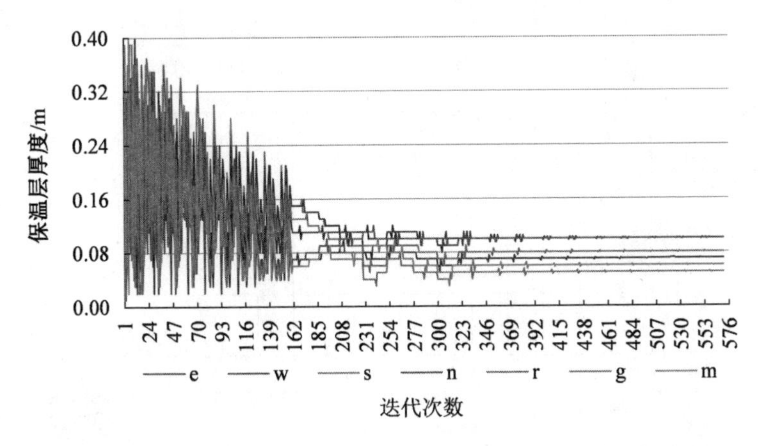

图 5.12　围护结构各部位保温层厚度的迭代曲线

① 建筑朝向为 10°。根据 3.2 节分析，当建筑朝向单独作用时，朝向为 0°时的能耗最低，而和其他要素交互作用时则改变了这一角度，但也处于最佳朝向区间。

② 东向外窗宽度为 1.02 m，北向外窗宽度为 1.37 m，南向左侧外窗宽度为 2.21 m，南向右侧外窗宽度为 2.38 m。由此看出，优化得出的外窗宽度最优值均小于初始值，因此外窗尺度不宜设置过大，尤其是对能耗不利的朝向。

③ 东向、西向、南向、北向外墙，屋面、地面及门斗的保温层厚度分别为 0.07 m、0.10 m、0.08 m、0.10 m、0.10 m、0.05 m、0.06 m。从优化结果可以看出，各部位保温层厚度的变化规律和前文的模拟优化结果基本一致，屋面保温层厚度较大，地面保温层厚度较小，外墙保温层厚度根据朝向不同有所差异。

(2) 采用单框 Low - E 中空双玻塑钢窗时，设计方案的 *d*LCC 值优化计算结果及迭代曲线如图 5.13 所示。

由图 5.13 可知，GenOpt - EnergyPlus 优化平台迭代运算 783 次，得出 *d*LCC 最小值为 - 9 156.18，此时建筑物耗热量指标为 31.73 W/m^2，节能率为 52.9%（省略各变量的迭代优化曲线）。

(3) 采用单框中空三玻塑钢窗时，设计方案的 *d*LCC 值优化计算结果及迭代曲线如图 5.14 所示。

由图 5.14 可知，GenOpt - EnergyPlus 优化平台迭代运算 655 次，得出 *d*LCC 最小值为 - 9 047.19，此时建筑物耗热量指标为 29.87 W/m^2，节能率为 55.6%（省略各变量的迭代优化曲线）。

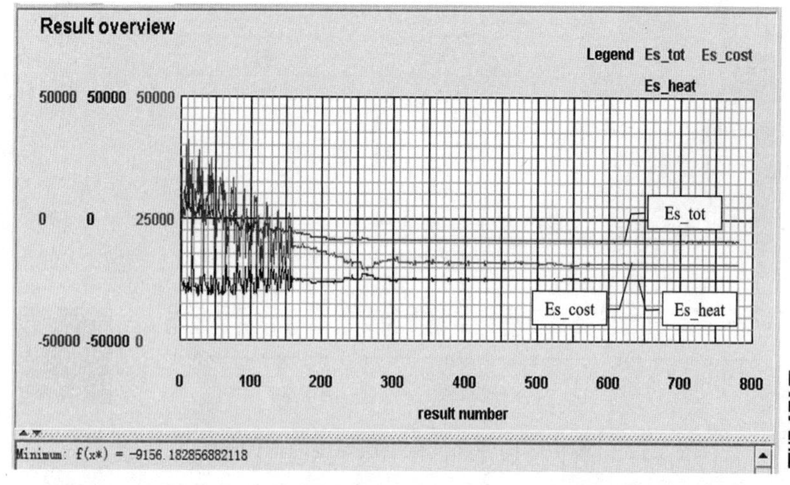

图 5.13　基于单框 Low - E 中空双玻塑钢窗的优化结果

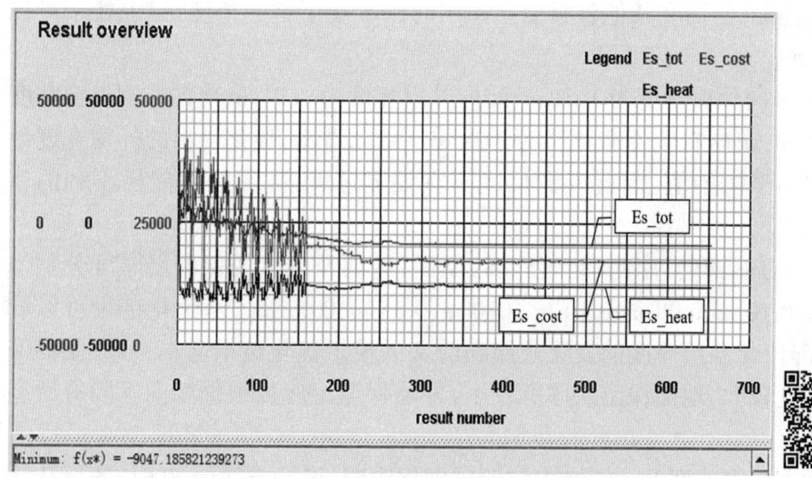

图 5.14　基于单框中空三玻塑钢窗的优化结果

5.3.2　优化结果分项解析

通过对 GenOpt - EnergyPlus 优化平台计算得出的数据进行筛选和整理,基于 3 种外窗类型的乡村民居节能综合优化结果见表 5.6。下面主要对不同工况的各分项结果进行对比解析。

表 5.6　基于 3 种外窗类型的节能优化结果(设计模式)

指标	case1	case2	case3
外窗类型	单框中空双玻塑钢窗	单框 Low - E 中空双玻塑钢窗	单框中空三玻塑钢窗
dLCC	- 9 995.66	- 9 156.18	- 9 047.19
dOC	- 24 571.53	- 24 905.20	- 26 198.42
dIC	14 575.86	15 749.02	17 151.23
dCost wall	3 889.10	3 586.23	4 102.42
dCost roof	4 047.84	3 845.45	3 845.45
dCost ground	2 023.92	2 428.70	2 428.70
dCost window	3 315	4 588.64	5 474.66
dCost door	1 300	1 300	1 300
耗热量指标/W·m^{-2}	32.21	31.73	29.87
节能率/%	52.2	52.9	55.6
建筑朝向/(°)	10	15	10
$dX_{东向外墙}$	0.07	0.08	0.09
$dX_{西向外墙}$	0.10	0.08	0.09
$dX_{南向外墙}$	0.08	0.07	0.08
$dX_{北向外墙}$	0.10	0.08	0.10
$dX_{屋面}$	0.10	0.095	0.095
$dX_{地面}$	0.05	0.06	0.06
$dX_{门斗}$	0.06	0.075	0.08
$dX_{东向外窗}$	1.02	1.00	1.18
$dX_{南向左侧外窗}$	2.21	2.20	2.14
$dX_{南向右侧外窗}$	2.38	2.34	2.38
$dX_{北向外窗}$	1.37	1.35	1.33

1.成本差值对比

基于 3 种类型外窗的 dLCC、dIC 和 dOC 对比如图 5.15 所示。对于本实践案例,考虑全寿命周期年限 $n=20$、室内计算温度为 16 ℃ 时,case1 单框中空双玻塑钢窗的全寿命周期成本差值最低为 - 9 995.66,其次是 case2 单框 Low - E 中空双玻塑钢窗的 dLCC =- 9 156.18、case3 单框中空三玻塑钢窗的 dLCC =- 9 047.19,由于 case2 和 case3 的外窗传热系数和造价相差较小,二者的 dLCC 值相差不大;对于 dIC 值,case1、case2、case3 设计方案依次增长;dOC 值则呈相反趋势,3 种设计方案依次降低。根据建筑经济性评价原则,3 种外窗类型下的 dLCC 值均小于 0,即设计方案的经济性均优于基准方案,相比而言 case1 的经济性最好。在实际应用中,用户可根据经济情况自行选择外窗类型,根据表 5.6 对应的确定其他设计参数取值。

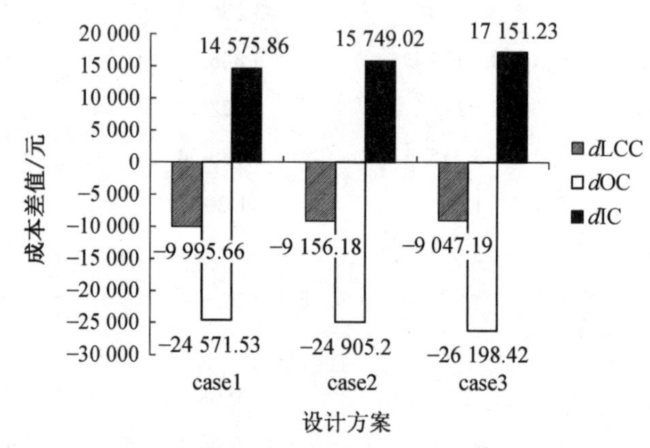

图 5.15 3 种外窗类型的 dLCC、dIC 和 dOC 值对比

2.建筑节能率对比

基准方案及 3 种设计方案的建筑物耗热量指标如图 5.16 所示,case1、case2、case3 的建筑物耗热量指标依次降低,相比基准方案的节能率分别是 52.2%、52.9% 和 55.6%,这主要与外窗热工性能有关。单框中空三玻塑钢窗的传热系数最小,因此 case3 的节能率相对较高,而 case1 和 case2 的节能率相差不大。需要说明的是,基准方案的室内计算温度采用的是标准规定值 14 ℃,若将室内计算温度提高到热舒适值 16 ℃,基准方案的耗热量指标为 76.79 W/m^2,3 种设计方案的节能率分别达到 58.15%、58.78% 和61.19%。

3.保温层厚度对比

3 种设计方案的围护结构各部位保温层厚度如图 5.17 所示。屋面部位,case1 的保温层厚度最大,case2 和 case3 的保温层厚度相同;地面部位,case1 的保温层厚度最小,case2 和 case3 保温层厚度一致;门斗部位,3 种工况的保

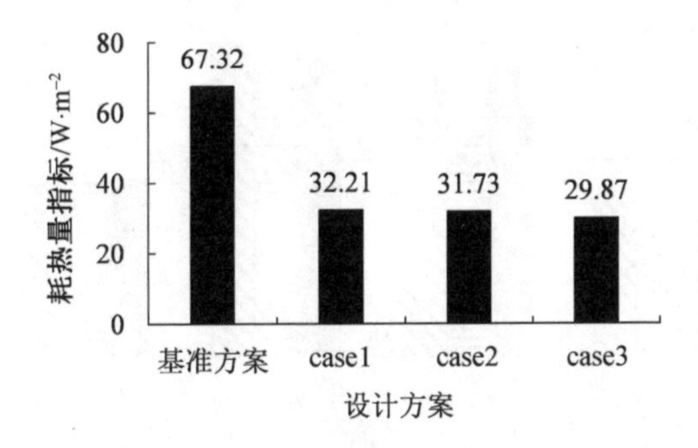

图 5.16　基准方案和 3 种设计方案的建筑物耗热量指标比较

温层厚度依次增加;外墙部位,不同朝向保温层厚度有所差异,这与最佳建筑朝向也有一定关联性,case1 和 case3 的最佳建筑朝向一致,而总体上二者的外墙保温厚度也较大。

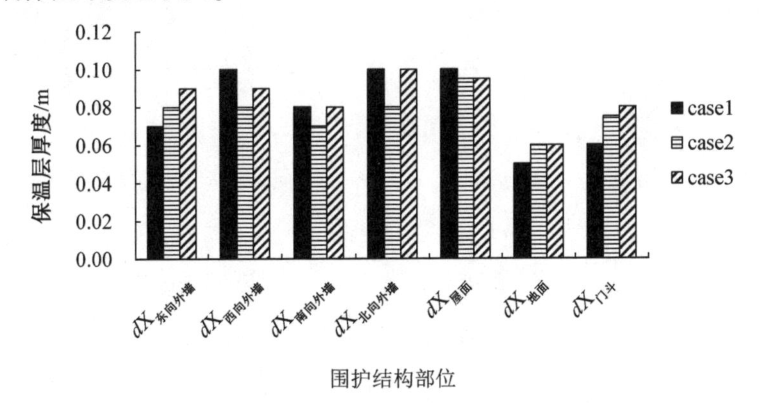

图 5.17　3 种设计方案的围护结构各部位保温层厚度对比

4.外窗宽度对比

3 种设计方案各朝向的外窗宽度如图 5.18 所示,case1、case2 和 case3 的南向和北向外窗宽度均相差较小,case3 的东向外窗宽度略有增加,但各朝向外窗宽度的最优值均小于初始值。结果表明,根据 3.4 节的分析,如增大南向窗墙面积比可以获得更多太阳辐射,有利于降低能耗,但如果考虑外窗造价,从全寿命周期成本的角度,乡村民居外窗不宜过大,且从优化得出的最优值来看,完全能够满足采光和太阳辐射得热需求。

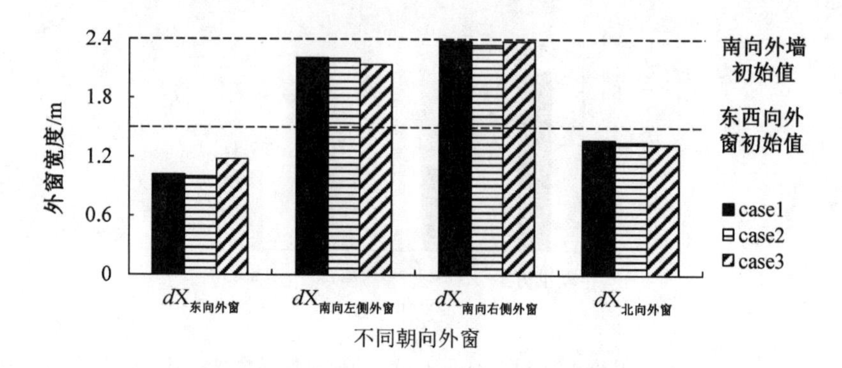

图 5.18　3 种设计方案各朝向的外窗宽度对比

附　　录

附录 1　东北严寒地区乡村民居调查问卷

地区：__________省__________市__________镇__________村
编号：_______组_______号
日期：_______年_______月_______日
时间：__________________

一、受访者信息

1.姓名：_______；性别：_______ A.男　B.女；民族：_______

2.年龄：_______

A.20 岁以下　B.20 ~ 30 岁　C.31 ~ 40 岁　D.41 ~ 50 岁　E.51 ~60 岁　F.61 ~ 70 岁　G.70 岁以上

3.文化程度：_______

A.小学　B.初中　C.高中　D.专科　E.本科及以上　F.其他

4.家庭人口数：_______；常住人口数：_______；家庭年收入：_______（元/户）

5.收入的主要来源是：_______

A.养殖　B.种田　C.果林　D.经商　E.打工　F.副业　G.其他

二、建筑基本信息

1.您家房屋的建造年代：_______

A.1980 年以前　B.1980—1990 年　C.1991—2000 年　D.2001—2010 年　E.2010 年以后

建筑面积：_______ m^2

2.您家主要房屋的朝向为：_______

A.南向　B.北向　C.东向　D.西向　E.西南　F.东北　G.东南　H.西北

3.建筑形式是:□ 独栋　□ 联排

A.平顶平房　B.坡顶平房　C.平顶二层楼房　D.坡顶二层楼房　E.三层及以上楼房

4.建筑结构形式:________

A.木结构　B.砖混结构　C.石木结构　D.土木结构　E.混凝土框架结构　F.钢构架复合墙板

5.您家房屋净高:________ m;屋架高度:________ m;总高度:______ m

三、围护结构构造

1.外墙

(1) 外墙主体材料:________; 厚度:________ mm

(2) 有无保温(隔热) 层:________ A.有　B.无

(3) 保温(隔热) 类型:________

A.外墙外保温　B.外墙内保温　C.夹心保温　D.无

(4) 保温(隔热) 材料的种类:________

A.苯板　B.无机保温砂浆　C.草板　D.加气泡沫混凝土　E.珍珠岩板　F.珍珠岩颗粒　G.其他

(5) 保温(隔热) 层的厚度:________

A. < 20 mm　B.20 ~ 40 mm　C.41 ~ 60 mm　D.61 ~ 80 mm　E.81 ~ 100 mm　F.其他________ mm

2.屋顶

(1) 屋顶承重结构类型:________

A.木屋架　B.钢屋架　C.预制混凝土板　D.现浇混凝土

(2) 屋顶保温(隔热) 类型:________

A.屋顶保温　B.吊顶内保温

C.无

(3) 保温(隔热) 材料类型:________

A.炉渣　B.苯板　C.珍珠岩板　D.珍珠岩颗粒　E.农作物秸秆　F.稻壳、锯末　G.其他

(4) 保温(隔热) 材料厚度:________(如知道具体厚度请填写数字)

A. < 20 mm　B.20 ~ 40 mm　C.41 ~ 60 mm　D.61 ~ 80 mm　E.81 ~ 100 mm　F.其他________ mm

3.外窗

(1) 类型:南向:________,北向:________,东西向:________

A.单层木窗　B.双层木窗　C.单层单玻铝合金窗　D.双层单玻铝合金窗　E.单层单玻塑钢窗　F.单层双玻塑钢窗　G.单层三玻塑钢窗　H.单玻塑钢窗 + 单层双玻塑钢窗　I.双层双玻塑钢窗　J.单层木窗 + 单层双玻塑钢窗　K.单层断热铝合金玻璃窗　L.其他

(2) 开启方式:________ A.平开　B.推拉

(3) 南向窗墙面积比:________,北向窗墙面积比:________,东西向窗墙面积比:________

A. < 20%　B.20% ~ 40%　C.41% ~ 60%　D. > 60%

(4) 外窗冬季保温措施:________

A.糊窗缝　B.窗外加塑料膜　C.窗内加塑料膜　D.窗内加一层玻璃　E.无　F.其他

4.外门

(1) 类型:________

A.单层木门　B.双层木门　C.单层单玻铝合金门　D.双层单玻铝合金门　E.单层双玻铝合金门　F.单层单玻塑钢门　G.单层双玻塑钢门　H.金属保温防盗门　I.其他

(2) 开启方式:________ A.平开　B.推拉

(3) 外门冬季保温措施:________

A.挂棉门帘　B.加外门斗　C.附加阳光间　D.无

5.地面

(1) 有无保温(隔热) 层:________ A.有　B.无

(2) 保温(隔热) 材料类型:________

A.炉渣　B.苯板　C.珍珠岩　D.加气泡沫混凝土　E.陶粒混凝土　F.其他

(3) 保温隔热材料厚度:________

A. < 20 mm　B.20 ~ 40 mm　C.41 ~ 60 mm　D.61 ~ 80 mm　E.81 ~ 100 mm　F.其他________ mm

6.夏季遮阳处理措施:________

A.树木遮阳　B.外遮阳构件　C.爬山虎等植物遮阳　D.内遮阳(窗帘)　E.无

7.您认为住宅在保温隔热性能方面是否满足使用要求?

A.很满足　B.满足　C.一般　D.较舒适　E.舒适

8.如您自己出资，您是否愿意对住宅进行节能改造？

A.愿意　B.无所谓　C.不愿意

9.您能接受的节能改造造价是多少元？

A.1 000元以下　B.1 000 ~ 2 000元　C.2 001 ~ 5 000元　D.不限　E.盖新房

10.您最想对您家住宅哪部分进行节能改造？

A.外墙　B.门窗　C.屋顶　D.采暖设备　E.其他

四、室内热舒适情况

性别：□ 男　□ 女；年龄：________

衣着情况：（可组合选择）

上装：□ 羽绒服　□ 棉衣　□ 厚毛衣　□ 薄毛衣　□ 厚外套　□ 薄外套　□ 薄长袖线衣　□ 厚长袖线衣　□ 短袖　□ 其他

下装：□ 棉裤　□ 绒裤　□ 线裤　□ 牛仔裤　□ 布料裤子　□ 其他

袜类：□ 棉袜　□ 普通袜子　□ 丝袜　□ 其他

鞋类：□ 凉拖　□ 棉拖　□ 运动鞋　□ 皮鞋　□ 布鞋　□ 棉鞋　□ 其他

填表前30分钟的活动状况：□ 躺着　□ 静坐　□ 站立　□ 走动　□ 做饭　□ 打扫/洗衣服　□ 干重活　□ 坐着看书/写字/看电视　□ 其他

天气情况：□ 晴天　□ 多云　□ 下雨　□ 下雪　□ 其他

室外温度：________ ℃；室外湿度________ %；室外风速________ m/s

室内温度：________ ℃；室内湿度________ %；室内风速________ m/s

在房间中所在位置（描述或拍照）：

此时室内采暖方式：□ 火炕　□ 火炉　□ 土暖气　□ 电暖气　□ 其他

1.您感觉现在室内温度：□ 冷　□ 有些冷　□ 适中　□ 有些热　□ 热

2.您希望室内温度变得：□ 热一些　□ 不变　□ 凉一些

3.您感觉现在室内空气流动状况：□ 较闷　□ 有点闷　□ 适中　□ 有吹风感　□ 吹风感较强

此时开/关窗情况：□ 开　□ 关；空气是否流通：□ 是　□ 否

此时开/关门情况：□ 开　□ 关；空气是否流通：□ 是　□ 否

4.您感觉现在室内空气干湿情况：□ 干燥　□ 有些干燥　□ 适中　□ 有些潮湿　□ 潮湿

5.您希望室内的湿度变得:□ 干一些　□ 不变　□ 湿一些

6.冬季室内是否经常换气通风:□ 是　□ 否;开窗时间:________开门时间:________

7.在冬季时段极端寒冷的天气下,房屋有无以下情况:□ 无　□ 有

A.室内温度过低,采暖不能满足需求　B.管线冻胀　C.墙身冻裂　D.墙角或内表面结露　E.屋顶积雪过多,受到损坏　F.门窗冻裂　G.其他________

8.您家一个冬季采暖大约需要多少煤或柴? ________;每天需要多少煤或柴? ________

9.在冬季极端寒冷的天气下,是否比平时消耗的能源多? □ 是　□ 否;相差多少? ________

10.冬季天气极端寒冷的时段,室内温度最高能达到________℃,是否满足舒适要求:□ 是　□ 否;期望的温度为________℃(如答不出具体温度,可问期望:□ 热一些　□ 不变　□ 冷一些);极端寒冷时段在室内的穿着________

附录 2　command 文件中变量及算法参数部分

```
Vary {
  Parameter{      // orientation
  Name      = o;
  Min       = small;
  Ini       = 90;
  Max       = big;
  Step      = 10; }
Parameter{      // East XPS thickness
  Name      = e;
  Min       = 0.01;
  Ini       = 0.01;
  Max       = 0.4;
  Step      = 0.01; }
Parameter{      // West XPS thickness
  Name      = w;
  Min       = 0.01;
  Ini       = 0.01;
  Max       = 0.4;
  Step      = 0.01; }
Parameter{      // South XPS thickness
  Name      = s;
  Min       = 0.01;
  Ini       = 0.01;
  Max       = 0.4;
  Step      = 0.01; }
Parameter{      // North XPS thickness
  Name      = n;
  Min       = 0.01;
  Ini       = 0.01;
  Max       = 0.4;
  Step      = 0.01; }
```

```
Parameter{        // Roof XPS thickness
  Name       = r;
  Min       = 0.01;
  Ini      = 0.01;
  Max       = 0.4;
  Step       = 0.01; }
Parameter{        // Ground XPS thickness
  Name       = g;
  Min       = 0.01;
  Ini      = 0.01;
  Max       = 0.4;
  Step       = 0.01; }
Parameter{        // mendou XPS thickness
  Name       = m;
  Min       = 0.01;
  Ini      = 0.01;
  Max       = 0.4;
  Step       = 0.01; }
Parameter{        // east window
  Name       = wxe;
  Min       = 6.06;
  Ini      = 6.96;
  Max       = 7.06;
  Step       = 0.01; }
Parameter{        // north window
  Name       = wxn;
  Min       = 4.18;
  Ini      = 3.28;
  Max       = 5.38;
  Step       = 0.01; }
Parameter{        // left south window
  Name       = wxa;
  Min       = 2.36;
  Ini      = 2.76;
```

```
  Max      = 3.06;
  Step     = 0.01; }
Parameter{      // right south window
  Name     = wxb;
  Min      = 9.98;
  Ini      = 10.38;
  Max      = 10.68;
  Step     = 0.01; }
}
OptimizationSettings{
  MaxIte = 2000;
  MaxEqualResults = 100;
  WriteStepNumber = false;
  UnitsOfExecution = 0;}
Algorithm{
  Main = GPSPSOCCHJ;
  NeighborhoodTopology = vonNeumann;
  NeighborhoodSize = 5;
  NumberOfParticle = 10;
  NumberOfGeneration = 10;
  Seed = 1;
  CognitiveAcceleration = 2.8;
  SocialAcceleration = 1.3;
  MaxVelocityGainContinuous = 0.5;
  MaxVelocityDiscrete = 4;
  ConstrictionGain = 0.5;
  MeshSizeDivider = 2;
  InitialMeshSizeExponent = 0;
  MeshSizeExponentIncrement = 1;
  NumberOfStepReduction = 4;}
```

附录 3　ini 文件中目标函数部分

```
ObjectiveFunctionLocation
{   Name1         = Es_tot;
    Function1    = "add (%Es_heat%, %Es_cost%)";
    Name2         = Es_heat;
    Function2    =   "add (%heat%, - 34069.76)";
    Name3        = heat;
    Function3    = "multiply(%Q_heat%, 0.00000046784)";
    Name4         = Es_cost;
    Function4    =   "add (%wall%, %window%,%roof%,%ground%,
    %nendou%, - 5146.4)";
    Name5         = wall;
    Function5      =      "add    (%ewall%,    %wwall%,    %swall%,
    %nwall%)";
    Name6         = window;
    Function6        =        "add      (%ewindow%,       %swindow%,
    %nwindow%)";
    Name7         = roof;
    Function7    = "multiply(40478.4, %r%)";
    Name8        = ground;
    Function8 = "multiply(40478.4, %g%)";
    Name9         = mendou;
    Function9    = "multiply(6460.8, %m%)";
    Name10         = ewall_1;
    Function10    = "multiply( - 816, %wxe%)";
    Name11         = ewall_2;
    Function11    = "add(15207.36, %ewall_1%)";
    Name12         = ewall;
    Function12    = " multiply (% ewall_2%, %e%)";
    Name13         = ewindow;
    Function13    = "multiply(340, %wxe%)";
    Name14         = wwall;
```

```
Function14    = "multiply(10752, %w%)";
Name15          = swall_1;
Function15    = "multiply(-816, %wxa%)";
Name16          = swall_2;
Function16    = "multiply(-816, %wxb%)";
Name17          = swall_3;
Function17    = "add(16832.64, %swall_1%, %swall_2%)";
Name18        = swall;
Function18    =" multiply (% swall_3%, %s%)";
Name19        = swindow_1;
Function19    =" multiply (340, %wxa%)";
Name20        = swindow_2;
Function20    =" multiply (340, %wxb%)";
Name21        = swindow;
Function21    =" add (% swindow_1%, % swindow_2%)";
Name22          = nwall_1;
Function22    = "multiply(-1632, %wxn%)";
Name23          = nwall_2;
Function23    = "add(19820.16, %nwall_1%)";
Name24          = nwall;
Function24    = " multiply (% nwall_2%, %n%)";
Name25          = nwindow;
Function25    = "multiply(680, %wxn%)";
Name26          = Q_heat;
Delimiter26    = "44,";
FirstCharacterAt26 = 1; }
```

参考文献

[1]罗会胜.从近年春节看中国乡村发展走向:浅谈中国乡村没落之根本[J].城市地理,2017(2):256-257.

[2]郝石盟.民居气候适应性研究[D].北京:清华大学,2016.

[3]ASHRAE.Thermal environmental conditions for human occupancy: ANSI / ASHRAE Standard 55-2017 [S]. Atlanta: American Society of Heating, Refrigerating and Air-Conditioning Engineers,Inc.,2017.

[4]吴明隆.SPSS 统计应用实务:问卷分析与应用统计[M].北京:科学出版社,2003.

[5]李乐山.设计调查[M].北京:中国建筑工业出版社,2007.

[6]刘加平,杨柳.室内热环境设计[M].北京:机械工业出版社,2005.

[7]ISO.Moderate thermal environment determination of the pmv and ppd indexes and specification of the conditions for thermal comfort:ISO 7730[S].Geneva: International Standard Organization, 2005.

[8]杨柳.建筑气候学[M].北京:中国建筑工业出版社,2010.

[9]张金平.气候变化对农业的影响及其对策[J].农药市场信息,2015(7):26-28,35.

[10]周峰.气候变化对建筑工程的影响研究[D].北京:北京交通大学,2009.

[11]刘红兵,王汉卿.洮河流域近 36a 主要水文要素时空分布特征研究[J].地下水,2017(3):103-106.

[12]高绍凤,陈万隆,朱超群,等.应用气候学[M].北京:气象出版社,2001.

[13]中国气象局气象信息中心气象资料室,清华大学建筑技术科学系.中国建筑热环境分析专用气象数据集[M].北京:中国建筑工业出版社,2005.

[14]LIU Y,XIAO L Y,WANG H F,et al.Analysis on the hourly spatiotemporal complementarities between China's solar and wind energy resources spreading in a wide area [J].Science China technological sciences,2013,56

(3):683-692.
[15]张晴原,HUANG J.中国建筑用标准气象数据库[M].北京:机械工业出版社,2004.
[16]BELCHER S E,HACKER J N,POWELL D S.Construction design weather data for future climates[J].Building services engineering research and technology,2005,26(1):49-61.
[17]MARK F J,ABUBAKR S B,PATRICK A B J.Climate change future proofing of buildings—generation and assessment of building simulation weather files [J].Energy and buildings,2008,40(12):2148-2168.
[18]WAN K W,LI H W,LAM J C.Assessment of climate change impact on building energy use and mitigation measures in subtropical climates[J].Energy,2011,36(2):1-10.
[19]许馨尹,于军琪,李红莲,等.气候变化对中国寒冷和夏热冬暖城市建筑能耗的影响[J].土木建筑与环境工程,2016,38(4):39-45.
[20]范瑞瑞.建筑动态负荷及能耗模拟用“极端气象年”的构成研究[D].重庆:重庆大学,2015.
[21]刘广海,谢如鹤.基于耿贝尔分布的高温参数模型的分析与确定[J].广州大学学报(自然科学版),2009(4):83-86.
[22]林晶,陈惠,陈家金,等.福建省年极端低温的分布及其参数估计[J].中国农业气象,2011(S1):24-27.
[23]王增武,孟庆珍,扬瑞峰,等.重庆地面最低气温年极值的渐近分布及参数估计[J].成都信息工程学院学报,2004(3):442-446.
[24]万蓉.基于气候的采暖空调耗能及室外计算参数研究[D].西安:西安建筑科技大学,2008.
[25]潘阳,屈睿瑰,徐青,等.极端气候条件下空调建筑热状况的模拟与分析[C]//中国制冷学会.第七届全国低温与制冷工程大会会议论文集.北京:兵器工业出版社,2005:308-312.
[26]么枕生,丁裕国.气候统计[M].北京:气象出版社,1990.
[27]马开玉,丁裕国,屠其璞,等.气候统计原理与方法[M].北京:气象出版社,1993.
[28]陈希孺.概率论与数理统计[M].合肥:中国科学技术大学出版社,2009.
[29]GAGGE A P,STOLWIJK J A J,YSAUNOBU N.An effective temperature scale based on a simple model of human physiological regulatory response [J].ASHRAE transactions,1971(77):247-263.

[30] GAGGE A P, FOBELETS A P, BERGLUND L G. A standard predictive index of human response to the thermal environment[J]. ASHRAE transactions, 1986(92):709-731.

[31] 王昭俊.严寒地区居室热环境与热舒适性研究[D].哈尔滨：哈尔滨工业大学,2002.

[32] DE DEAR R J, BRAGER G S. Thermal comfort in naturally ventilated buildings: revisions to ASHRAE Standard 55[J]. Energy and buildings, 2002(34):549-561.

[33] FANGERP O. Thermal comfort[M]. Malabar: Robert Ekrieger Publish Company, 1982.

[34] DE DEAR R J. Thermal comfort in practice[J]. Indoor air, 2004, 14(S7): 32-39.

[35] 王昭俊,方修睦,廉乐明.哈尔滨市冬季居民热舒适现场研究[J].哈尔滨工业大学学报,2002(4):500-504.

[36] 王昭俊,绳晓会,任静,等.哈尔滨地区冬季农宅热舒适现场调查[J].暖通空调,2014(12):71-75.

[37] 曹彬,朱颖心,欧阳沁,等.北京地区冬季室内人体热舒适性及热适应性调查[J].暖通空调,2010,40(5):98-101.

[38] 宁经洧,王宝令,徐小龙.严寒地区建筑本体设计参数与采暖空调能耗的定量关系[J].节能,2015(1):36-40.

[39] 房涛.天津地区零能耗住宅设计研究[D].天津:天津大学,2012.

[40] CRAWLEY D B, LAWRIE L K, WINKELMANN F C, et al. EnergyPlus: creating a new-generation building energy simulation program[J]. Energy and buildings, 2001, 33(4):319-331.

[41] ASHRAE. Standard method of test for the evaluation of building energy analysis computer programs: ANSI/ASHRAE standard 140-2014[S]. Atlanta: American Society of Heating, Refrigerating and Air-Conditioning Engineers, Inc., 2014.

[42] 兰兵,黄凌江.对建筑物体形系数与节能关系的质疑[J].建筑节能,2013(5):65-70.

[43] 刘欢,张子平,赵士永,等.窗墙比对华北农村住宅能耗影响规律研究[J].河北工程大学学报(自然科学版),2015(2):69-72,85.

[44] 刘文卿.实验设计[M].北京:清华大学出版社,2005.

[45] 王凤清.旧工业厂房节能改造的费用效益评价研究[J].工程经济,2017

(3):10-14.

[46] FULLER S K, PETERSEN S R. Life-cycle costing manual for the federal energy management program[R]. Gaithersburg: National Institute of Standards and Technology, 1996.

[47] 冀彩云,刘元珍,武智荣.基于价值工程的再生保温混凝土经济分析[J].土木工程与管理学报,2021(1):79-85.

[48] WETTER M. Design optimization with GenOpt[J]. Building energy simulation user news, 2000(21):19-28.

[49] 梁旭,黄明,宁涛,等.现代智能优化混合算法及其应用[M].2 版.北京:电子工业出版社,2014.

名词索引